农田水利工程技术培训教材

水利部农村水利司
中国灌溉排水发展中心　组编

灌区水量调配与量测技术

主　编　季仁保
副主编　汪志农　吕宏兴

黄河水利出版社
·郑州·

内 容 提 要

　　本书系农田水利工程技术培训教材的一个分册。全书共分 9 章，主要内容包括灌区水量调配的基本原理、灌区供需水量预测、灌区计划用水与水量调度、灌区水量调度的相关基本知识、渠道量水的水力学基础知识、渠道量水设备与量水技术、渠系建筑物量水技术、明渠测流技术与方法、信息技术在灌区水量调配与量测中的应用等。

　　本书内容丰富，实用性强，主要供培训基层水利技术人员和灌区水量调配与量测工作者使用，亦可供高等院校师生及科研人员参考使用。

图书在版编目(CIP)数据

灌区水量调配与量测技术/季仁保主编. —郑州：
黄河水利出版社,2012.1
农田水利工程技术培训教材
ISBN 978 - 7 - 5509 - 0194 - 0

Ⅰ. ①灌…　Ⅱ. ①季…　Ⅲ. ①灌区 - 灌溉水 -
测量 - 技术培训 - 教材　Ⅳ. ①S274. 4

中国版本图书馆 CIP 数据核字(2012)第 008019 号

出　版　社:黄河水利出版社　　　　　　　网址:www.yrcp.com
　　　　　　地址:河南省郑州市顺河路黄委会综合楼 14 层　邮政编码:450003
发行单位:黄河水利出版社
　　　　　　发行部电话:0371 - 66026940、66020550、66028024、66022620(传真)
　　　　　　E-mail:hhslcbs@126. com
承印单位:河南省瑞光印务股份有限公司
开本:787 mm×1 092 mm　1/16
印张:18
字数:416 千字　　　　　　　　　　　　印数:1—5 000
版次:2012 年 1 月第 1 版　　　　　　　印次:2012 年 1 月第 1 次印刷

定价:48. 00 元

农田水利工程技术培训教材
编辑委员会

加强农田水利技术培训
增强服务"三农"工作本领

——农田水利工程技术培训教材总序

我国人口多，解决 13 亿人的吃饭问题，始终是治国安邦的头等大事。受气候条件影响，我国农业生产以灌溉为主，但我国人多地少，水资源短缺，降水时空分布不均，水土资源不相匹配，约二分之一以上的耕地处于水资源紧缺的干旱、半干旱地区，约三分之一的耕地位于洪水威胁的大江大河中下游地区，极易受到干旱和洪涝灾害的威胁。加强农田水利建设，提高农田灌排能力和防灾减灾能力，是保障国家粮食安全的基本条件和重要基础。新中国成立以来，党和国家始终把农田水利摆在突出位置来抓，经过几十年的大规模建设，初步形成了蓄、引、提、灌、排等综合设施组成的农田水利工程体系，到 2010 年全国农田有效灌溉面积 9.05 亿亩，其中，节水灌溉工程面积达到 4.09 亿亩。我国能够以占世界 6% 的可更新水资源和 9% 的耕地，养活占世界 22% 的人口，农田水利做出了不可替代的巨大贡献。

随着工业化城镇化快速发展，我国人增、地减、水缺的矛盾日益突出，农业受制于水的状况将长期存在，特别是农田水利建设滞后，成为影响农业稳定发展和国家粮食安全的最大硬伤。全国还有一半以上的耕地是缺少基本灌排条件的"望天田"，40% 的大中型灌区、50% 的小型农田水利工程设施不配套、老化失修，大型灌排泵站设备完好率不足 60%，农田灌溉"最后一公里"问题突出。农业用水方式粗放，约三分之二的灌溉面积仍然沿用传统的大水漫灌方法，灌溉水利用率不高，缺水与浪费水并存。加之全球气候变化影响加剧，水旱灾害频发，国际粮食供求矛盾突显，保障国家粮食安全和主要农产品供求平衡的压力越来越大，加快扭转农业主要"靠天吃饭"局面任务越来越艰巨。

党中央、国务院高度重视水利工作，党的十七届三中、五中全会以及连续八个中央一号文件，对农田水利建设作出重要部署，提出明确要求。党的十七届三中全会明确指出，以农田水利为重点的农业基础设施是现代农业的重要物质条件。党的十七届五中全会强调，农村基础设施建设要以水利为重点。2011 年中央一号文件和中央水利工作会议，从党和国家事业发展全局出发，对加快水利改革发展作出全面部署，特别强调水利是现代农业建设不可或缺的首要条件，特别要求把农田水利作为农村基础设施建设的重点任务，特别制定从土地出让收益中提取 10% 用于农田水利建设的政策措施，农田水利发展迎来重大历史机遇。

随着中央政策的贯彻落实、资金投入的逐年加大，大规模农田水利建设对农村水利工作者特别是基层水利人员的业务素质和专业能力提出了新的更高要求，加强工程规划设计、建设管理等方面的技术培训显得尤为重要。为此，水利部农村水利司和中国灌溉排水发展中心组织相关高等院校、科研机构、勘测设计、工程管理和生产施工等单位的百余位专家学者，在1998年出版的《节水灌溉技术培训教材》的基础上，总结十多年来农田水利建设和管理的经验，补充节水灌溉工程技术的新成果、新理论、新工艺、新设备，编写了农田水利工程技术培训教材，包括《节水灌溉规划》、《渠道衬砌与防渗工程技术》、《喷灌工程技术》、《微灌工程技术》、《低压管道输水灌溉工程技术》、《雨水集蓄利用工程技术》、《小型农田水利工程设计图集》、《旱作物地面灌溉节水技术》、《水稻节水灌溉技术》和《灌区水量调配与量测技术》共10个分册。

这套系列教材突出了系统性、实用性、规范性，从内容与形式上都进行了较大调整、充实与完善，适应我国今后节水灌溉事业迅速发展形势，可满足农田水利工程技术培训的基本需要，也可供从事农田水利工程规划设计、施工和管理工作的相关人员参考。相信这套教材的出版，对加强基层水利人员培训，提高基层水利队伍专业水平，推进农田水利事业健康发展，必将发挥重要的作用。

是为序。

2011 年 8 月

《灌区水量调配与量测技术》
编写人员

主　　编：季仁保（中国灌溉排水发展中心）

副 主 编：汪志农（西北农林科技大学）

　　　　　吕宏兴（西北农林科技大学）

编写人员：（按姓氏笔画排序）

　　　　　王密侠（西北农林科技大学）

　　　　　冯保清（中国灌溉排水发展中心）

　　　　　李华杰（四川省都江堰管理局）

　　　　　刘晓明（陕西省泾惠渠管理局）

　　　　　旷良波（四川省都江堰管理局）

　　　　　陈金水（河海大学）

　　　　　郑　国（湖北省漳河工程管理局）

　　　　　赵　颖（中国灌区协会）

　　　　　郭宗信（河北省石津灌区管理局）

　　　　　殷素刚（中国灌区协会）

　　　　　曹红霞（西北农林科技大学）

主　　审：冯广志（原水利部农水司司长，中国灌区协会会长）

前　言

自 20 世纪 90 年代后期以来，我国逐步投入大量资金开始大中型灌区工程续建配套和节水改造，并计划于 2020 年全部完成。随着灌区工程续建配套和节水改造工程建设的加快，工程条件日益完善，社会经济发展和人民生活水平的提高对灌区供水的要求也逐步提高，传统的水量调配和量测技术已不能适应社会的发展和农业生产以及经济运行的要求，随着信息化的发展，水量调配和量测技术在我国灌区已经有了长足的发展，许多灌区急需提高灌区水量调配和量测技术的管理水平。因此，有必要在灌区水量调配和量测技术方面加强培训和技术推广。水利部农村水利司和中国灌溉排水发展中心组织了有关专家，在总结已有的先进经验和科学实践的基础上，编制了《灌区水量调配与量测技术》培训教材，不仅对各级水行政主管部门和全国大中型灌区管理单位开展有关灌区水量调配和量测技术的应用和推广培训提供针对性强的技术教材，而且为广大从事灌区水量调配和量测技术人员提供学习、借鉴的实用性技术资料。这对于实施节水型灌区具有十分重要的现实意义。

全书共分 9 章，主要内容包括灌区水量调配的基本原理，灌区供需水量预测，灌区计划用水与水量调配，灌区水量调配的相关基本知识，渠道量水的水力学基础知识，渠道量水设备与量水技术，渠系建筑物量水技术，明渠测流技术与方法，信息技术在灌区水量调配与量测中的应用等。

本书各章编写分工如下：第一章由汪志农、季仁保、赵颖编写；第二章由李华杰、旷良波编写；第三章由冯保清、季仁保、汪志农、李华杰、旷良波编写；第四章由王密侠、曹红霞编写；第五章由刘晓明编写；第六章由吕宏兴、殷素刚编写；第七章由郭宗信、季仁保编写；第八章由郑国、吕宏兴、郭宗信编写；第九章由李华杰、陈金水、旷良波编写。本书由季仁保任主编，汪志农、吕宏兴任副主编，冯广志任主审。

在本书编写过程中，冯广志提出了许多宝贵的修改意见，另外，还得到有关专家和领导的指导和帮助，并参考和引用了许多国内外文献，在此一并表示衷心的感谢！

由于编写时间仓促，书中难免有不妥及疏漏之处，恳请读者批评指正。

编　者
2011 年 3 月

目　录

第一章 灌区水量调配的基本原理

第一节 概 述

灌区是按照水系的自然分布状况或人工修建的水利工程设施的地理分布划分出来的区域。从一般意义上讲，灌区是由水源顺流而下形成的供水和渠系灌溉网络，因此灌区并不是由一条单一的水渠形成的区域，而是由至少一个水源、一条总干渠，或若干条规模较大的干渠和分干渠、在干渠上开口的支渠和支渠以下纵横交错的斗渠与农渠构成的。所谓灌区系统，就是指由水源和这些逐级划分的供水、配水管道或渠道所构成的系统。为了较好地实现水源和灌区管理，需要建立相应的灌区管理机构和由这些机构所组成的社会管理体系，这就是灌区管理系统。

我国的灌区灌溉骨干工程是以国家建设为主形成的，也是国家基础设施的重要组成部分。与其他行业不同，灌区管理机构是代表国家和政府授权对水资源实行统一管理调配，由于水的天然垄断性，实行政府定价，具有非常强的公益性；由于水的流动性、实效性，又有一定的可经营性，灌区提供的是特殊的公共产品，其生产经营活动的宗旨是服务。灌区专业管理机构是非营利的社会服务组织，灌区服务的主要对象是受政府保护的弱势产业——农业。由此决定了灌区经营的公益性特征，应当得到国家和各级政府的保护和支持。

"水利是农业的命脉"精辟地表述出灌区在发展农业生产、不断提高农民收入和改善农民生活水平中的重要作用。发展灌溉是巩固农业基础地位、保障国家粮食安全的关键措施之一；农田灌溉排水对稳定农村经济和社会安定、保护农村生态环境等正发挥着巨大的公益性作用。发展灌溉既是农业和农民的需求，更是全社会生存与发展的共同需求，因此对灌区所主要发挥的公益性效益及其在经济社会发展中的重要地位，需要不断地提高认识。除农户自用的小型蓄水池、浅井等微型工程外，大多数灌溉设施属于为众多农户服务，满足社会需要的公用工程。为了统筹协调社会全体成员的利益关系、增强水利基础设施建设，各种类型灌区的灌溉与排水工程的引水枢纽、干支骨干渠系和排水系统的基础设施建设和更新改造，均在各级政府主导和财政的支持下得以实现。而与农民生产、生活关系更为直接的灌区末级渠系即田间工程及小型灌排工程，也应当在各级财政资金的资助下，动员与组织广大受益农户来参与建设，并主要以农民用水户协会等农村用水管理组织形式来进行日常的管理与维护，受益农户应当补偿部分或全部的运行管理费用。

一、水资源的自然属性

水资源是一种重要的自然资源，它与土地、阳光、大气一起构成了所有生物所必需的基本生存条件。土地资源在空间上是相对固定的，但阳光、大气资源则是流动的，由河流、海洋、湖泊等蓄积和承载着的水资源则介于土地资源和阳光（太阳能）、大气资源之间，既具有流动性，也具有相对稳定性。水资源的基本属性可主要归结为公共性、流动性和循环性。

（一）公共性

水资源的公共性是指水资源并不为任何生物所特有，也不为任何民族、社会、国家和任何行政区域中的人们所特有，而是为流经的所有生物、民族、国家、社会所共有的。水资源的这种属性决定了任何人、任何民族、任何国家不能也无法把水资源单方面地占为己有。中国道家常用水来形容和解释"道"，就是说明水像"道"一样，具有不偏不倚地泽被众生、滋养万物的公共属性，也具有归于万物、附着万物的善利品性。水资源乃至所有自然资源的公共性，正是人类早期公有观念的重要来源。为此，《中华人民共和国水法》第三条明确规定：水资源属于国家所有。

（二）流动性

流动性是所有气态、液态和部分固态物质共有的特征，正是这种特征成为大气、水资源公共性特征的根据。水或水资源的流动性表现为两种基本形态，从立体空间来看，在湖泊、海洋状态以外，除非进行人工干预或长期的培育森林，否则水体无法在任何一个特定的地点或区域长久停留或保持。地心引力使水资源要么渗入地下，要么流入湖泊和海洋，而且水资源一旦流走，便难以再行利用，人们必须花费更大的代价，通过人工提水工程才能使低地的水重新得到利用。另外，由于热力的作用，水资源还可以在液态、气态和固态三种状态之间转换。

（三）循环性

水是生命之源，水可以在生命之间、有机状态和无机状态之间循环。由于水的这种循环特征，水资源可以实现充分利用和永续利用，水资源的这种特征称为可循环性。因此，水资源是可再生的资源。水资源可以通过吸收、利用、蒸发和蒸腾作用，实现与环境之间的水分交流与交换。这样，通过大气环流、生态食物链和生物蒸腾作用，水资源便不断地得到循环和再生。但重要的是水资源和水环境的污染，可以在很大程度上减少水的有效利用水平，并通过对环境条件的破坏来影响其他生物和人类文明的发展与进步。水污染将成为水资源循环性特征和效益发挥的重大障碍，这种障碍也成为陆地尤其是现代化水平比较高的城市社会和传统农业社会可用水源持续枯竭的主要原因。

对于灌区而言，虽然水资源具有循环的特性，但若不合理地调配水量，仍会造成灌区上、下游不能均衡受益和水资源的浪费。

二、水资源的社会属性

对人类来说，不管是在国家、民族之间，或者是在国家、民族内部不同行政区域之间，以及不同用水社区、社群和单位之间，水资源的社会属性应当得到如下定位。

（1）水资源是一种社会公共资源。水资源的自然公共性是相对于所有自然生命或生物而言的，而其社会公共性则是相对于地球上的人类、流域或水域中的人群、灌区中的用水户而言的。水资源相对于人、人群乃至人类的这种公共属性或社会定位，就成为通过公共力量或社会力量，分配、调度、调节和管理水资源的重要依据。江河、湖泊水资源的管理是这样，人工运河、库坝中水资源的管理也是这样。正因为如此，在中国重要的水系——长江、黄河、淮河、海河、珠江、东北松辽两江、太湖等流域，建立了各自的流域管理委员会，与各级水行政主管部门配合，负责全流域的管理，包括各地方工农业用水和城市居民生活用水的管理。

（2）水资源是一种由国家实行宏观调控、统一管理的共享资源。水资源的流动性决定了它无法永久停留在任何固定的地区或区域，任何人群、民族或国家也不因其居住或分布的流域地理位置而享有独占权或者丧失使用权。水资源的天然垄断性和共享性的社会定位，决定了任何人、任何地区、任何民族和任何国家都无法甚至不能由于自己的地理或区位优势而独自享有或独占大自然提供给人类乃至所有生物的水资源，而是应当并且能够通过对话和协调，为其他居于相对不利区位的人们最低限度地享有水资源创造条件。

（3）水资源是一种有价值的资源。在市场经济条件下，这种价值可以转化为商品，从而使水资源具有商品的属性。按照商品是用来交换的劳动产品这一定义，只有人工劳动产品用于交换时才能转化为商品。但由于水对于人类乃至所有生命的极端重要性，人类日常的基本生活离不开水，种植、养殖、工业生产以及交通运输等社会经济生活的各个领域都离不开水。水，这种由自然赐福于人类和所有生物的公共资源，在现代社会，与紧密相关于产权和所有权的其他资源一样，具有商品化的特征，具有公共性和商品性的商品，这种商品也可以进入流通领域参与市场交换，并为其所有者和管理者带来利益。这样，商品便不再仅仅局限于劳动产品的范畴，而被扩展为具有使用价值并用于交换的所有物品，不管是自然产品，还是人工劳动产品。

三、灌区系统的组成

一个完整的灌区系统，必须有以下六个最基本的要素，这就是取水工程、输配水工程、田间灌溉工程、灌区用水户、灌区管理机构和灌区管理制度等。

（一）取水工程

水源又可区分为地表水、地下水。在地表水中，通过人工修筑截流的拦水坝等集水工程而形成水库，其特点是这种水源由于受水库的调节，往往水量较大而且水源相对稳定；而通过修建引水工程或提水工程（如水闸、泵站等）直接从大江、大河引水或提水而取得的水源，如中国长江、黄河等大江大河流域的灌区，都是直接引用江河水流而形成的灌区，这种水源的特点是受流域或集水区内天然降水或河道径流量的影响较大，并随着江河流域工农业生产的不断发展和持续性干旱气候，这种水源存在着日益突出的问题。随着经济的发展，工业用水与农业用水的矛盾，加上城市化发展后日益集中的城市人口的生活用水增加，争水的矛盾日益突出。在几乎所有大江大河两岸都密集分布着各种大小不等的城市，江河既成了城市居民生活用水和城市工业用水的重要水源，也充当着城市工业废水和居民生活污水的排出通道。为此，随着对清洁水源需求量的持续提高和废弃污水的不断增加，共同消耗着原本属于灌溉水源的水质和水量。所以，对灌区来说，加强水源管理，确保水源清洁成了灌区管理的重要任务和目标。地下水是由机井提取的水源，新疆的坎儿井是我国古人发明的通过建立地下引水工程的特殊取水技术，已应用至今。对于水资源紧缺的地区，如何不让地下水位持续下降，做好地表水与地下水的采补平衡是灌区管理的重要内容之一，特别是在我国黄河流域存在盐碱化问题的灌区，在控制地表水和地下水之间的平衡方面，通过多年的灌区管理取得了丰硕的管理技术和经验。

（二）输配水工程

灌区工程由取水工程、输配水工程和田间工程组成。输配水系统的功能是把灌区水源按照需要从水源地运往目的地的重要途径。在输配水系统中，根据与水源和灌溉目标之间的距离，又可以区分出总干渠（干管）、支渠（分支）、斗渠和农渠四级固定渠道或管道，并最终到达用水户或灌溉田块（农田）。灌区内的所有输配水工程，从理论上讲都应当属于公共灌溉设施。但渠系中不同级别的渠系，其公共性范围和程度有所不同，其中愈是接近水源的渠系，规模往往愈大，而且对下游的控制力也愈大，它们的公共性也愈强；愈是接近农田的末级渠道，一般规模愈小，控制力愈小，公共性相对也愈弱。但即使是地处灌区最上游的斗渠，也无法实现灌溉农田所有者的自给自足，也必须要实现与其他农田经营者或所有者一样的共享和共管。

（三）田间灌溉工程

田间灌溉工程通常指灌区最末一级固定渠道（农渠）和固定沟道（农沟）之间的条田范围内的临时渠道、排水小沟、田间道路、稻田的格田和田埂、旱地的灌水畦和灌水沟、小型建筑物以及土地平整等农田建设工程。做好田间灌溉工程是进行合理灌溉，提高灌水工作效率，及时排除地面径流和控制地下水位，充分发挥灌排工程效益，实现旱涝保收，建设高产、优质、高效农业的基本建设工程。田间工程要有利于调节农田水分状况、培育土壤肥力和实现现代化。田间工程规划应满足以下基本原则：

（1）有完善的田间灌排系统，做到灌排配套，运用自如，消灭串灌串排，并能控制地下水位，防止土壤过湿和产生土壤次生盐渍化现象，达到保水、保土、保肥。

（2）田面平整，灌水时土壤湿润均匀、排水时田面不留积水。

（3）田块的形状和大小要适应农业现代化需要，有利于农业机械作业和提高土地利用率。

（4）田间工程规划是农田基本建设规划的重要内容，必须在农业发展规划和水利建设规划的基础上进行。

（5）田间工程规划必须着眼长远、立足当前，既要充分考虑农业现代化发展的要求，又要满足当前农业生产发展的实际需要，全面规划、分期实施、当年增产。

（6）田间工程规划必须因地制宜，讲求实效，要有严格的科学态度，注重调查研究，走群众路线。

（7）田间工程规划要以治水改土为中心，实行山、水、田、林、路综合治理，创造良好的生态环境，促进农、林、牧、副、渔全面发展。

（四）灌区用水户

灌区用水户就是水源和渠系工程供水的用户，包括工业供水、城市生活用水、环境用水以及所能扩展或覆盖的农田灌溉用水。用水户是灌区最终受益、发挥效益的地方。

人们之所以要兴修水利，就是为了满足国民经济发展对水资源的需求。

（五）灌区管理机构

灌区管理机构是由各级政府针对骨干工程管理专门成立的工程管理单位，骨干工程的固定资产由国家所有，它代表政府行使对江河水资源的有效、合理、科学地调配与管理。

（六）灌区管理制度

灌区管理制度包括工程管理、用水管理、组织管理、经营管理等。

以上各部分作为组成要素，有机地构成一个完整的系统，称为灌区系统。同其他系统一样，灌区系统管理也要适应灌区所在地域的环境，主要包括自然环境、社会环境两大类。其中，适应自然环境主要依靠先进的技术和积累的经验，把握灌区管理自身的特点与之相适应；适应社会环境主要依靠政策和社会宣传等方面形成一定的社会氛围和环境，并以法律政策为根据，依法从事各项灌区管理工作。

四、灌区类型与特点

（一）灌区类型

1. 按取水方式分类

灌区按取水方式可分为自流灌区、提水灌区和渠井灌区。

1）自流灌区

自流灌区根据水源的不同分为水库取水灌区和河道引水灌区。河道引水灌区又根据有无渠首枢纽分为有坝引水灌区和无坝引水灌区。水库取水灌区根据水库上游降雨的丰沛程度以及水库的调蓄能力，可以将河道来水量不同程度地进行年内、年际的调蓄，更好地将水资源用于农田灌溉，也有利于灌区管理单位对水资源的调配。而河道引水灌区依靠上游的自然来水，没有调蓄功能，若要充分利用难以预测的上游河道来水，需要更加配套的管理机制和科学的管理方法。

2）提水灌区

提水灌区根据提水所用机械可分为泵站提水灌区、机井提水灌区。泵站提水灌区提取的是地表水源，通过建设固定的或小型移动式的泵站将地表水提高一定高度后，经过渠道的调配输入到农田。机井提水灌区是完全依靠小型水泵通过提取地下水资源满足农田灌溉需要的。泵站提水灌区由于供水成本较高，需要对提取的水资源高效利用，因此需要更加配套的农田灌溉设施和系统精细的管理措施等保障条件。机井提水灌区一般单井规模较小，管理方便，由于地下水对环境的影响和深层地下水回补的不可逆性，机井提水灌区需要不间断地做好地下水环境的观测，做到采补平稳。

3）渠井灌区

渠井灌区是指渠道工程引取地表水和机井提取地下水并且通过管理相互补充调配的灌区。这类灌区主要分布在我国北方地区，地表水不能完全满足农田灌溉，又有一定的地下水资源可利用，在地表水不足时提取地下水补充灌溉，在地表水丰沛的时候又对地下水进行补充，通过科学合理地调配使灌区的灌溉面积达到全面受益。

2. 按地形地貌分类

灌区按地形地貌可分为山丘区、平原区、圩垸区、滨海区四类。

1）山丘区灌区

山区和丘陵区地形复杂、地势起伏大、岗冲交错、耕地分散、地高水低，一般需要从河流上游引水灌溉，输水距离较长。所以，这类灌区干、支渠道高程较高，渠线较长且弯曲较多，深挖、高填渠段较多，沿渠石方工程和交叉建筑物较多。另外，由于渠道较多地行经高填方、山坡风化土质和风化岩层地带，渗漏比较严重，在暴雨季节，山洪可能入侵渠道，危及渠道安全。同时，渠道常和沿途的塘坝、水库相联，形成"长藤结瓜"式水利系统，以求增强水资源的调蓄利用能力和提高灌溉工程的利用率。这类灌区应遵循"高水高用，低水低用"的原则，以蓄为主，蓄、引、提相结合；以小型灌区为基础，大型灌区为骨干，建立大、中、小型灌区联合运用；以丰补歉，调剂余缺。

2）平原区灌区

平原区灌区可分为冲积平原灌区和山前平原灌区。冲积平原灌区大多位于河流中、下游地区，地形平坦开阔，耕地集中连片。而山前平原灌区位于洪积冲积扇上，除地面坡度较大外，也具有平原地区的其他特征。河谷阶地位于河流两侧，呈狭长地带，地面坡度倾向河流，高处地面坡度较大，河流附近坡度平缓，水文地质条件和土地利用等情况与平原地区相似。

平原灌区的地下水资源比较丰富，可根据水文地质条件和灌溉用水的需要，合理开发利用地下水，使地下水与地面水统一调配，综合利用，充分发挥效益。

3）圩垸区灌区

分布在我国南方各主要河流的中、下游沿江滨湖地区，均系冲积平原，水网密布，湖泊众多，地势低洼，水源丰沛，洪水位高于地面，逐步形成了圩垸地区。圩垸地区的共同特点是地形平坦，大部分地面高程都在江（湖）洪枯水位之间，每逢汛期外河（湖）水位常高于地面，圩内积水无法自流排出，渍涝成灾。在圩垸区灌区普遍采用机电排灌站进行提排、提灌，洪、涝、渍灾害威胁严重。面积较大的圩垸，要采取联圩并垸、修筑堤防涵闸等一系列工程措施，按照"内外水分开，高低水分排"，"以排为主，排蓄结合"和"灌排分开，各成系统"的原则，分区灌溉或排涝。

4）滨海区灌区

滨海区灌区位于河流下游，水源比较充沛，同时地面平坦，水道纵横，可以利用潮水进行灌溉。但由于地势低平，上有江河洪水，下有海潮倒灌，所以洪涝灾害也比较频繁，特别是低洼的地区，不仅内涝严重，而且地下水位高，对于农业生产十分不利。因此，洪、潮、渍、涝、风、咸是滨海的主要灾害。部分咸田由于缺乏淡水冲洗，每年都要遭受不同程度的盐害。对于这些地区，一方面需采取防止咸潮入侵的措施；另一方面需引蓄淡水，解决农田灌溉和人畜饮水问题，做到拒咸蓄淡，适时灌排。

（二）灌区的特点

（1）较强的公益性。从属性上看，农田灌溉是人类改造不利农业自然禀赋条件的人为行为，具有防灾、抗灾、减灾的作用。灌溉工程是农民摆脱贫穷、解决温饱、发展农业生产的基础设施。灌溉效益不仅表现在提高作物产量，保障国家粮食安全，还表现在巩固农村脱贫成果，改善和保护农村生态环境，稳定农村经济和社会安定的功能。灌溉服务的对象是农民，在经济快速发展的今天，农民从事农业生产活动所获得的收益，在其家庭总收入中占的比例已日益降低。因此，发展灌溉不仅是农民的需要，更是国家粮食安全与社会稳定的需要。主要从事农业灌溉的灌区，应当得到国家政策和财政的大力支持，世界上大部分国家的政府都对灌溉事业给予强有力的政策扶持和保护。世界银行、世界贸易组织等国际组织对灌区建设和灌溉运行管理均有许多优惠的政策与规定，如允许政府补贴、免收贷款利息、延长还款期限等。许多国家和国际组织把扶持灌溉项目作为解决发展中国家粮食短缺、农村贫困的主要措施之一。灌溉直接为众多农户服务，无论是建设还是管理，都与广大农民切身利益密切相关，离不开农民群众的积极参与。我国现有的上千万处灌溉工程绝大多数是由政府引导扶持、资金补助和农民投劳集资兴建的，而且已建成的灌溉工程中，除水源枢纽与干、支骨干渠系工程由各灌区专管机构管理外，斗渠及其田间工程均由农村用水合作组织管理。农民参与灌溉管理在我国有悠久历史，也是优良传统。

（2）一定的可经营性成分。水利工程供水，特别是非农业用水，如向工业和城市生活供水，其经营性比较明显；但农田灌溉工程是改善农业生产条件的基础设施，其经营性不明显。农田灌溉对促使作物增加产量、提高农产品品质、增加农民收入的作用显著，在蔬菜、花卉、瓜果等经济作物生产上表现尤为明显。为此，对主要为农田灌溉服务的工程，其可经营成分主要体现在为农业增产与农民增收服务。农业供水和灌溉服务具有一定的商品属性，应当遵循商品交换的价值规律，尽可能做到核算灌区运行维护成本，受益者即农民用水户向灌溉管理者付费，在其承受能力范围内尽可能做到补偿运行维护成本损耗；而灌区工程的更新改造费用应纳入政府的财政预算计划内开支。

（3）垄断性。灌区所用水源、输配水工程设施及其所处的地理位置和地形条件，均属于公共资源，在一定条件下具有唯一性。灌区的受益范围、服务对象相对固定，不存在也不可能进行市场竞争。除非灌溉水源枯竭或灌区土地"农转非"，否则灌区管理单位永远不会破产、倒闭。因此，农田灌溉服务属"特殊商品"，具有天然的垄断性。

（4）不确定性。灌区取水口处的河道来水，由于水气循环和气候变化的不确定性，使得水利工程引水具有不确定性。同时，农作物从播种到收获等耕作栽培活动，农时相对固定，而灌溉水源、灌水时间、灌水次数都与天然降水密切相关，有很强的不确定性。久旱不雨，作物需要灌溉，但河道来水可能不足，灌区生产经营会陷入困境；也经常出现刚灌完水，一场大雨，使抗旱变成排涝。作为相对弱势产业的农业和弱势群体的农民，难以单独承担气候变化所造成的风险，各级政府有责任和义务提供保护和扶持。堤坝、渠系、水闸、泵站、机井等均处于露天地，常年受风吹日晒雨淋、水流冲刷、泥沙淤积、山洪泥石流损毁、冬季冻胀破坏，加上季节性间断使用，给工程维护与管理带来了困难，造成了水利工程维护管理困难的特性。

由以上特点可以看出，灌区的建设与管理涉及水文水资源、生态环境、工程地质与水文地质、土木建筑、机电设备、土壤、生态环境、农学等不同专业；灌区的管理涉及法律、政策、市场营销、社会、历史、心理等多个方面。为此，对灌区的建设与管理，需要掌握系统工程的方法，采取综合措施，注重生产实践，对灌区管理者和从业者的素质有较高的要求。

五、灌区的功能

从最直观的角度看，灌区系统的功能，如前面已经指出的，正是由于区域水资源在时间、空间上分布不均衡和工农业生产尤其是农业生产对水资源的需求，才使人们在自然降水无法满足农作物生长需求的情况下，不得不通过人工方法，修筑引水工程，或者截流修筑库坝，建立网络化的渠系，根据农时对作物补充水分，这就是农田灌溉。同时，建立的库坝、渠系也可以发挥拦蓄、导溢洪水的作用，从而减少由过分集中降水，尤其是强降水所形成的洪水对农业和国民经济的危害。对于渠井双灌灌区，地面引水渠道还有补给地下水、保护水环境的功能；而南方圩垸区灌区，其主要的任务却是排水。这样，灌区系统的功能，主要可表现在以下几个方面。

（1）抵御干旱、补充作物生长所需水量，促进灌区粮食生产稳产高产。我国的地形地貌、气候和水资源条件、人口因素决定了我国必然是个灌溉大国，农业的发展必须以灌溉为基础。是否有灌溉，成为一个地区农业发展水平和基础条件的重要衡量指标。

农田灌溉是灌区系统最重要的功能，这种功能确保具有季节性特征的农业生产在需要时，可以经由渠系将水源源不断地输送到农田，从而即使在气候十分严酷的条件下，人们也有基本的农业收成和生存条件保证。尽管水利工程系统主要是人类为了自己的生存而建立起来的人工系统，但这种系统对生态环境系统的间接作用同样非常重要。

（2）排涝、排渍的功能。排涝即及时排除过多的地面水，而排渍即及时排除过多的土壤水。农田水分长期过多或地面长期积水，会使土壤中的空气、养分、温热状况恶化，造成作物生长不良，甚至窒息死亡。土壤水分过多，地下水位及地下水矿化度过高，排水不良等因素，常常引起土壤的沼泽化和盐碱化。因此，若使农作物具有良好的生长环境，获得较好的作物收成，要重视解决排水除涝防渍问题。

在水稻生产区，虽然水稻是喜水性作物，但如果长期淹水或淹水过深，也会造成土壤空气缺乏、微生物活动困难；有机质分解缓慢、有毒物质增加；根系生长不良、吸收能力减弱；茎秆细长软弱、容易倒伏等问题；形成容易发病的条件，造成产量低下等。为此，水稻种植区要采取排水措施，使稻田保持一定的渗漏强度，可以对改善水稻根区的土壤环境起很好的作用。

（3）补给地下水的功能。灌区地下水位多年和年内变化明显受灌溉影响。灌溉后地下水位上升，停灌后下降；灌水量多，则上升幅度大；灌水量少，则上升幅度小。灌区内排水则是对灌溉的反调节，排水系统完善，灌溉引起的地下水位的上升就可以控制在一定的范围内。

平原型灌区，长历时的灌溉，补给地下水会越来越多，多年平均地下水位也就越来越高。灌水量过大，渠系水利用率不高，排水系统不完善或无排水的灌区，开灌后数年之内地下水位就有可能接近地表。我国北方渠灌区地下水位年变化动态以一年为周期。

井灌对地下水环境的影响与渠灌相反，抽取水量越多，水位下降就越多，下降面积越大，持续且长期发展下去，就有可能破坏区域的地下水资源，造成地下水枯竭，地层下沉等问题。为此，渠井双灌灌区，必须开展地下水动态观测，努力做到地下水资源采补的动态平衡。

（4）集雨、蓄水功能。集雨就是把降水收集起来，以供不时之需；而蓄水则是把暂时不用的径流量贮存起来，避免由于水流动性而沿着山溪、江河流失，从而确保整个区域有充足的水源和水量。集雨、蓄水功能是灌区系统中库坝型水源最重要的功能之一。在平原区，可以借助引水枢纽工程（如拦水坝、进水闸、提水泵站等）将江河水直接经由渠系引到农田；对高原和丘陵地区，借助人工库坝，把某一流域的自然降水和地表径流集中蓄存起来加以利用。灌区中的库坝型水源的集雨、蓄水功能，是灌区工程重要的连带功能。

（5）拦洪、溢洪功能。拦洪、溢洪功能并不是灌区系统的主要功能，但却是很重要的综合性功能，许多沟渠可以容纳部分雨洪；对山区的灌区工程设计时也考虑了坡面径流的入渠，以增加渠首不足的水量；对"长藤结瓜"式的灌区，在库坝的设计中，不仅考虑了流域水量的调配存蓄，而且也考虑了自身的拦洪和蓄洪能力。

（6）满足农业灌溉以外的供水需求。灌溉工程实际上是人类利用现代工程技术在有利的地形地理条件许可时，通过工程措施对自然水资源在一定区域内实施重新配置的一种手段。人口的增长和生活质量的提高、城市化进程的发展和城市环境的改善、工业化的发展等都离不开对水的需求，而灌溉工程中输配水系统的建立，为这些水的需求创造了远距离调度和可供配的条件。因此，我国大部分灌区，不仅为灌区的农田灌溉和排水提供供排保证，也为区域内工业、生活、环境等各类供水需求提供了重要的保障，对国民经济发展发挥着基础性质的重要作用。

（7）文化发展功能。灌区的建成成为加强农村社区成员之间联系的纽带和平台，培育和产生合适的协调沟通与参与管理方式，使人们自觉维护好对灌区管理的集体主义，相互合作和监督，促进农村和谐、社会的发展。

（8）为农业技术的推广创造条件。许多农业技术如品种改良、施肥、耕作等新技术的推广离不开灌溉措施的配套，在灌溉过程中农业技术的推广应用和灌溉技术的结合，可以使粮食产量更上一个台阶。这是农业生产不断提高的重要途径。

第二节　灌区水量调配的原则及方法

一、水量调配的基本原则

水量调配是执行灌区用水计划的中心环节。它是依据灌区水资源条件，从工业、城乡居民生活和农作物对水分的需求出发，考虑气象、土壤、水源、环境等因素，运用灌区工程设施，通过供用水计划、制度和一整套管理措施的实施，以及灌溉中系统对水源合理引、蓄、提水，科学调配、节约、高效利用水资源，以满足工业、农业、城乡居民生活需要，达到计划供给，合理灌溉，实现高产、高效的目标。在自然条件复杂多变的半干旱地区，更应做好水量调配工作，因时因地制宜，贯彻执行好用水计划。

水量调配的基本原则是"高度集中统一，用水申报，分级管理，均衡受益"，既要做到及时、准确、灵活地调配水量，又要保证安全输水和提高水的利用率。

（一）统一调配

灌区管理组织依照《中华人民共和国水法》规定，对获得取水许可的灌溉水实行统一管理。通常，大中型灌区实行渠系水权集中到局（处），配水到站，分水到斗，专人负责调配。

（二）分级管理

由于各灌区的规模和类型区别很大，为了提高工作效率，最大限度地发挥灌溉工程的功能与效益，减少公共管理成本，我国大中型灌区通常实行局、站、斗三级管理和三级配水。即灌区管理局（处）负责引水工程与主干渠的输配水工作；各基层管理站（所）负责干、支渠段的输配水工作；而农民用水户协会或斗渠管理委员会等农村用水管理组织则具体负责灌区斗、农渠系水量调配，面向各用水户的灌溉服务以及水费计收等工作。

（三）均衡受益

灌区水量调配工作的目的是在充分考虑和体现全灌区上、中、下游公共水资源科学配置的基础上，实现均衡受益；有条件的地方，应实行严格的定额管理，促进节约用水。

总之，由灌区管理局直属的配水中心和各管理站专职配水人员负责全灌区或干、支渠段的水量调配工作。在引水、配水中要做到安全输水和"稳、准、均、灵"。"稳"即水位流量相对稳定；"准"即水量调配及时准确；"均"即各单位用水均衡；"灵"即要随时注意气象、水源及渠道水位的变化，及时灵活调配。如河北省石津灌区调水的原则是"统一领导、分级负责，水权集中、专职调配"；而配水的原则是"以亩❶配水，按量收费，三级配水，落实到村，超额用水，加价征费"。

二、渠系水量调度制度

在获得国家取水许可的情况下，灌区的渠系水量调配制度应包括：

（1）统一调度。在一般情况下，渠首与渠系引水、输水、配水、泄水均由灌区管理机构统一调度。

（2）定时量水，定时联络。如灌区水源与干、支渠水位稳定，灌区一般实行每 2 h 的量水联络制度；如灌区水源及干、支渠水位不稳定，应当加测量水，即各枢纽、量水点一般应做到每 1 h 测一次水。局配水中心负责向各管理站通报水情，通知次日预分流量，管理站向配水中心反映用水户意见和要求。

（3）定时算水账。水账日清轮结。

（4）接送水制度。开闸放水，干、支渠道，上游站专人送水，下游站接水；斗渠由农村用水管理组织派专人送水，由各用水户或浇地服务队接水灌溉。

（5）配水业务工作制度。如干、支渠放水闸，斗门的管理养护与操作制度；校核

---

❶　1 亩 = 1/15 hm²，下同。

量水建筑物，量水堰、测流断面的水位流量关系；施测各项任务指标、编制配水图标等。

三、渠系输配水调配方法

渠系水量调配不仅要考虑灌区水源来水和渠首引水方式，还要考虑灌区农作物需水变化情况。灌区渠系输配水调配方法主要采用续灌和轮灌两种方式。

（一）续灌

当水源比较丰富，供需水量基本平衡时，渠首向全灌区的干、支渠道采用同时连续供水的方式，即续灌配水。续灌时，水流分散，同时工作的渠道多，长度长，渠道渗漏损失量大。其优点是全灌区的各用水单位基本上可同时引取水量，不致因供水不及时而引起作物受旱减产，全灌区受益比较均衡，这是向干、支渠道输水的正常方式。但当水源来水量大幅度减少时，就不宜采用，否则水流分散后的干、支渠道流量锐减，水位降低，不仅使渗漏损失增大，而且使斗、农渠取水困难。因此，一般当渠首引水流量降低到正常流量的30%～40%时，就不宜采用续灌，而采用干、支渠轮灌取水方式。

（二）轮灌

当渠首引水流量锐减时，一般在干渠之间或干渠上、下游段之间实行轮灌配水，把有限的引水量集中供给某一条干渠，灌完以后，再供给另一条干渠；或先供给干渠下游段，后供给干渠上游段。采取轮灌配水方式，水流比较集中，同时工作的渠道长度较短，渠道渗漏损失较小，输水的效率也随着渠道流速的提高而提高。但其缺点是造成一些用水单位可能灌溉不及时，产生受益不均衡。因此，干渠之间或干渠上、下游段之间实行轮灌，是一种非正常情况下的输配水方式，只有当渠首引水流量降低到一定限度时才采用。而在支、斗渠道（或用水单位）内部实行轮灌则是正常的配水方式，即将支渠引取的流量，按预先划分好的轮灌组，按组配给各条斗渠，斗渠的流量又按组配给各条农渠。

（三）轮期的划分

轮期就是一个配水时段。把一个灌季划分为几个轮期，有利于协调供需矛盾，也有利于结合作物需水情况合理灌溉。一般在用水不紧张时，可将作物一次用水时段作为一个轮期；在用水紧张、水源不足时，为了达到均衡受益，可将作物一次用水时段划分为2～3个轮期。在划分轮期时，还要适当安排灌前试渠、每轮末平衡储备水、含沙超限引洪淤灌或停灌的天数。

（四）灌区水量调配的信息化管理

目前，我国灌区正在进行信息管理试点，有关渠系水情的自动采集、传输、实时处理以及水量调配决策，包括渠系的优化配水等内容请参见本书第九章。

第三节　农业用水制度

农业用水主要指农田灌溉用水，其用水量涉及农田灌溉面积、灌溉用水定额及作物种植结构等。农田水分既是作物的基本生长条件之一，又是发挥土壤肥力的一个重要因素。各种作物的需水量和灌溉制度是制订农业用水计划，进行合理灌溉的主要依据。为了发挥水对农作物的增产作用，为作物高产稳产创造良好条件，一般通过试验研究和总结群众丰产经验，获得主要作物的需水规律和灌溉制度。

一、作物的灌溉制度

作物的灌溉制度是指在一定的自然气候、土壤和农业耕作栽培技术条件下，为保证作物正常生长发育并获得高产稳产所进行适时、适量灌水的一种制度。灌溉制度是灌水定额、灌水时间、灌水次数和灌溉定额的总称。

（1）灌水定额：指农作物某一次灌水单位面积上的灌水量，以 m^3/亩表示。

（2）灌水时间：指农作物各次灌水比较适宜的时间，以生育期或日/月表示。

（3）灌水次数：指农作物从种到收整个生育期需要灌水的次数。

（4）灌溉定额：指农作物整个生长过程中需要灌溉的累计水量，即各次灌水定额的总和，也叫作物总灌水量，以 m^3/亩表示。

灌溉制度是编制和执行用水计划的重要依据。灌区农业生产实践证明，合理的灌溉制度既可以使农作物得到适时、适量的水分供给，提高单位面积产量，又可以节约用水，扩大灌溉效益，提高全灌区总产量。灌溉制度的合理制定与正确执行，对充分发挥灌溉工程的效益和改良土壤都具有十分重要的现实意义。

二、灌溉制度的制定

在半干旱地区，影响作物灌溉制度的因素错综复杂，采用理论计算方法来确定灌溉制度比较困难。目前，许多灌区采用以总结群众省水高产的用水经验为主，结合灌溉试验，综合分析制定本灌区的灌溉制度，是比较切实可行的办法。

在制定灌溉制度时要因地制宜，必须考虑到各地区具体条件，如气候、水源、土壤、水文地质、工程设施和农业技术水平等，制定的灌溉制度应该在这些自然条件下，充分发挥水资源和工程设施效益，达到全面增产。

在一个较大的灌区，不同地区的自然条件和农业技术可能有差异，灌溉制度也就不一样，应根据不同条件分别制定，但也不要分得过细，以免使用水管理工作过于复杂。

合理的灌溉制度，应符合下列基本要求：

（1）尽最大可能适时适量灌溉，以合理调节土壤中的水分、养分和热状况，不断提高土壤肥力。

（2）在已经或有可能出现沼泽化或盐碱化的地区，灌溉制度必须有利于防治土壤沼泽化和盐碱化。

（3）充分提高灌溉水和工程设施的有效利用率，扩大经济效益。

（4）提高灌水劳动生产率，降低灌溉成本。

三、几种主要农作物的灌溉制度

不同的灌水方法有着不同的灌溉制度。陕西关中某典型灌区主要作物实际灌溉制度参见表1-1。

表 1-1　陕西关中某灌区主要作物的实际灌溉制度

作物	灌水次数	生育阶段	灌水起止时间（旬/月）	丰水年（P=25%）灌水定额（m³/亩）	灌溉定额（m³/亩）	中水年（P=50%）灌水定额（m³/亩）	灌溉定额（m³/亩）	干旱年（P=75%）灌水定额（m³/亩）	灌溉定额（m³/亩）
冬小麦	1	冬前分蘖期	上/11~上/1	60		60		60	
	2	小麦拔节期	中/3~上/4	—	60	50	110	50	160
	3	小麦灌浆期	下/4~下/5	—		—		50	
玉米	1	玉米拔节期	上/7~下/7	—	0	50	50	50	110
	2	玉米抽穗期	上、中/8	—		—		60	
棉花	0	播前泡地	上/12~下/2	60		60		60	
	1	盛蕾初花期	下/6~中/7	—	60	50	110	50	160
	2	开花结铃期	下/7~上/8	—		—		50	
果树	1	休眠期	上/12~下/2	—		60		60	
	2	开花坐果期	下/4~中/5	—	60	—	110	50	170
	3	膨大期	下/7~上/8	60		50		60	
其他	1	夏灌1	下/6~中/7		0	40	40	50	90
	2	夏灌2	下/7~上/8			—		40	

注：该地区灌溉一般分为冬灌（11 月~翌年 1 月）、春灌（2~5 月）、夏灌（6~8 月）3 个灌季，秋灌因量小往往包含在夏灌中。

四、执行灌溉制度时应注意的问题

作物灌溉制度的合理确定，只是给合理灌溉提供了依据，在具体执行中还要根据当地的气候、水源及作物需水状况等，因时因地制宜，灵活掌握，才能发挥灌溉增产的作用。

（一）结合降水和土壤墒情，及时调整灌溉制度

降水和气候多变，在执行灌溉制度中，必须根据群众"看天、看地、看庄稼"的经验，在灌区选择有代表性的观测点，定期监测降水量、土壤含水量、作物生长发育状况等，作为调整作物灌溉制度的依据。土壤含水量是确定是否需要灌溉和灌水多少的主要监测指标。当土壤含水量接近适宜含水量下限指标时，就表明作物需要灌水，根据土壤水分消耗规律和灌水前的土壤水分确定灌水量。

（二）结合水源，调整灌溉制度

在水源不足、流量不稳定的情况下，必须结合灌区水源情况，调整灌溉制度，使有限的水量获得最大的增产效果。

（1）灌关键水。当灌溉供水量不能满足作物全部需水要求时，一般采取抓关键水的办法。即各种作物首先都应保证播种保苗的水量，而生长期灌水则应优先保证作物需水关键期的用水。

（2）适当延长灌水时间。自流引水灌区为了充分利用水源，应适当提早或延长灌水时间，使有限水量浇更多的面积。一般可采取早浇一部分面积，推迟浇一部分面积，大部分面积比较适时地浇水，保证大部分面积丰产、少部分面积稳收。

（3）减少灌水定额及分成浇灌。在特别干旱季节水源大减的情况下，除采取抗旱保墒措施外，可减少灌水定额或分成浇灌，以解决短期的水荒问题。如北方地区改畦灌、沟灌为隔畦或隔沟灌，按面积比例每轮先浇半数或几成等措施。南方水稻种植地区可灌溉浅层水、保墒水等。通过这些措施达到保证受益均衡，并使有限的水量用在最急需灌水的作物上。

（三）结合作物需水缓急，调整灌溉制度

我国大部分灌区一般分为冬、春、夏秋 3 个灌季，在每一个灌季内都有数种作物需要灌水。为了使作物灌溉制度与轮灌用水计划相协调，错开集中用水期，必须将灌溉制度作必要的调整。一般采用的办法是：综合各种情况，以全面增产为前提，不同时期确定必须优先灌水的主要作物，而其他作物用水可结合水源情况酌情考虑。

第四节　灌区需水量原理

一、农田灌溉需水量

根据农田水量平衡方程式

$$P + I = ET + D + R \pm \Delta SW \tag{1-1}$$

式中　P——大气降水量，mm；

　　　I——灌水量，mm；

　　　R——地表径流量，mm；

　　　ET——蒸发蒸腾量，mm；

　　　D——深层土壤渗漏量，mm；

　　　ΔSW——时段内土壤含水量的变化量，mm。

净灌溉需水量为

$$I_n = ET \pm \Delta SW - P_e \tag{1-2}$$

式中　I_n——净灌水量，mm，$I_n = I - R - D$；

　　　P_e——有效降雨量，mm，$P_e = P - R - D$。

对于灌区而言，某种作物的某次灌水，田间的净灌溉用水量 $M_净$ 可用下式计算

$$M_净 = \omega_i \times m_i \tag{1-3}$$

式中　ω_i——第 i 种作物的灌溉面积，hm^2；

　　　m_i——第 i 种作物某次灌水的灌水定额，m^3/hm^2。

灌溉用水由水源经各级渠道输送到田间，由于渠道渗漏、蒸发以及田间渗漏等因素，会造成部分水量损失，故水源供给灌区的毛灌溉用水量等于净灌溉用水量与损失水量之和。通常用净灌溉用水量与毛灌溉用水量的比值 $\eta_水$（灌溉水利用系数）作为衡量

灌溉水利用效率或反映灌溉水损失情况的指标。某个时段灌区需要从水源取得的水量为

$$M_{毛} = M_{净} / \eta_{水} \qquad (1\text{-}4)$$

二、工业与城乡生活需水量

（一）工业需水量

工业需水主要按行业万元产值用水量来预测。万元产值用水量是在现状用水水平基础上，按不同水平年工业行业结构，充分考虑各类工业行业技术设备更新，推广节水技术，提高水的重复利用率等因素，并参考我国东部和沿海发达地区指标的基础上确定的。工业需水量预测，一般可分火电工业、一般工业、乡（镇）工业、村及村以下工业四种类型进行。鉴于工业用水情况比较复杂，除按万元产值法预测外，还应采用趋势法进行对照检验，作合理性分析。

（二）城镇生活需水量

城镇生活需水量可分为城镇居民生活、城镇公共设施用水。城镇居民生活和公共设施用水按照人均需用量来预测，商品菜地用水是按菜地发展面积和制定的灌溉定额计算的。根据各地社会现状及今后一个时期的发展目标，确定不同水平年城镇人口发展指标。

用水定额的影响因素包括：居民生活水平的提高、城镇化程度的提高，水价、节水等，结合现状用水情况并考虑各水平年逐步提高的要求，分别确定各单项定额。

（三）农村生活需水量

农村生活用水包括农村居民生活用水、家畜家禽用水两部分。农村人口、畜禽数量要根据有关规划部门提供的发展速度与增长计划确定。在现有用水情况的基础上，考虑生活不断改善，用水定额逐年有所提高。

三、灌区生态环境需水量

灌区生态环境需水量主要考虑了绿地、水面、主要河流维持河道基本生态和污染自净的基础流量、地下补水、园林、草甸、控制沙漠扩大等用水，并采用相应不同的计算方法。

水是区域生态环境的基本要素之一。要维护区域生态环境，从本质上讲，就是要维护水循环本身的稳定，保持水热平衡、水沙平衡、水盐平衡、水土平衡和水量平衡。其中，最根本的是保持水量的基本平衡。时间证明，维持水量平衡的关键是把握开发利用尺度，合理分配生态用水和国民经济用水。不同地区、不同自然条件，特别是气候条件，决定着可利用量的高低。一般来说，干旱地区可利用程度低，湿润地区可利用程度高；生态环境脆弱区低，生态环境良好区高。

灌区生态环境需水量包括灌溉工程规划设计时就明确需要通过灌区输配的河流生态需水量、河流环境需水量和灌区范围内维护生态环境需水量三部分。河流生态需水量是指维持河流系统最基本的生态功能所需要的水量，对某河某断面而言，生态需水量应当是人类活动影响较小情况下河流最小月平均流量。河流环境需水量是指保持河流系统一定的污染自净的基础流量。而灌区内维护生态环境需水量即指人为维护区域水循环稳定所需的水量，主要包括区域绿化、水面、园林、草甸等用水量。

第五节　灌区计划用水原理

计划用水是灌区用水管理的中心环节，也是提高灌区灌溉用水管理水平、充分发挥灌溉工程效益和落实节约用水的重要措施。《中华人民共和国水法》第八条明确规定："国家厉行节约用水，大力推行节约用水措施，推广节约用水新技术、新工艺，发展节水型工业、农业和服务业，建立节水型社会"。

所谓计划用水，从农业角度讲就是按照作物的需水要求和灌溉水源的供水情况，结合农业生产条件与渠系的工程状况，有计划地蓄水、引水、配水和灌水，达到适时适量地调节土壤水分，满足作物高产稳产的需求，并在实践中不断提高单位水量的生产效益。无论灌区大小，都必须开展并做好计划用水管理工作。

实行计划用水，首先要根据作物对水分的需求，并考虑水源情况、工程条件以及农业生产的安排等，编制好各级用水计划；在实施灌水时，视当时的实际情况，特别是当时的气象、水源情况，及时修正和执行用水计划，认真灵活地做好渠系水量的调配工作；在阶段灌水结束后，要及时进行用水总结，为今后更好地推行计划用水积累经验。

一、编制用水计划

用水计划是灌区（干渠）从水源引水并向各用水单位（乡（镇）或农场）或各级渠道配水的计划。它是灌区管理单位引水、配水的依据，也是各用水单位安排灌溉的依据。

根据作物需水要求、水源供水条件和渠系工程的输水能力等，统一协调需水、供水和输水的关系，合理地制订与执行用水计划，能够达到充分利用和节约水资源，促进作物高产稳产，获得较高的经济效益。如果灌区缺乏用水计划，就会造成用水紊乱的局面。引水条件方便的上游灌区，可能用水过多，不仅浪费水量，甚至引起地下水位上升，影响作物正常生长。灌区下游或边缘地区，往往用水不足或供水不及时，使作物遭受干旱而减产。因此，必须重视编制及执行用水计划。凡是认真编制和严格执行用水计划的灌区，一般来说，灌区地下水位基本保持平衡，农田可免除盐渍化的危害，作物产量稳步上升。

灌区用水计划包括渠首引（取）水计划和灌区配水计划两大部分。

（一）编制渠首引（取）水计划

1. 确定渠首可能引入的流量

当河流水源的设计年来水流量确定以后，即可相应地确定渠首可能引入的流量。若水源仅供给一个灌溉系统的用水，则可按照水源设计年来水流量对水源的控制能力及渠首工程最大引水能力直接确定渠首可能引入的流量。在无坝引水的情况下，渠首的引水量与水源的水位关系很大，因而不仅要确定水源流量，还应确定水位，然后根据这些水位、流量与渠首进水闸底高程关系而求得渠首可能引入的流量。若水源同时供给几个灌区用水，则应由上一级管理机构统筹分析水源情况和各灌区需水要求，确定各灌区的引水比例，以此来安排本灌区的引水量。

若提水灌区的水源流量比水泵出水量大很多，则水源分析应以水位为主。但在分析水位时，应考虑抽水后水位的变化，并根据变化后的水位、扬程及机械效率等因素，确定不同时期渠首水泵的出水量。

在含沙量大的河流上，渠首可能引入的流量还受泥沙含量的影响，对于这样的河流应分析其含沙量出现的频率。

2. 供需水量平衡

确定了渠首可能引入的流量后，根据需要可按灌季或轮期进行供需水量的平衡计算，以确定渠系引水计划。

供需水量平衡计算：首先由下而上分别收集计算出本灌季各基层管理站及各级渠系的作物种植面积、各级渠道水的利用系数，以及各月的气温、降雨量及各轮期取水口河道来水流量等预报参数；然后根据各主要作物灌溉制度及实际用水管理经验、全灌区灌溉水利用系数 $\eta_水$，进行各轮期的供需水量平衡分析，即根据已初步确定的渠首引水流量 Q_y、灌溉面积 G_{mJ}、轮期用水天数 T、平均灌水定额 G_{SD} 计算灌溉需水流量，其计算公式为

$$Q_x = \frac{G_{mJ} G_{SD}}{86\,400 T \eta_水} \tag{1-5}$$

若某轮期可能引入的流量（Q_y）等于或大于灌溉需要的流量（Q_x），以灌溉需要的流量作为计划的引水流量（$Q_y = Q_x$）；若 $Q_y < Q_x$，则必须进行用水调整：如缩小灌溉面积 G_{mJ} 或降低平均灌水定额 G_{SD}，或延长轮期用水天数 T 等，如此反复修改，直至保持水量平衡且符合灌区用水实际。有条件的灌区还可利用补充水源以弥补水源流量不足。根据修正后的水量平衡计划，就可编制灌区引（取）水计划（参见表1-2）。灌区引水计划一般按季度编制，如春灌引水计划或夏灌引水计划等；也有分次编制的，即在每次用水前编制，这样可使编制的计划与实际情况更加符合。

（二）　编制灌区配水计划

灌区配水计划是将渠首计划引取的水量由上而下地逐级分配给各级渠道或各用水单位，包括应分配的流量和水量、用水次序和用水时间等。我国各灌区的经验多是按渠系配水，故亦称渠系配水计划。小型灌区只编一级计划，大、中型灌区一般分二级或三级编制配水计划。例如，按二级编制计划时，由灌区管理机构编制向各管理站（段）的配水计划，将渠首引取的水量分配给各管理站（段），再由管理站（段）编制渠段配水计划，将水量按次序、时间分配给所辖的各支、斗渠道。

编制配水计划，主要包括计算配水量、配水流量、配水比例和配水时间等，应因地制宜地编制不同类型的用水计划。

用水计划一般可分为年度轮廓用水计划，某灌季全渠系用水计划，干、支渠段用水计划（或称管理站（所）用水计划）及用水单位的用水计划等几种类型。

1. 年度轮廓用水计划

年度轮廓用水计划是由灌区管理机构在每个灌溉年度之前，根据设计年水源的来水预报及各用水单位近几年的实际用水状况，综合确定出全年各灌季及下属各管理站的斗口水量、灌溉面积、水费征收等轮廓性的灌溉任务指标。年度轮廓用水计划不仅为编制全灌区各灌季的渠系用水计划提供基本依据，也为各基层管理站（所）实行全面责任承包提供基本的起点指标。因此，它是灌区进行宏观决策，加强用水计划管理，提高灌区经营管理水平及经济效益，深化改革的一个重要环节。

表 1-2　某灌区 19×× 年冬灌供需水量平衡与引水计划

项目				作物	作物需水阶段	灌水成数 (%)	灌溉面积 (万 hm²)	灌水定额 (m³/hm²)	田间用水量 (×10⁴ m³)	轮次用水量 (×10⁴ m³)	渠首引入流量 (m³/s)	取水口河道来水流量 (m³/s)	计划用水指标	
轮次	用水时间												灌溉水利用系数	渠系灌溉效率 (亩/(m³/s·d))
	起 (月-日)	止 (月-日)	天数 (d)	种植面积 (万 hm²)										
1	11-25	01-10	45	冬小麦 2.97	苗期 冬灌	69	2.04	750	1 530.0	3 514.8	9.04	20	0.598	909
				其他 0.90	冬泡	47	0.424	900	381.6					
合计			45	3.87		64	2.464	776	1 912.1	3 514.8	9.04	20	0.598	909

注：渠系灌溉效率是指灌区一个流量一昼夜灌溉的面积。

2. 某灌季全渠系用水计划

由灌区管理机构在每个灌季之前，根据各主要作物的灌溉制度及实际需水状况，水源的来水预报及各级渠道的利用系数等，通过供需水量的平衡分析，具体确定出各个轮期的渠系引水计划和配水计划。全渠系用水计划是灌区管理部门从水源引水和向各用水单位配水的依据，编制和执行渠系用水计划也是灌区实行计划用水管理的一个中心环节。

3. 干、支渠段用水计划（或称管理站（所）用水计划）

干、支渠段的用水计划（或称管理站（所）用水计划）是各基层管理站（所）及其所辖的干、支渠段，向下属各配水段及各条斗渠（或各用水单位）配水的计划。

4. 用水单位的用水计划

用水单位的用水计划是渠系用水计划的基础，是灌溉与农业技术措施相结合的重要环节。一般多以斗渠为单位编制，并在每轮灌水前编制分次用水计划。用水单位的用水计划的内容包括划分轮灌组，安排各组的轮灌顺序和轮灌时间，以及确定各组的灌溉用水量和配水比例等。

（三）灌区用水计划的编制特点

我国灌区分布范围很广，地域自然条件有很大差异，在编制用水计划时必须考虑地区的自然、经济特点，贯彻因地制宜的原则，才能使所编制的计划更切合实际。灌区用水计划编制具有以下几个特点。

1. 根据地区水源编制

（1）湿润和干旱地区水源、降水条件比较稳定，编制用水计划可采取较长时间。即编制全年或灌季的用水计划。

（2）在水源和降水情况多变的地区，宜编制较短时段的用水计划。如按灌季或分次编制用水计划。

（3）在水库灌区，可将水库实存水量按用水单位的灌溉面积进行用水量预分，可采取包干使用、浪费自负、节约归己等制度落实用水计划。

2. 上下结合，分级编制

一般先由用水单位提出用水申请，由灌区管理机构编制水量平衡预算计划和灌区供水计划，经过灌区代表大会或灌区管理委员会充分讨论审定后，再具体制订灌区配水计划，将水量分配至各管理站（所）和用水单位。如此由下而上，上下结合，分级编制的方法，可使水量分配合理，有利于建立良好的用水秩序，使编制的计划比较符合实际，避免水量浪费，并可使灌水工作与各项农事活动紧密结合。

3. 统一调度，联合运用

实行地表水和地下水联合运用，可以充分挖掘水源潜力，增加灌溉水量，维持灌区地下水位的平衡，使灌区土壤状况向良好方向发展。骨干水源与当地水源联合运用，不仅增辟了水源，而且相互调剂，有利于解决不同水源来水量与蓄水量不协调，以及来水时间与用水时间不协调的矛盾。

二、渠系水量调配

编制各级用水计划，只是灌区实行计划用水管理的第一步，更重要的是要贯彻执行用水计划。灌区渠系水量调配是执行用水计划的中心内容。在自然条件复杂多变的半干旱半湿润地区，只有做好灌区水量的调配工作，才能最大限度地发挥水利工程的灌溉效益。

（一）用水计划的应变措施

干旱半干旱地区，河道来水及灌区气象条件变化较大，旱涝交错，供需不协调的现象经常发生。在执行用水计划时，应首先考虑自然特点，分析总结实践经验，制订应变措施，以适应可能遇到的各种情况。应变措施应以灌区具体情况而异，但概括起来有以下几种：

（1）渠系轮灌配水措施。当取水口河道流量减少到一定程度，实行干、支渠轮灌，可提高渠系水的利用系数，保证下游用水，促进均衡受益。

（2）引用高含沙水的措施。高含沙引水可缓和夏季供需矛盾，但要注意高含沙引水的特点及其适用的条件。

（3）设置调配渠道，进行流量调节。

（4）其他措施。在一至两轮用水后，安排 1~2 d 的平衡用水，以平衡各干、支渠道用水量，遇到灌区降雨还可以推迟引水或减少整个轮期用水。

（5）应用计算机编制动态用水计划。可根据取水口河道来水流量和农业气象的随机变化，迅速编制出相应修正后的用水计划；而且一旦灌区来水量不足，供需矛盾紧张，还可迅速做出渠系水量优化调配方案，以及时指导灌区用水管理实际。

（二）渠系水量调配

（1）灌区分配水量的原则是水权集中，统筹兼顾，分级管理，均衡受益。

（2）必须做到统一领导，水权集中，专职调配。

（3）按用水计划和预定的应变措施调配水量。

（4）实行流量包段、水量包干的岗位责任制。

（5）蓄、引、提相结合的多种水源，灌区要统一领导、分级管理、合理调配水量。

（6）渠井双灌情况下的水量调配。按照渠水和井水的不同特点合理调配，采取井水浇近、渠水灌远，渠水泡地、井水灌田等办法。地下水质较差的地区，可采取渠井掺合灌或井水救急、渠水冲洗的办法。

（7）高含沙浑水淤灌情况下的水量调配。高含沙量引水既要多引洪水，又要避免淤渠，尽可能地把水、沙、肥资源输送到田间，发挥其改土、肥田和供给作物水分的作用。在水量调配中应采用以下方法：①因渠制宜，按各渠输沙能力配水；②因泥沙制宜，按灌区各地的土壤、作物对洪沙的不同要求，灵活调配，合理运用；③集中配水，以水攻沙；④连续用水，清浑结合，综合平衡。

三、计划用水分析

编制与执行用水计划，必须从灌区的实际出发，因地制宜，不断积累和分析实测资料，总结实践经验，这是不断提高灌区计划用水管理水平的一项重要措施。计划用水分析的中心内容是检查总结用水计划的执行情况，通过用水分析可以及时地反映出灌区编制和执行用水计划的质量及水平。因此，灌区各级管理组织都应当在用水某一时段结束后，及时地作出计划用水的工作总结。

（1）进行某一天的用水分析。由灌区配水机构及时分析打印出全灌区各管理站（所）及各干、支渠分水口某一日的实配水量，在按量收费的北方灌区，应算清各级渠道实配的斗口水量，所灌溉的面积及应结算的水费等。

（2）进行某一轮期的用水分析。对于按量收费和水资源紧缺的灌区，某一轮期用水结束后，应及时结算各站（所）及各干、支渠段的实配斗口水量，实结斗口水量；田间实结水量、各主要作物实际的灌溉面积、斗渠利用系数、净灌水定额、毛灌水定额、斗渠灌溉效率、应结的水费、实结的水费以及亩均水费单价、斗口每方水单价等。

（3）进行某一灌季的用水分析。各轮期用水分析是灌季用水总结的基础，灌季用水分析是将灌季内各轮期的用水总结资料加以综合。

（4）进行某一年度的用水分析。全年用水分析是将各灌季的用水总结资料加以综合。

第六节　灌区水量调度单元与管理体制

一、灌区的组织结构与水量调度单元

我国各大、中型灌区的专业管理机构，根据灌区规模，一般分别设管理局（处）、管理站（所）两级管理，有的大型灌区管理局还下设分局（总站）。

（一）灌区管理局

灌区管理局全面负责从水源引水及干、支渠系的水量调度工作，即按照整个灌区的用水计划，把水通过枢纽工程及干、支骨干渠系工程，输送到各基层管理站所负责管辖的干、支渠段的交接断面。

灌区专业管理单位的内部机构，应当根据灌区所承担的任务职责、受益面积大小、设施种类等情况，按精简、高效、协调、灵活原则设置。作为提供准公共产品，直接为广大用水户服务的生产经营管理单位，内部结构、层次结构不应当套用行政机关的模式，要服从灌区工作内容、运作方式需要。

《灌区管理暂行办法》中规定，灌区应定期召开有各方代表参加的灌区代表大会，成立灌区管理委员会，灌区专管机构为灌区管理委员会的常设办事机构。1985年，水利电力部印发的《国家管理灌区经营管理体制的改革意见》中还提出：灌区代表原则上应由受益户选举产生，其中包括各级主管水利的领导、灌区职工代表、水利技术人员、基层管水人员和用水户代表。有条件的灌区可以试行由灌区受益户通过代表大会和董事会实行全面管理灌区的办法，把目前由国家管理逐步变为受益户集体管理。这两个文件对灌区建立科学决策、民主管理的领导制度所提出的要求，在今天来看，仍然是正确的。它实现了灌区所有权与经营管理权相统一，转变了政府职能，把灌区经营管理决策权归还灌区，由有直接利益关系的各方进行民主决策和管理。我国不少灌区有民主管理的好传统，曾经发挥了很好的作用，但受主、客观环境影响，民主决策的影响越来越小，有的甚至取消了灌区代表大会和管理委员会。

（二）基层管理站

基层管理站一般按渠系进行设置，具体负责所管辖的干、支渠段内的水量调配，即把从管理局接收的水（流）量分配到各基层用水组织。基层管理站的主要职责是：

（1）贯彻执行局下达的各项管理工作计划。

（2）编制和实施所管辖干、支渠系的灌季用水计划，测水量水、结算水账，按时收缴水费。

（3）培训农村基层农民用水户协会的技术骨干，提高他们的政治、业务素质，贯彻上级制定的各项制度和规定。

（4）不断完善村、组农民用水合作组织和浇地护渠组织。

（5）按时完成渠道清淤整修任务，保证水流畅通，安全无阻。

（6）提水泵站在灌季放水前必须检查维修好机组、电路等设备，使其经常处于完好状态，做到安全运行。

（7）检查监督各基层用水组织的水价执行情况和工程设施完好状况。

（8）定期召开基层管理站灌区管理委员会和用水户协会代表会，征求对基层管理站各项工作的意见。

（三）用水户参与式合作用水组织——农民用水户协会

农民用水户协会是按渠系水文边界（一般以支渠或斗渠为单元），由同一渠道或几条相关渠道控制区内的用水户，按一定民主程序自愿组织起来，共同参与用水管理，非营利的具有独立法人地位的合作用水组织。它是农民自己的组织，通过会员代表大会民主选举自己的领导人。协会的灌溉用水管理、渠系工程管理、财务管理及其规章制度是透明的，对所有会员公平、公正、公开且财务独立。由地方政府出面，授权水管单位和有关的村民委员会，将协会所管辖的农田水利工程产权及其管理与维护的职责与权利，全部移交给农民用水户协会自行管护。由农民用水户协会全面负责所管辖的灌区末级渠系即支渠以下斗、农渠的水量调配，水费收缴和各级田间渠道的清淤整修、维修养护，农户分水，记账等工作。

按照市场经济的要求和灌区工程社会局限性的特点，让受益农民广泛参与灌溉管理后，使灌区基层农田水利工程能正常运行维护，对政府的依赖程度逐步减小，灌区专管机构和农民用水户协会双方自我维持的能力逐步增强，最终使整个灌区达到可持续发展的目的。

让灌区农民更多地参与灌溉管理，是世界上许多发达国家和发展中国家的成功经验，也符合我国社会主义市场经济体制要求。农民用水户广泛参与的管理体制改革，将有利于水资源的合理配置和利用，更好地推行节水灌溉技术，进一步落实面向农村千家万户田间水利工程的管护责任，是提高灌溉效益和农作物产量，减轻各级地方政府负担的重要改革举措。

二、灌区管理体制改革

灌区管理体制就是灌区在建设和管理中所建立的管理组织、管理制度、管理方式和管理手段的总称。灌区管理体制属于生产关系范畴，与一定时期的政治、经济、社会管理体制有密切关系。政府机构改革、行政管理方式转变、农村生产经营管理体制改革、村民自治等都会直接、间接地影响到灌区专业管理机构与基层管水组织的形式、职能、工作制度和活动方式。灌区管理体制改革是一项涉及范围广、影响因素多、政策性强、任务艰巨的工作，能否顺利进行并取得预期的效果，直接关系到灌区的可持续发展。

灌区管理体制改革不仅涉及专管单位主系统改革，也关系到末级渠系即支、斗渠的管理体制改革，同时关系到广大农民群众的民主参与、农村经济发展和社会进步。因此，关注和研究灌区专管机构与末级渠系的管理体制改革，开展灌区管理体制改革的监测与评价，可使各级政府及时了解、掌握灌区改革的进程、取得的成效、存在的问题以及应当采取的对策，促进灌区管理体制改革健康平稳地向前推进。

灌区管理体制改革是一项涉及范围广、影响因素多、政策性强、任务艰巨的系统工程，能否顺利进行，是否取得预期效果，将直接关系到作为国民经济基础的农业能否稳固，抗灾能力能否不断增强，农业和农村经济能否持续健康发展，水资源能否得到合理高效利用，农民的用水合法权益和主人翁地位能否得到保障，最终必将影响到灌区的巩固与可持续发展。

（一）灌区管理体制常见的一些问题

我国灌区经过多年发展，形成了一定规模的工程与体系，但在灌区管理体制中仍存在着体制不顺、机制不活、工程维修养护经费不足、供水价格形成机制不健全、国有资产管理运营监管制度不够完善等问题，导致灌区效益不能正常发挥，甚至衰减，严重制约了灌区经济的发展。如果不尽快从根本上解决这些问题，国家近年来相继投入巨资新建的大量水利设施也将面临老化失修、积病成险、难出效益的局面。灌区现行管理体制常见的一些问题可归纳如下：

（1）水管单位性质不清。对水管单位缺乏科学定性，既不像事业单位，又不像企业单位，内部管理长期事、企不分。水利工程大部分为综合利用工程，既有社会公益性功能，又有经营开发性功能，两类资产混在一起，界线不清，既影响了工程的管理，又阻碍了水管单位自身的发展。

（2）管理体制不顺，机制不活。政府水行政主管部门与水管单位之间的管理关系不顺，权责不明。有的地方管人的不管事，管事的不管人，相互推诿、扯皮的现象时有发生。水管单位内部运行机制不活，缺乏激励、约束机制。人事、分配制度上还沿用传统计划经济体制下平均分配的不合理做法，不能充分调动职工的积极性。

（3）经费来源不畅，大量公益性支出财政没有承担。自收自支事业单位不仅工程运行和维护管理费用没有补偿渠道和来源，而且连职工的工资发放也缺乏保证。

（4）机构臃肿，人员总量过剩。水管单位内设机构不科学，机构臃肿，非工程管理岗位多，因人设事，因人设岗，导致人员过多，效率低下，人浮于事。

（5）人员结构失衡。在人员总量过剩的同时，水管单位真正急需的工程技术人员严重短缺，技术力量薄弱，无法满足规范的技术管理需求。目前，各灌区水管单位工程技术人员断档的情况已十分严重，再不尽快解决，必将影响到灌区今后的发展。

（6）工程管理粗放。工程管理粗放，管理手段落后，技术含量不高，管理规章制度不健全，难以做到程序化、规范化管理，更谈不上现代化管理。低水平的管理，导致管理成本高，影响了工程的维护管理质量。

（7）社会保障程度低，经济负担沉重。由于国家事业单位社会保障制度尚欠成熟，各灌区水管单位现有职工医疗保险和离退休人员养老负担已相当沉重。即使将来全面推行事业单位社会保险，按目前各灌区水管单位实际的经济状况，也难以按时足额缴纳各类社会保险费用。同时，因水管单位财务收入来源单一，特别是主要向农田灌溉供水的灌区水管单位，因财务收入有限且不稳定，造成单位职工的工资收入偏低，即单位长期拖欠职工工资的足额发放，已直接造成水管单位职工的人心不稳。

（8）农民对灌溉管理缺乏主人翁责任感。长期以来，政府主导下的大规模群众运动对灌溉事业发展起到了积极推动作用，自上而下、行政命令、强制性的工作方法和模式，使本来应当是农民用水户自主参与的小型农田水利工程管护工作，在农民意识中却变成了被动的"上面要我干"。

（9）国营水价核算的政策有待改进。国家发展和改革委员会、水利部 2003 年颁发的《水利工程供水价格管理办法》规定：水利工程供水价格由供水生产成本、费用、利润和税金构成。农业用水水价按补偿供水成本的原则核定，不计利润；非农业用水（不含水力发电用水）价格在补偿供水成本、费用、计提合理利润的基础上确定。

供水生产成本是指正常供水生产过程中发生的直接工资、直接材料费、其他直接支出以及固定资产折旧费、修理费、水资源费等制造费用。

该项水价政策最大的问题是将灌区从引水枢纽到干、支骨干渠系工程维护费用，这些本该属于国家所有的国有资产的固定资产折旧费核算到农业水价中，要广大受益的农民用水户来买单是不合理的，而我国现阶段农民的生产规模过小，日益扩大的工业成品剪刀差使农业的生产费用不断提高，使得农民用水户的水费承受能力有限，即按现行的水价核算政策根本不能到位，而相关地方政府由于地方财政收入有限，又不对水价差额进行补贴，使得灌区水管单位夹在中间，处于非常尴尬的境地。

实际上，国家发展和改革委员会、水利部 2005 年颁发的《关于加强农业末级渠系水价管理的通知》中已明确指出："在明晰产权、清产核资、控制人员、约束成本的基础上，按照补偿农业末级渠系运行和维修养护费用的原则核定。"

以上灌区存在的这 9 个问题，导致灌区管理单位办事效率低下，职工收入偏低，队伍不稳；大量水利工程得不到正常的维修养护，灌区效益逐年衰减，对国民经济和人民生命财产安全也带来极大的隐患，制约了灌区的可持续发展。

（二）开展灌区管理体制改革的有利条件

为了解决灌区管理体制中存在的问题，保证水利工程的安全运行，充分发挥水利工程及已有灌区的效益，促进水资源可持续利用，保障经济社会可持续发展，2002 年 9 月，国务院办公厅转发了国务院经济体制改革办公室关于《水利工程管理体制改革实施意见》的通知，旨在通过深化改革，初步建立起符合中国国情、水情和社会主义市场经济体制要求的水利工程管理体制和运行机制。

当前灌区专管机构管理体制改革的有利因素很多，主要表现在以下几个方面：

（1）国务院办公厅转发了国务院经济体制改革办公室关于《水利工程管理体制改革实施意见》的通知，作为水利工程管理单位改革的总体政策框架，它为灌区管理体制改革指明了方向，明确了改革的指导思想，规定了改革的基本原则和主要政策措施，使灌区管理体制改革有了"尚方宝剑"，解决了长期以来基本政策不明确的问题。

（2）十六届四中全会提出了以人为本的科学发展观，把加强经济结构调整，深化改革，创新机制放到了突出位置，为灌区管理体制改革营造了良好的社会大环境。

（3）党中央、国务院高度重视农村工作，连续多年以中央一号文件的形式，将解决"三农"（农村、农业和农民）问题，推进社会主义新农村建设摆到了十分突出的位置，表明了中央对"三农"问题的高度重视，显示了中央加强农业基础设施建设，提高农业综合生产能力的信心和决心。如 2005 年中央一号文件中提出了"从 2005 年起，要在继续搞好大中型农田水利基础设施建设的同时，不断加大对小型农田水利基础设施建设的投入力度"等新政策。2006 年中央一号文件中提出"要把国家对基础设施建设投入的重点转向农村"的宏观决策。2007 年中央一号文件提出了"加快大型灌区续建配套和节水改造，搞好末级渠系建设，推行灌溉用水总量控制和定额管理。增加小型农田水利工程建设补助专项资金规模。"2008 年中央一号文件提出了"推动国民收入分配切实向"三农"倾斜，大幅度增加对农业和农村投入。坚持把国家基础设施建设和社会事业发展的重点转向农村。"2009 年中央一号文件提出了"大幅度增加国家对农村基础设施建设和社会事业发展的投入。大幅度增加对中西部地区农村公益性建设项目的投入。"2010 年中央一号文件提出了"突出抓好水利基础设施建设。国家固定资产投资要把水利建设放在重要位置。大力推进大中型灌区续建配套和节水改造，加快末级渠系建设。"特别是 2011 年中央一号文件又明确提出："加快水利工程建设和管理体制改革。区分水利工程性质，分类推进改革，健全良性运行机制。深化国有水利工程管理体制改革，落实好公益性、准公益性水管单位基本支出和维修养护经费。"

（4）各级政府在大量深入调研的基础上，针对灌区管理体制改革中的难点和关键问题，提出了切合实际的解决办法和措施，制订出适合本地区的《水利工程管理体制改革实施方案》，具有很强的针对性和可操作性，推动着灌区管理体制改革健康、有序地向前发展。

（5）全国各灌区要求改革的呼声很高，踊跃报名参加改革试点，认识到解决灌区存在的问题已到了刻不容缓的地步，早改早主动，晚改则被动，不改就没有出路。

（6）国家持续实施大型灌区续建配套节水改造工程和农业综合开发等大量财政资金投入项目，所有这些硬件设施的改造完善，为灌区管理体制改革创造了物质基础条件。

为此，当前灌区的工程改造与管理体制改革正面临着千载难逢的大好机遇和有利条件，各灌区应当抓住机遇，勇于开拓，大胆创新，积极、主动地投入到管理体制改革的潮流中去，"在游泳中学会游泳"。

（三）灌区基层管理体制改革

灌区基层支、斗渠管理体制及其群众管水组织是否健全，将直接影响到灌区效益的发挥，而灌区的灌溉服务和农业增产、增效目标是需要通过灌区群众管水组织来实现的，同时更需要广大用水户积极、主动地参与灌溉用水管理。

近年来，针对传统的群众管水组织存在的主要问题，特别是农村实行土地家庭承包经营后，集体管水组织主体"缺位"，大量小型农田水利工程和大中型灌区支、斗渠以下田间工程有人用、没人管，老化破损严重等问题，进行了非常有益的尝试和改革的实践。如陕西关中九大灌区，结合世界银行（简称世行）贷款项目更新改造工程，在世行专家的推动下，对农民用水户协会的管理体制和承包、租赁、拍卖、股份合作等经营方式进行了连续6年（2000~2005年）的跟踪调查和监测评价，并通过对以上五种改制模式与未改制进行了对比和定量分析，总结出农民用水户协会是灌区基层管理体制改革的最佳模式，并作为今后支、斗渠改制的方向。

特别是2005年由水利部、国家发展和改革委员会、民政部联合颁发的《关于加强农民用水户协会建设的意见》（水农〔2005〕502号）中明确指出：田间灌排工程由农民用水户协会管理，是灌区管理体制改革的方向。水利部主要领导也多次强调：要以农民用水户协会的管理体制为核心，以配套完好的末级水利工程体系为基础，以科学合理的终端水价制度为保障。通过工程改造、水价改革和管理创新，解决农田水利基础设施建设、管理、运行中的突出问题，建立健全农田水利良性运行的长效机制，提高农业用水效率和效益，减轻农民用水生产成本，促进农业增产、农民增收和农村发展。

灌区斗、农渠系，也称为灌区末级渠系及田间工程等。可以形象地把灌区骨干渠系比喻为人体复杂的主动脉，而末级渠系相当于毛细血管。只有依靠这些田间工程，才能将灌溉水输送到每家每户迫切需要得到灌溉的农田上。因此，灌区斗、农渠系是发挥灌溉效益的基础，它的工程状况的完好程度、管理水平的高低、用水次序的好坏不仅直接关系到广大用水户的切身利益，而且也直接关系到水管单位的财务效益——水费收入。

灌区斗、农渠有以下几方面的特征：

（1）地位作用重要，需要高度重视。由于有了完善的灌排设施，良种、化肥、耕作栽培等先进农业技术才有用武之地。但是，作为基础设施的农村水利，投入多、见效慢、管理难，本身直接经济效益不明显，多表现为间接的社会效益，在一些地方易被忽视。

（2）群众性强，需要广大农民参与。农村水利遍及全国各地，与所有农民的生产、生活都有密切关系，是一项群众性的事业，每年都需要田间工程的清淤、维护、岁修、水毁工程修复和新工程的兴建。群众性、互助合作性是农村水利的重要特点之一。

（3）公益性较强，需要政府扶持。农村水利既对农村有农田灌溉、水产养殖和生活供水等兴利功能，也有防洪、除涝、降渍、治碱、防治地方病等除害减灾功能；既可以为花卉、蔬菜、果园、养鱼等高附加值产业服务，又承担着大田作物的灌溉排水，保证国家粮食安全的任务。以兴利为主的供水工程兼有经营性和公益性，而防洪除涝工程则完全是公益性，不具备经营条件。从总体上看，农村水利的服务对象是弱势的农户，投资回报率较低。基于农村水利公益性强的特点，从中央到地方，各级财政每年都安排一定补助经费给予扶持。

（4）具有垄断性，需要政府加强宏观管理。小型农村水利工程大量为几十户、成百上户的农民共用，规模大小不一。特别是具有农村公共工程性质的泵站、水库、引水渠等，受地形、水资源等条件限制，为了使水利工程达到均衡受益，多数公共工程具有天然垄断性。灌溉所用水资源，属国家或集体所有，是公共资源。农村水利设施多处农田野外，无人值守；日晒风吹雨淋，易老化损坏；土方工程多，维护工作量大。除生活供水工程外，多数工程属季节性使用。农村水利工程的建设与管理，需要在政府的规划与计划指导下有序进行。

（四）农民用水户协会的特点

根据国家相关政策，鼓励并大力支持灌区末级渠系成立用水户广泛参与的合作用水组织——农民用水户协会具有如下特点：

（1）用水户参与更直接、更广泛，民主化程度更高。农民用水户协会所辖范围内的每个受益农户经自愿申请，都将成为协会的会员。会员代表、执委会、监委会等组织机构的领导及其成员，都由会员（或会员代表）民主选举产生，并且每一位会员均有选举权和被选举权；同时，协会运行中的一切重大事项均由会员代表大会民主协商，民主决策。因此，协会是各种改制形式中用水户参与程度和民主化程度最高的一种。

（2）实行用水自治，坚持服务为本。用水自治是协会最显著的特点。随着我国农村民主制度建设和村民自治工作的进一步发展，通过政府或水管单位授权将协会所辖的工程设施产权、维护与管理权交用水户自己来管理，即将农民自己的事交给农民自己来管理，实行用水自治是当前大势所趋，而组建农民用水户协会则是实现用水自治的最佳载体和途径。另外，农民用水户协会作为农民用水合作组织，与企业追求最大利润的宗旨截然不同，农民用水户协会的性质决定了它的宗旨是服务，除满足农民用水户协会所辖工程的运行管理与维护费用外，无任何利润可言。

（3）具有法人资格，经济自立，权责明确。农民用水户协会在当地民政部门注册后取得法人地位，农民用水户协会主席成为法人代表，将独立承担农民用水户协会范围内的一切法律责任。从体制上讲，明确了田间工程管护的主体，农民用水户协会成为"自我管理、自行收费、自我维护"的实体，独立性强，权限较大，可以充分调动用水户管水、修渠的积极性。内部管理规范，权责明确。

第二章　灌区供需水量预测

第一节　灌区供需水信息采集

一、灌区需水信息采集

（一）农业需水信息采集

农业需水信息包括：灌区主要作物种类和种植面积、作物灌溉定额、作物需水规律、农业节水信息等。

1. 作物种类和种植面积信息

对于中小型灌区，由于灌溉区域跨度小，种植物相对单一，灌区管理单位较易统计主要作物种类和种植面积。对于大型或特大型灌区，灌溉区域跨度大，作物种类繁多，作物种植面积统计比较困难。通常采用的统计办法是通过汇总各地农业部门或统计部门的农业统计资料得出本灌区的作物分类种植面积。南方灌区农田多为复种，作物可一年两熟或一年三熟，因此还要分季节统计作物种类和种植面积。2009 年都江堰灌区作物实播面积统计见表 2-1。

表 2-1　2009 年都江堰灌区作物实播面积统计　　　　　（单位：万亩）

灌区	小麦面积	油菜面积	苕青面积	大麦面积	土豆面积	豌葫豆面积	药材面积	烟麻苕种面积	其他面积	小计	水稻栽插面积	
											计划秧母田面积	计划水稻面积
东风渠	72.84	55.17	4.55	0.22	2.82	1.46	0.28	0.13	154.26	291.73	19.36	159.72
人一处	77.00	57.21	0.52	4.79	2.67		3.74	6.68	89.69	242.30	16.50	180.59
外江处	38.06	31.93	1.52	0.36	0.58	0.27	1.65	0.12	48.50	122.99	11.38	85.30
人二处	69.51	55.31	2.81	5.61	1.01	2.74	4.85	0.22	11.05	153.11	11.77	106.93
黑龙滩	43.18	14.34	5.69		4.77	6.82			16.33	91.13	10.37	42.60
龙泉山	26.27	23.52			9.69	5.87	0.75	0.96	8.29	75.35	4.73	23.67
通济堰	25.31	12.37	9.05			2.39			2.86	51.98	8.83	44.14
井研灌区	0.64	0.43	0.11		0.1				3.16	4.44	0.80	3.02
全灌区	352.81	250.28	24.25	10.98	21.64	19.55	11.27	8.11	334.14	1 033.03	83.74	645.97

注：其他栏中包括经果林木、玉米、鱼塘等。

2. 作物灌溉定额

农业灌溉定额指某一种作物在单位面积上，各次灌水定额的总和，即在播种前以及全生育期内单位面积的总灌水量，通常以 m^3/hm^2（或 $m^3/$亩）来表示。灌水时间和灌水次数根据作物需水要求和土壤水分状况来确定，以达到适时适量灌溉。灌溉定额是指导农田灌水工作的重要依据，也是制订灌区发展规划、开展灌溉工程设计、编制灌区用水计划的基本资料。

灌溉定额通常由各有关部门分别编制。由于各部门编制的目标、分析计算方法和采用的资料不一致，所编制出来的灌溉定额存在很大差异，基本上已形成三种不同内涵的灌溉定额成果：

（1）需求型灌溉定额。由灌溉主管部门组织科研单位根据灌溉试验资料、丰产灌溉经验调查资料等编制的灌溉定额，以充分满足作物生长需求为原则，主要用于对灌区进行科学用水管理和指导。

（2）规划型灌溉定额。由规划设计部门根据水文气象、水土资源、作物组成、灌区规模、灌水方式及经济效益等因素确定的灌溉设计保证率以及规划目标等，编制的灌溉定额，主要用于灌区规划、区域性水资源供需平衡规划等。

（3）统计型灌溉定额。由供用水管理部门和水资源监测部门，根据历年实灌面积和实测的灌溉引、提水量资料进行统计求得的灌溉定额，又称年灌溉亩均毛用水量统计指标。

早在 20 世纪 80 年代初，灌溉管理部门通过总结 70 年代的灌溉试验资料和群众丰产灌溉的调查资料，首次推出了全国 3 个灌溉地带（常年灌溉地带、不稳定灌溉地带、南方水稻灌溉地带）主要作物需求型灌溉净定额。进入 90 年代，水资源供需矛盾日益突出。灌溉管理部门再次组织有关科研单位，在 80 年代灌溉试验成果的基础上，编制了中国主要作物需水量，并进一步研究了各类主要作物的常规灌溉制度和经济灌溉制度。90 年代中后期，随着生态环境的恶化，灌溉供水已无法充分满足作物需水的要求，海河流域率先推出了主要作物节水型灌溉净定额。

农业是用水大户，但灌溉用水效率不高。为加强农业用水管理，提高灌溉水的利用效率和效益，根据《中华人民共和国水法》的要求和中央新时期治水方针，组织编制《灌溉用水定额》是非常必要的。由水利部农村水利司主持，中国灌溉排水发展中心、水利部中国农业科学院农田灌溉研究所、国家节水灌溉北京工程技术研究中心参加共同完成的《全国主要作物灌溉用水定额研究》成果，2005 年 11 月通过专家验收。编制的《全国主要作物灌溉用水定额》，通过在 159 个省级分区、362 个典型县的现场调查，取得的 167 种作物 4 555 组灌溉用水数据以及大量的相关数据，总体上反映了全国不同区域灌溉用水的差别，其成果具有一定的实用指导性，总体上符合高效用水、节约用水的要求。如果灌区管理部门没有本灌区或本地区的用水定额资料，可以参考该成果。此外，为促进全国用水定额的编制，水利部于 1999 年就发布了《关于加强用水定额编制和管理的通知》文件。截至 2009 年年初，已有 27 个省（市、自治区）编制发布了用水定额标准，其他的省份也正在抓紧进行编制。27 个省（市、自治区）中，除山西省、重庆市、江西省、江苏省、宁夏回族自治区外，其余 17 个省（市、自治区）均包括了农业用水定额。

3. 作物需水规律

作物需水规律是指作物生长过程中，日需水量及阶段需水量的变化规律。研究作物需水规律和各阶段的农田水分状况，是进行灌溉排水的重要依据。作物需水量的变化规律是：苗期需水量小，然后逐渐增多，到生育盛期达到高峰，后期又有所减少，例如棉花日需水量变化过程如图 2-1 所示。其中，日需水量最多，对缺水最敏感，影响产量最大的时期，称为需水临界期。不同作物，需水临界期不同，如水稻是孕穗期至开花期；冬小麦为拔节期至灌浆期；玉米为抽穗期至灌浆期；棉花为开花期至结铃期。在缺水地区，把有限的水量用在需水临界期，能充分发挥水的增产作用，做到经济用水。相反，如需水临界期不能满足作物对水分的要求，将会减产。

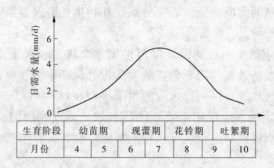

图 2-1　棉花日需水量变化过程示意图

4. 农业节水信息采集

农业节水技术包括低压管道输水灌溉、喷灌、微灌、地膜覆盖、温室大棚、旱育秧等工程节水和农业节水技术。农业节水技术可以显著提高水的利用率，降低用水量。农业节水信息包括灌区农业节水技术种类和节水灌溉面积等。统计农业节水信息可以更精确地计算灌区实际用水量，并将节约出来的水量优化调配到其他用途。农业节水技术的节水效果主要为定性描述或粗略的定量描述，可在示范区内建设一些节水观测点，收集节水信息，也可以在灌区内选择一些有代表性试验田，进行节水信息的采集。

（二）生活用水信息采集

生活用水是人类日常生活及其相关活动用水的总称。生活用水分为农村生活用水和城市生活用水。

1. 农村生活用水信息采集

我国农村人口众多，幅员辽阔，农民生活用水随各地经济状况、自然条件、供水设施和用水方式的不同，用水量也有较大差异。农村生活用水信息主要包括灌区农业人口数量、农村生活用水量标准、牲畜总量（概数）、牲畜饲养用水量标准等。灌区农业人口数量及牲畜总量可由人口管理部门和农业管理部门提供。

农村生活用水量标准参见表 2-2《农村生活饮用水量卫生标准》（GB 11730—89）。

以上标准包括农家散养的猪、羊、禽类的饮用水量。大牲畜及规模化养殖场饲养的猪、禽的饮用水量参见表 2-3。

表 2-2　农村生活饮用水量卫生标准（最高日）　（单位：L/（人·d））

气候分区	供水条件	给水卫生设备类型及最高日生活用水量		
		集中给水龙头	水龙头安装到户	
			无洗涤池	有洗涤池或有洗涤池及淋浴设备
I	计量收费供水	20～35	30～40	40～70
II		20～35	30～40	40～70
III		30～50	40～70	60～100
IV		30～50	40～70	70～100
V		20～40	35～55	50～80
I	免费供水		40～60	85～120
II			50～70	90～140
III			60～100	100～180
IV			70～100	100～180
V			50～90	90～140

表 2-3　牲畜饲养用水量标准　（单位：L/（头·d））

牲畜	用水量	牲畜	用水量
乳牛	70～120	马、驴、骡	40～50
育成牛	50～60	羊	5～10
母猪	60～90	鸡、兔	0.5
育肥猪	20～30	鸭	1.0

2. 城市生活用水信息采集

城市生活用水信息包括灌区城镇人口数量（含流动人口）以及灌区城市居民生活用水量标准。

灌区城市居民生活用水量标准可参考表 2-4 或本地生活用水量标准。

目前，绝大多数灌区已推行合同用水、计划用水制度，如果灌区内城镇自来水企业根据本地区社会经济发展情况，制订了生活用水生产计划和源水取水计划。供水部门没有必要再收集上述信息。

（三）工业用水信息采集

工业用水一般指工矿企业在生产过程中，用于冷却、空调、制造、加工、净化和洗涤方面以及作为原材料所需用的水。工业用水信息主要包括灌区内的主要用水企业、用水企业的年生产总值及工业生产用水量标准等。

工业生产用水量标准一般以万元产值用水量表示，也可以按单位产量计算用水量。生产用水因工艺过程、生产设备、产品质量和生产用水的使用情况不同和用水重复利用率的差异，即使同一类产品，用水量也可能相差很大。另外，管理水平的提高、生产工艺的创新、产品结构的优化等都可使用水量指标有所下降。生产用水量通常由企业的技术管理部门提供。在缺乏资料时，可参考同类企业的技术经济指标。四川省主要工业行业用水定额（局部）见表 2-5。

表 2-4　城市居民生活用水量标准

地域分区	日用水量 （L/（人·d））	适用范围
一	80~135	黑龙江、吉林、辽宁、内蒙古
二	85~140	北京、天津、河北、山东、河南、山西、陕西、宁夏、甘肃
三	120~180	上海、江苏、浙江、福建、江西、湖北、湖南、安徽
四	150~220	广西、广东、海南
五	100~140	重庆、四川、贵州、云南
六	75~125	新疆、西藏、青海

注：1. 表中所列日用水量是满足人们日常生活基本需要的标准值。在核定城市居民用水量时，各地应在标准值区间内直接选定。

2. 城市居民生活用水考核不应以日作为考核周期，日用水量指标应作为月度考核周期计算水量指标的基础值。

3. 指标值中的上限值是根据气温变化和用水高峰月变化参数确定的，一个年度当中对居民用水可分段考核，利用区间值进行调整使用。上限值可作为一个年度当中最高月的指标值。

4. 家庭用水人口的计算，由各地根据本地实际情况自行制定管理规则或办法。

5. 以本标准为指导，各地视本地情况可制定地方标准或管理办法组织实施。

表 2-5　四川省主要工业行业用水定额（局部）

行业代码	行业名称	产品名称	定额单位	定额值	说明
061	烟煤和无烟煤的开采洗选业	采煤	m^3/t	0.7	
		洗煤	m^3/t	1.0	
071	天然原油和天然气开采业	原油开采	m^3/t	5.0	
		天然气开采	$m^3/万~m^3$	30.0	
081	铁矿采选业	铁矿	m^3/t	1.0	
091	常用有色金属矿采选业	铜矿	m^3/t	1.0	
		钒钛磁铁矿	m^3/t	2.0	
		锡矿	m^3/t	2.0	
		镍矿	m^3/t	152	
		铅矿	m^3/t	0.5	
		铅锌矿	m^3/t	6.0	
102	化学矿采造业	磷矿	m^3/t	0.6	
103	采盐业	采盐	m^3/t	3.4	岩盐矿-钻井-注水-卤水

续表 2-5

行业代码	行业名称	产品名称	定额单位	定额值	说明
131	谷物磨制	大米	m^3/t	0.05	
		面粉	m^3/t	0.8	
		玉米面	m^3/t	0.1	
132	饲料加工业	猪颗粒饲料	m^3/t	0.07	
		鱼颗粒饲料	m^3/t	0.07	
		家禽颗粒饲料	m^3/t	0.08	
133	植物油加工业	精炼油	m^3/t	5.0	

（四）灌区生态环境用水信息采集

灌区生态环境用水是指维持灌区范围内或相关地区正常或自然的生态环境而需要的水量分布，主要包括湿地用水、河流基流、风景区水域用水等。生态环境用水量可由用水单位提出用水计划，报灌区管理部门批准。

二、灌区供水信息采集

（一）灌区工程信息采集

一般来讲，灌区工程每年用水工作结束后，由于输水、暴雨、洪涝等因素的影响，将造成部分工程渗漏、损毁或淤积等情况。因此，冬春季节都要开展岁修工作，一些灌区还要开展续建配套和节水改造建设。在次年用水工作开始之前，应该对灌区工程岁修情况、渠道安全状况和过水能力等进行全面了解和采集整理。灌区工程信息主要应包括以下方面的内容。

1. 渠道输水能力

渠道输水能力是指渠道能通过的最大流量。在开展水量调度特别是突击输水时，渠道输水能力是重要的具有控制性的因素。特别是对于灌排兼用渠道，掌握渠道输水能力对汛期水量调度和防洪调度十分必要。当汇入渠道的区间洪水小于渠道输水能力时，可以对渠道内涝水进行合理利用；当汇入渠道的区间涝水接近甚至大于渠道输水能力时，必须立即采取有效的分洪措施。

渠道输水能力与这一段渠道的形状、过水断面、糙率及渠道比降有关。一条没有其他分水设施的渠道，如不考虑渗漏因素，其输水能力由过流能力最小的渠段所决定。

2. 渠道病险情况

在开展用水工作前必须充分调查和掌握渠道病害情况。渠道病险情况主要包括渗漏、管涌、溃塌、滑坡等安全隐患的渠段（渡槽、涵洞、隧洞）。一旦在用水高峰期间发生险情，不仅威胁人民群众生命财产安全，耗用大量人力、财力、物力开展抢险，而且将损失宝贵的输水时间，打乱用水调度整体部署。因此，对险工险段，必须通过定点蹲守、定期巡查或远端自动监视等方式进行严密关注。

（二）蓄水信息采集

灌区蓄水设施包括大、中、小型水库以及塘堰、水窖等微型蓄水设施。当河川径流与灌溉用水在时间上和水量分配上不相适应时，需要选择适宜的地点修筑水库、塘堰和水坝等蓄水工程。有的灌区以水库为主要供水水源，有的灌区以水库作为调节水源。都江堰、淠史杭灌区等特大型灌区，灌溉区域大、渠道线路长，需要采取"长藤结瓜"的形式，从时间和空间的跨度上对灌区水源进行调节，确保灌区整体受益。小型水库和微型水利工程主要提供小范围灌溉区域或单个农户的灌溉用水和人畜饮水。特别是在缺水季节，小、微型水利工程蓄水状况对灌区用水工作影响很大。

蓄水信息包括：灌区骨干水库（大、中型水库）蓄水量和可利用水量，小、微型蓄水设施蓄水状况，灌区骨干水库的设计库容、有效库容、防洪库容和校核库容，水库病险状况等。收集和分析以上蓄水信息，可大体掌握灌区蓄水情况，以安排水库灌区的用水计划；对蓄水量不足的水库，可安排补水计划；对病险水库，应采取必要的安全防范措施。

（三）供水水质信息采集

灌溉水质是水的化学、物理性状和水中含有固体物质的成分及数量。对灌溉水质的要求见附录三。不同水功能区的水质要求不同，特别是饮用水保护区，其地表水水质具有更加严格的要求，须达到国家Ⅱ类或Ⅲ类水质标准（参见附录四：《地表水环境质量标准》（GB 3838—2002））。

在开展用水工作前要掌握水源区、蓄水区和渠道过流水的水质情况，确保水质能够符合各类用水需要。要对灌区范围内排污口和排水量进行调研量测，要求做到达标排放，对重点污染企业或污染源，在用水工作期间巡查或监控。都江堰人民渠灌区蒲阳河排污口统计见表2-6。

表2-6 都江堰人民渠灌区蒲阳河排污口统计

桩号	排污单位	排污类型	主要污染物	有无排污许可证	是否达标排放
0＋×××m	××塑料加工厂	工业污水	氨氮化合物	川环评字AK ××××号	有超标排放现象，需监控
0＋×××m	××金属加工厂	工业污水	重金属离子	川环评字AK ××××号	是
0＋×××m	××居住小区	生活污水	氨、氮、磷、大肠杆菌	无	是
0＋×××m	××学校	生活污水	氨、氮、磷、大肠杆菌	川环评字AK ××××号	是
0＋×××m	××化工厂	工业污水	COD、BOD	川环评字AK ××××号	是

（四）各类水利用系数采集

总结已成灌区的水量量测资料，可以得到各条渠道的毛流量和净流量以及灌入农田的有效水量，经分析计算，可以得出以下几个反映水量损失情况的经验系数，即渠道水利用系数、渠系水利用系数、田间水利用系数和灌溉水利用系数，这些系数是进行水量平衡计算必不可少的几项重要数据。

第二节　灌区可供水源预测

灌区取水口河道取水可供水量主要取决于河流年径流量。河流年径流量受到多种因素影响：一方面，全球气候变化在一定程度上改变了原有的气温、降水等与水循环密切相关的气候因子；另一方面，人类活动对水土资源大规模的开发利用，影响了蒸发、入渗、产流、汇流特性，水循环动力条件由原来单一的自然系统结构变为"自然－人工"二元水循环动力结构。河川径流量作为水循环的重要环节，是水资源综合开发利用、科学管理、优化调度最重要的对象。在人类活动和气候变化越来越多的影响下，河川径流量年内、年际分配过程的分析计算、长期演化规律，是有待解决的一个科学问题。

目前，河流年径流量的预测方法种类繁多，下面对比较有代表性的几项预测方法进行介绍。

灌区取水口河道供水流量预测分析的任务是要合理确定某一灌溉时段内灌区取水口河道的平均来水流量及其季、月、旬（或五日）的流量过程。其方法如下。

（1）成因分析法。利用实测的径流、气象系列资料，从成因上分析水文、气象等因子与灌区取水口河道径流的关系，并绘制相关图或建立降水径流相关方程式等。在此基础上也可根据前期径流和降水预报来估算河流的径流过程。由于各时段径流成因不一，在分析方法上有退水趋势法和流域降水径流相关法等。

①退水趋势法：主要适用于汛后河流的退水时段，其径流变化主要受前期径流的影响，由此建立前后期径流相关关系式。

②降水径流相关法：主要适用于雨季和汛期，径流成因主要是降水，春汛期还受气温的影响，有的可用前期降水或前期径流为参数。如图2-2所示，某灌区年平均降雨量为510 mm，根据渠首水文站21年（1959~1979年）的水文及气象资料分析，冬灌期（10月初至翌年1月底）灌区取水口河道径流处于汛后的退水期；而夏灌期（6~9月），前期降水对径流影响小，后期进入雨季，径流的大小与同期降水变化相关密切，此外灌季前期3月份平均流量对径流也有一些影响，故以3月份流量为前期影响参数，建立夏灌期流域降水量与本灌季径流的相关曲线。

（2）平均流量分析法。根据多年实测资料，按日平均流量，将大于渠首引水能力的部分削去，再按旬或五日求其平均值，作为设计的灌区取水口河道来水流量。这种方法虽然粗略，但所分析的成果接近多年出现的平均情况，且简单易行，只要有若干年灌区取水口河道水文资料即可开展工作，因而中小型灌区采用得较多。

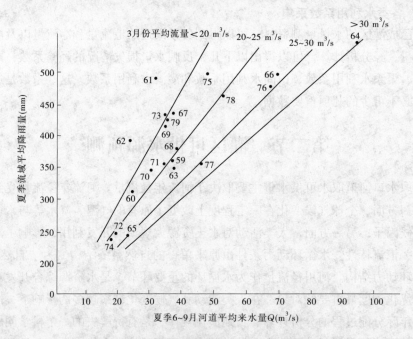

图 2-2　某灌区夏灌期取水口河道来水流量预报方案

（3）经验频率分析法。灌区取水口河道的供水流量最好是根据气象、水文预报推算确定。对缺乏预报资料的情况，一般可根据渠首水文站多年观测资料用经验频率方法分析确定。观测期限越长，河流水文资料越多，分析成果的准确性也越大。一般至少应有连续 15 年以上的观测资料。

采用经验频率方法，可按下列两个公式推算灌区取水口河道供水流量出现的频率，即

$$p = \frac{m}{n+1} \times 100\% \tag{2-1}$$

或

$$p = \frac{m-0.3}{n+0.4} \times 100\% \tag{2-2}$$

式中　P——保证率或出现的频率；

　　　　m——排列项次或顺序号码；

　　　　n——观测资料的年数。

（4）数学模型预测法。目前，河流年径流量的预测方法种类繁多，如灰色系统预测法、回归模型预测法（自回归和多因素回归模型）、马尔科夫链预测法等。具体预测方法的采用，应根据水文观测资料系列的长短、气候等多因子数据完整性、适合的数学模型的建立等因素，因此灌区管理部门要根据自己的实际选择适用于本灌区的数学模型预测方法，并在实践中予以检验。数学模型预测法计算过程较繁复、专业性较强，主要用于预测精度要求较高的大型灌区。

（5）直接分配法。由上级部门直接分配引水流量，多个灌区在同一条河流取水时常采用此办法。

下面对比较有代表性的几项预测方法实例进行介绍。

一、成因分析法实例——洛惠渠灌区水源预测

陕西洛惠渠灌区自北洛河引水，设计引水流量为 18.5 m³/s，灌溉大荔、蒲城、澄城三县 77.6 万亩农田。河道年平均流量为 27.1 m³/s，常流量为 10～12 m³/s，年内流量分配极不均匀，洪枯流量变幅很大（枯水期最小流量为 1.2 m³/s，洪水期最大流量为 4 420 m³/s），20 世纪 80 年代以来灌区运用相关分析法开展灌区取水口河道供水量预报，取得了较好的成果。

（一）洛河流域概况和水文气象条件

洛河发源于陕西省定边白宇山，全长 651 km，洛惠渠首以上河长 547.5 km，全流域面积 26 836 km²，渠首以上流域面积为 25 154 km²，洛河两岸支流较多，流域面积在 500 km² 以上的支流有 11 条（见图 2-3），多年平均径流量为 8.5 亿 m³。

图 2-3 洛河流域图

洛河渠首以上流域降水量是按照等雨量线法，统计分析吴起、洛川、宜君等县气象资料确定的（见表 2-7），洑头水文站以上年降雨量为 671.3 mm，各月降雨量及占全年比例见表 2-8。

表2-7　洛河流域洑头水文站以上不同雨量区面积统计

降雨量（mm）	区域面积（km²）	地区	权数
400 ~ 500	949	王盘山乡	3.77
500 ~ 600	11 740	吴起县、永宁镇、冯原镇	46.67
600 ~ 700	10 431	洛川县、黄龙县	41.47
700 以上	2 034	黄陵县、宜君县	8.09
合计	25 154		100.00

表2-8　洛河流域各月平均雨量统计

月份	降雨量（mm）	百分比（%）	备注
1	3.9	0.68	
2	7.9	1.38	
3	17.8	3.12	
4	39.6	6.93	
5	45.1	7.89	
6	47.3	8.28	
7	123.2	21.56	资料统计为 1960 ~ 1979 年，共 20 年
8	113.2	19.81	
9	102.3	17.90	
10	44.1	7.72	
11	23.0	4.03	
12	4.0	0.70	
全年	571.4	100.0	

　　洛河渠首的洑头水文站有 40 多年资料，在运用中仅分析统计了 1960 ~ 1979 年 20 年资料，分析得出洛河洑头水文站各月平均流量，见表2-9。

（二）年径流预报

　　洛河流域年内降雨量是影响年径流的主要因素。通过年降雨量与年径流量的相关分析，制作了降雨、径流相关图（见图2-4）。根据 1959 ~ 1979 年资料，通过对洛河洑头水文站控制的流域年降雨量（以 mm 计）与年平均流量（以 m³/s 计）的相关分析、计算，两变数间呈正相关，按计算的 20 个相关点，相关系数 $r = 0.8$，相关密切。年径流量 $Q_年$ 对年降水量 $P_年$ 的回归关系为

$$R_{Q/P} = r\frac{\sigma_Q}{\sigma_P} = r\sqrt{\frac{\sum(Q - Q_0)^2}{\sum(P - P_0)^2}} \tag{2-3}$$

式中 $R_{Q/P}$——回归系数；

r——相关系数；

σ_Q、σ_P——年径流、降水的均方差；

Q、Q_0——各年流量与 20 年平均流量；

P、P_0——流域各年降雨量与 20 年平均降雨量。

表 2-9 洛河洑头水文站各月平均流量统计

月份	月平均流量（m³/s）	占全年百分比（%）	说明
1	9.4	2.9	
2	12.0	3.8	
3	23.1	7.3	
4	21.1	6.4	
5	20.8	6.5	
6	16.8	5.1	（1）月流量为 1960～1979 年 20 年平均值；
7	50.1	15.6	
8	52.6	16.5	（2）百分比按各月天数用加权法计算
9	44.6	13.5	
10	36.0	11.3	
11	23.0	6.8	
12	13.8	4.3	
全年平均	26.9	100.0	

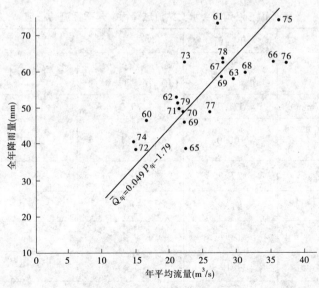

图 2-4 洛河年径流预报方案图

按式（2-3）计算得 $R_{Q/P} = 0.049$。

洛河潎头水文站平均流量（m³/s）与控制流域面积年降雨量（mm）相关方程式如下

$$\overline{Q}_{年} = 0.049P_{年} - 1.79 \tag{2-4}$$

经统计验算，潎头水文站近 20 年内平均流量最大变幅为 22.4 m³/s（不包括 1964 年）相关方程式回归线的误差为

$$S_Q = \pm \sigma_0 \sqrt{1 - r^2} \tag{2-5}$$

用式（2-5）计算得 $S_Q = \pm 3.9$ m³/s，成果能满足灌区要求。

（三）各灌溉季度的径流预报

灌溉季度预报属于季径流预报，灌溉季度径流预报与年径流预报一样，由于预见期长，影响各灌季（冬季、春季、夏季）径流量的主要水文气象因素又不尽相同，灌区抓住主要影响因素确定径流预报方案，以提高预报质量。

洛惠渠管理局每年编制冬灌（10 月 1 日至翌年 1 月 31 日）、春灌（2 月 1 日至 5 月 31 日）、夏灌（6 月 1 日至 9 月 30 日）三个灌溉季度的全灌区用水计划，这就要求在 10 月上旬、元月中旬、5 月中旬预报出各灌溉季度的洛河来水量，作为灌区供需水量平衡计算的重要依据。为了便于水文统计分析，将夏灌期与冬灌期的分界时间改为 9 月 30 日。

采用降雨径流预报和流域退水预报（趋势法）制订预报方案。在制订相关图时，分析确定与本季流量相关的主要因素，作为预报工作的主要依据，对这些因素的确定，要尽量考虑采用近期条件下与有关水文气象部门联系，在预报前尽可能得到资料数据。

根据洛河潎头水文站 1959～1979 年 21 年资料分析各季径流的变化，主要受潎头水文站以上流域内水文气象因素的影响（见表 2-10），春季变幅小，夏季、冬季变幅大，雨季（7～10 月）时间占全年的 33.7%，径流量占全年的 57%。

表 2-10　洛河潎头水文站流域降雨、年季径流特征值

特征值		年径流	季径流		
		1～12 月	冬（10 月～翌年 1 月）	春（2～5 月）	夏（6～9 月）
年平均降雨量	雨量（mm）	571.3	75.0	110.4	385.9
	季占年百分比（%）	100.0	13.1	19.3	67.6
多年平均流量		27.1	19.6	19.6	41.1
最大流量（m³/s）		61.6	52.6	87.0	96.6
最小流量（m³/s）		14.7	9.4	12.1	17.5
$K=$ 最大流量/最小流量		4.19	5.6	7.19	5.52
变差系数 C_v		0.39	0.59	0.37	0.46

1. 冬灌期径流预报

从年内径流的演变规律和水文气象资料的分析说明，冬灌期（10 月 1 日至翌年 1 月 31 日）径流的大小因其处于汛后的退水期，利用流域的退水规律，分析制订了汛期（7～9 月）平均流量与冬灌平均流量的关系作为预报方案（见图 2-5）。1962 年、1963 年、1969 年、1976 年（灌溉年度）4 年因 10 月份流域降水量超过 55 mm，在方案图上的点另组成一组相关线，故以 10 月份流域水量作为参数。

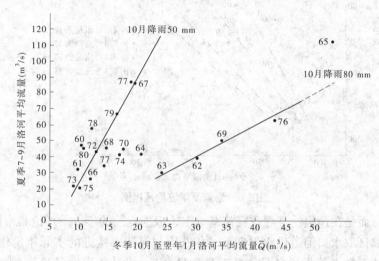

图 2-5　洛河冬季流量预报方案图

2. 春灌期径流预报

春灌期（2 月 1 日至 5 月 31 日）继冬灌期之后处于河道的退水后期，因此径流大小仍受退水趋势的影响，但春季降水较冬季增多，且多集中于 4、5 月，故对春灌后期的河道流量也有一定影响。经分析上年 11 月份紧接的汛期，处于河道退水期的开始，作为退水期的起始流量，对退水过程的河道径流大小有一定的代表性。故建立了以春季流域降水作为参数，上年 11 月平均流量与春灌期平均流量相关的预报方案。

3. 夏灌期河道径流预报

夏灌期（6 月 1 日至 9 月 30 日）前期降水对径流影响小，后期进入雨季，径流的变化与同期降水变化相关密切，此外灌季前期因素也有一些影响。据统计，1959～1979 年 21 年中，70% 以上的年份 3 月出现春灌期月平均最大流量，分析与冬季雨雪多少和 3 月份平均气温较 2 月份平均气温回升幅度有关，而 3 月份平均流量的大小对夏季径流有一定的影响。故以 3 月份流量作为前期影响因素的代表，在制订预报方案时作为参数，建立了以夏灌流域降水量与本灌期径流的相关曲线（见图 2-6）。

4. 季内径流的分配

编制设计年某灌期的用水计划，要划分灌水轮期（即灌期内的各个配水时段），确定各轮期的引水计划（即各个配水时段渠首计划导入的流量），以作供需水量的平衡计算。因此，仅有设计年某灌季预报的径流总量是不够的，还要确定灌季内的径流分配，即灌期内的径流过程线（洛河灌区要求确定各月每五日的平均流量）。目前，我们用选典型年的办法解决季内分配的问题。典型年的频率不限于 $P = 90\%$、75%、50%、

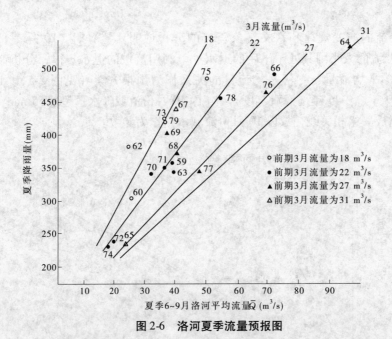

图 2-6　洛河夏季流量预报图

25%、10%，而是在预报的某灌季径流基础上，根据点绘的年、季理论频率曲线查得设计年相应的灌区取水口河道供水保证率，并选用与保证率接近的实际年份作为典型年，按计算的缩放系数 K 值推求各月、各五日流量（$K=$ 设计年灌季径流量/典型年灌季径流量）。

在选用典型年方面，还考虑到以下几点：

（1）结合灌季开始时，分析季内各月径流预报值，选择灌季内径流分配情况与其变化规律相似的年份作为典型年。

（2）对于枯水期和用水比较紧迫的关键期，应以最不利的径流分析情况考虑选择典型年。

（3）考虑河道上游引水工程对河道径流的影响。确定出各月及五日流量后，对洑头水文站以上洛河两岸各灌区同期引水量要予以扣除，然后制订本灌区的灌溉引水计划。

（四）月径流预报

月预报期较季报短，其精度要求较高。月径流主要由河系入流量（包括地面径流和地下径流）与河槽蓄水量所组成，各月径流除受本月降水影响外，还受上月降水和径流的影响。由于洛河流域年内各月降水极不均衡，各月气候也不尽相同，所以年内的径流演变过程（流量过程线）汛期和枯水期（退水期）有比较明显的时段划分。在月径流预报方法上，从成因分析法入手，探索主要水文气象因素（包括前期和本月的）与月径流的相关关系。退水期以趋势预报法为主（11 月至翌年 6 月）。汛期以降雨预报法为主（7 月至 10 月），在具体运用上，一些月份在预报方案中选用了参数，以提高预报质量。例如：冬灌 12 月份，时值退水期，用趋势法从 11 月平均流量预报本月平均流量（见图 2-7）；夏灌 8 月份，时处汛期，用降雨预报法以 7 月平均流量为参数，根据 7 月下旬发布的"长期天气预报"中提供的流域 8 月份降雨资料（预见期一个月，每月由陕西省气象台发布），预报 8 月平均流量（见图 2-8）。

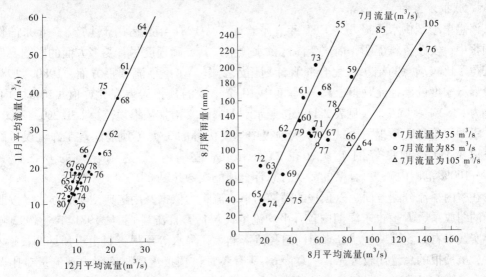

图 2-7　洛河 12 月流量预报方案图　　　**图 2-8　洛河 8 月流量预报方案图**

（五）枯水期径流预报

洛河 11 月至翌年 6 月处于枯水期，在流域没有降水的情况下为河网退水阶段。枯水期一般灌区灌溉需水量较大，为使河道水资源能够得到充分合理的利用，运用河道退水规律进行枯水期径流预报，对灌区农业用水具有特别重要的意义。

洛河上游多年来下垫面及上游水工设施变化很小。据 1970 年至 1984 年 15 年水文年鉴，从洛河逐日平均流量选出 11 月至翌年 6 月降水后形成不同洪峰的退水流量资料，而雨后十多天流域内又无降水的逐日径流资料进行分析，根据退水曲线公式：

$$Q_t = Q_0 e^{-\beta t} \tag{2-6}$$

式中　　Q_t——退水时刻 t 的河道流量，m^3/s；

　　　　Q_0——退水开始时的洪峰流量，m^3/s；

　　　　β——退水系数。

对于一定洪峰流量 Q_0 的退水系数 β 一般都比较稳定。据此对资料 Q_t 与 t 进行指数相关分析，得到洛河枯水期不同洪峰流量下对应的退水系数 β 值。按照上式用退水曲线法预报出径流消退过程中，流域无降水情况下任何一日的河道流量。

不同洪峰流量 Q_0，有其各自的退水系数 β 值。在实际运用中，不可能取得任何一个洪峰流量后的退水资料，依据分析的 Q_0、β 系列资料，对没有退水系数的洪峰流量，在预报退水过程流量时，采用内插法计算出退水系数 β 值。

设 Q_{01}、Q_{02}，其对应的退水系数为 β_1、β_2，若洪峰流量为 Q，且 $Q_{01} > Q > Q_{02}$，设 Q 对应的退水系数为 β，则

$$\beta = \frac{Q - Q_{02}}{Q_{01} - Q_{02}}(\beta_1 - \beta_2) + \beta_2 \tag{2-7}$$

内插法算出的 β 值，使现有资料可以预报出各个洪峰流量后任何一日的河道流量。

（六）预报方案的实践、修订及数学模型的建立

1. 预报方案的实践效果

洛惠渠灌区供水预报方案 1980 年开始验证，从 1981 年起运用于生产，7 年来的作业预报中，实践资料证明，前 4 年灌区供水预报，其准确程度尽管受多方面的影响，但仍获得了比较满意的结果。配合灌溉计划用水工作，在季径流预报方面，1980 ~ 1983 年各灌溉季度的季径流预报，12 个季度中 10 个季度的预报误差在允许值 ±20% 之内，误差为 -1.2% ~ 15.7%，见表 2-11。按照水利部《水文情报预报规范》（SL 250—2000）的要求，评价每次预报的质量，12 次预报中达到优等的 3 次（预报误差在许可误差的 25% 以下），达到良好的 1 次（在 25% ~ 50% 范围内），达到合格的 6 次（在 50% ~ 100% 范围内），不合格的 2 次，总计合格的次数达到 83.3%。

在季内径流分配方面，以预报的灌期内平均流量为依据，用选典型年的办法，按照计算的缩放系数 K 值推求灌期内各月平均流量（包括 5 日流量）。从 1981 年至 1982 年两年实践来看，夏灌期流域降水对河道径流影响大，降水等预报资料由于预见期长达 4 个月，虽预报的总量比较可靠，但夏灌 6 ~ 9 月各月份预报流量与实际出现流量对比误差较大。因此，需在季径流预报的基础上，开展各月供水流量预报工作，以提高预报精度。冬春灌（10 月至翌年 5 月），河道处于汛后的退水期，径流受降水影响小，故季径流预报的各月平均流量比较符合实际，从资料来看，冬春灌在 16 个月中预报流量误差未超过允许值的有 13 个月，合格的次数达到 81.3%；在不超过许可误差的 13 个月中，季径流预报的各月平均流量准确程度达到 80.1% ~ 99.1%，见表 2-12。

2. 预报方案的修订

根据《水文情报预报规范》（SL 250—2000）的要求，由于自然条件与流域条件发生变化，积累的资料表明，水文规律也有变化情况发生，应对原预报方案进行修订。洛河灌区取水口河道供水量作业预报已经历 7 年，1980 ~ 1983 年 4 年中预报合格的次数占 83.3%，1984 ~ 1986 年 3 年中预报合格的次数占 55.6%。为此，我们对洛河流域近几年的气象资料作了以下分析：据统计流域降水量内分配规律，1980 ~ 1983 年与前 20 年接近，1984 ~ 1986 年有了较大的改变，5 ~ 6 月平均降水量为 143.3 mm，较 1960 ~ 1979 年 20 年平均值 92.4 mm 大 55%，所占全年比例大 10.8%；而冬春季（1 ~ 4 月，11 ~ 12 月）平均降水量为 50.9 mm，较 20 年平均值 96.2 mm 小 45.3 mm，所占全年比例小 7.3%；雨季（7 ~ 10 月）降水量与 20 年平均值接近所占全年比例仅小 3.5%。洛河流域冬季（1 月，11 ~ 12 月）1984 ~ 1986 年 3 年平均气温为 -3.63 ℃，较 20 年平均气温 -3.17 ℃低 0.46 ℃，尤以 12 月份为甚，1984 ~ 1986 年平均气温为 -5.80 ℃，较 20 年平均值 -4.89 ℃低 0.91 ℃，流域中部的交口河一带早春 2 月份气温较 20 年平均值低 0.53 ℃，3 月份气温较 20 年平均值低 0.78 ℃。

上述资料分析说明，洛河流域近年来冬季气温降低，早春气温回升较慢，降雨量与 20 年平均值比较，汛期（7 ~ 10 月）与同期接近，冬春季雨量减少，5、6 月显著增多，加之农业实行责任制后，合理种植，农牧相宜，流域水保工作有了新的成绩。自然变化和人为措施对原有水文规律的变化起了重要作用，这就直接影响了原有预报方案的准确性。所以 1987 年在收集补充资料的基础上，重新制订了灌区供水预报方案。

表 2-11　洛惠渠各灌期供水预报效果统计

项目		1980 年			1981 年			1982 年			1983 年		
		冬	春	夏	冬	春	夏	冬	春	夏	冬	春	夏
径流预报	预报流量（m³/s）	13.3	13.0	26.7	11.7	15.5	15.0	15.0	17.0	34.7	11.8	15.4	46.3
	河道流量（m³/s）	11.8	13.9	25.8	13.5	14.0	46.0	17.7	17.4	28.6	13.9	29.0	44.6
	误差率（（预报流量－河道流量）/河道流量）（%）	+12.7	−6.5	+3.5	−13.3	+10.7	−67.4	−15.3	−2.3	+21.3	−15.1	−46.9	+3.8

项目		1984 年			1985 年			1986 年		
		冬	春	夏	冬	春	夏	冬	春	夏
径流预报	预报流量（m³/s）	31.9	26.0	52.0	14.8	18.0	55.0	23.0	22.0	44.5
	河道流量（m³/s）	43.6	26.6	47.4	27.4	26.8	55.2	31.7	24.2	38.3
	误差率（（预报流量－河道流量）/河道流量）（%）	−26.8	−2.3	+9.7	−46.0	−32.8	−0.4	−27.4	−9.1	+16.2

表 2-12　洛惠渠冬春灌预报流量期内分配效果统计

项目	1981 年							
	冬灌				春灌			
	10 月	11 月	12 月	翌年 1 月	2 月	3 月	4 月	5 月
预报流量（m³/s）	10.57	12.90	11.77	7.22	9.86	16.07	14.92	30.71
河道流量（m³/s）	13.4	15.2	10.8	7.6	10.6	18.2	15.3	17.7
误差率（（预报流量－河道流量）/河道流量）（%）	−21.1	−15.1	+9.0	−5.0	−7.0	−11.7	−2.5	+73.5

项目	1982 年							
	冬灌				春灌			
	10 月	11 月	12 月	翌年 1 月	2 月	3 月	4 月	5 月
预报流量（m³/s）	23.8	19.6	8.9	7.2	12.6	22.6	18.9	13.1
河道流量（m³/s）	29.7	20.0	11.1	10.5	15.5	24.4	17.3	11.5
误差率（（预报流量－河道流量）/河道流量）（%）	−19.9	−2.0	−19.8	−31.4	−18.7	−7.4	+9.2	+13.9

新方案将水文气象资料的系列由 20 年延长到 26 年，并重新整理分析。为了提高年径流预报方案的精度，经过降水量、先期流量与年径流量的相关分析，建立了年径流量流域预报的多元回归方程，较一元回归方程相关系数由 0.75 提高到 0.82，方案的合格率由 70% 提高到 76%，确定性系数（用以衡量回归方程的有效性）由 0.57 提高到 0.68，在季和月的径流预报方面修订了参数的量级界线，使之更趋合理，这些对提高预报方案的精度均起了明显的作用。

3. 数学模型的建立

按照各个预报方案的系列资料，绘出散点图，根据点分布状况，对照标准曲线图谱，结合科研教学单位的经验，确定各条件关系曲线和线型，并用微型计算机算出灌区取水口河道供水量各预报方案数学模型的系数、常数和指数，洛惠渠灌区取水口河道供水预报方案的数学模型见表 2-13。

表 2-13　洛惠渠供水预报方案数学模型

时段	条件	数学模型
年		$Q_年 = (-11.15709) + 0.5874P_年 + 0.20011Q_{11}$
冬灌期	$P_{10} \leqslant 55$ mm	$Q_冬 = 7.91833 + 0.14995Q_{7\sim9} - 0.00021Q_{7\sim9}^2$
	$P_{10} > 55$ mm	$Q_冬 = -48.06911 + 3.48685Q_{7\sim9}^2 - 0.03467Q_{7\sim9}^2$
春灌期	$P_{2\sim5} \leqslant 135$ mm	$Q_春 = 3.64950 + 0.8796Q_{11} - 0.00799Q_{11}^2$
	135 mm $\leqslant P_{2\sim5} \leqslant 175$ mm	$Q_春 = 14.89669 + 0.5877Q_{11} - 0.00320Q_{11}^2$
	175 mm $\leqslant P_{2\sim5} \leqslant 225$ mm	$Q_春 = 19.76509 + 0.53710Q_{11} - 0.00087Q_{11}^2$

续表 2-13

时段	条件	数学模型
夏灌期	$Q_5 < 20$ m³/s	$Q_夏 = 92.631\ 42 - 0.458\ 46P_{6\sim9} + 0.000\ 76P_{6\sim9}^2$
	20 m³/s$\leqslant Q_5 \leqslant 25$ m³/s	$Q_夏 = -3.875\ 26 + 0.064\ 32P_{2\sim9} + 0.000\ 15P_{2\sim9}^2$
	25 m³/s$< Q_5 \leqslant 30$ m³/s	$Q_夏 = 110.876\ 40 - 0.475\ 6P_{6\sim9} + 0.000\ 80P_{6\sim9}^2$
	$Q_5 > 30$ m³/s	$Q_夏 = P_{6\sim9} / (14.521\ 5 - 0.018\ 8P_{6\sim9}^2)$
10 月	$Q_9 < 26$ m³/s	$Q_{10} = 5.662\ 78 + 0.256\ 80Q_9 + 0.001\ 511Q_9^2$
	26 m³/s$\leqslant Q_9 \leqslant 90$ m³/s	$Q_{10} = 7.458\ 41 + 1.059\ 7Q_9 - 0.003\ 76Q_9^2$
	$Q_9 > 90$ m³/s	$Q_{10} = 9.101\ 77 + 1.650\ 46Q_9 - 0.010\ 60Q_9^2$
11 月	$P_{11} \leqslant 20$ mm	$Q_{11} = 3.725\ 02 + 0.739\ 78Q_{10\sim11} - 0.001\ 81Q_{10\sim11}^2$
	$P_{11} > 20$ mm	$Q_{11} = 2.915\ 30 + 1.022\ 77Q_{10\sim11} - 0.002\ 97Q_{10\sim11}^2$
12 月		$Q_{12} = 2.844\ 77 + 0.466\ 63Q_{11}$
翌年 1 月		$Q_1 = 5.188\ 96 + 0.040\ 93Q_{12}$
翌年 2 月		$Q_2 = 4.948\ 21 + 0.782\ 55Q_{翌1} + 0.005\ 95Q_{翌1}^2$
翌年 3 月	$3\ ℃ \leqslant T_{1翌9\sim2} \leqslant 7\ ℃$	$Q_3 = 22.275\ 6 - 0.731\ 18Q_2 + 0.046\ 54Q_2^2$
	$7\ ℃ \leqslant T_{1翌9\sim2} \leqslant 10\ ℃$	$Q_3 = -17.610\ 33 + 5.313\ 53Q_3 - 0.151\ 16Q_2^2$
	$10\ ℃ \leqslant T_{1翌9\sim2} \leqslant 13\ ℃$	$Q_3 = -4.390\ 61 + 3.811\ 27Q_2 - 0.075\ 73Q_2^2$
翌年 4 月		$Q_4 = 52.894\ 33 - 4.518\ 51Q_3 - 0.131\ 08Q_3^2$
翌年 5 月	$P_{4\sim5} \leqslant 90$ mm	$Q_5 = -9.072\ 27 + 1.343\ 16Q_4 - 0.007\ 25Q_4^2$
	90 mm$< P_{4\sim5} \leqslant 110$ mm	$Q_5 = -6.999\ 08 + 1.948\ 41Q_4 - 0.022\ 67Q_4^2$
	$P_{4\sim5} \geqslant 150$ mm	$Q_5 = -40.964\ 95 + 5.848\ 82Q_4 - 0.077\ 06Q_4^2$
翌年 5 月 下旬	$P_5 \leqslant 50$ mm	$Q_{5.3} = 3.929\ 33 + 0.422\ 79Q_{5.1}$
	50 mm$< P_5 \leqslant 100$ mm	$Q_{5.3} = 7.133\ 79 + 0.929\ 27Q_{5.1}$
	$P_5 > 100$ mm	$Q_{5.3} = 84.375\ 61 + 1.616\ 69Q_{5.1} - 0.013\ 49Q_{5.1}^2$
翌年 6 月	$P_6 < 25$ mm	$Q_6 = Q_{5.3} / (1.498\ 6 + 0.012\ 8Q_{5.3})$
	25 mm$\leqslant P_6 \leqslant 60$ mm	$Q_6 = 21.504\ 44 - 0.958\ 1Q_{5.3} + 0.027\ 51Q_{5.3}^2$
	$P_6 > 60$ mm	$Q_6 = 28.366\ 70 - 1.468\ 03Q_{5.3} + 0.039\ 52Q_{5.3}^2$
翌年 7 月	$Q_6 \leqslant 30$ m³/s	$Q_7 = 49.459\ 20 - 0.544\ 29P_7 + 0.003\ 44P_7^2$
	$Q_6 > 30$ m³/s	$Q_7 = -3.694\ 58 + 0.374\ 74P_7 + 0.000\ 71P_7^2$
翌年 8 月	$Q_7 \leqslant 75$ m³/s	$Q_8 = 1.310\ 14 + 0.442\ 57P_8 - 0.000\ 56P_8^2$
	75 m³/s$< Q_7 \leqslant 90$ m³/s	$Q_8 = 23.108\ 50 + 0.324\ 97P_8 + 0.000\ 17P_8^2$
	$Q_7 > 90$ m³/s	$Q_8 = 31.203\ 36 + 0.667\ 42P_8 - 0.001\ 39P_8^2$
翌年 9 月	$Q_8 \leqslant 55$ m³/s	$Q_9 = 1 / (0.068\ 25 - 0.000\ 27P_9)$
	55 m³/s$< Q_8 \leqslant 90$ m³/s	$Q_9 = -33.986\ 76 + 1.307\ 33P_9 - 0.004\ 34P_9^2$
	$Q_8 \geqslant 120$ m³/s	$Q_9 = 5.194\ 97 + 1.325\ 11P_9 - 0.004\ 13P_9^2$

（七）预报方案的评定

水文预报总是有误差的，中长期预报更是如此。根据《水文情报预报规范》（SL 205—2000）第四章第二节第二条规定要求，洛惠渠灌区夏灌预报，8月份预报许可误差取实测值20%，枯水期冬春灌和12月份许可误差取实测值的30%，衡量预报方案和数学模型有实用价值的尺度是方案的合格率和数学模型的有效性，按规范要求，凡进行作业预报的方案合格率必须大于或等于70%，检验数学模型有效性的确定性系数必须大于0.50。其合格率与确定性系数 d_r 的计算式为

$$合格率（\%）= \frac{未超过允许误差的检验预报次数}{全部的检验预报次数} \times 100\% \tag{2-8}$$

$$d_r = 1 - \frac{S_e^2}{\sigma_y^2} \tag{2-9}$$

式中　S_e——预报误差的均方差；

　　　σ_y——预报要素值的均方差。

洛惠渠灌区供水量各预报方案的合格率与数学模型的确定性系数见表2-14。

表2-14　洛惠渠供水预报方案合格率与数学模型确定系数

项目		年预报		冬灌期		春灌期		夏灌期		12月		8月	
		数值	等级	数值	等级	数值	等级	数值	等级	数值	等级	数值	等级
合格率（%）		76.0	乙	87.0	甲	96.0	甲	95.8	甲	96.3	甲	68.0	丙
确定性系数	模型1	0.68	丙	0.57	丙	0.84	乙	0.96	甲	0.91	甲	0.70	乙
	模型2			0.52	丙	0.84	乙	0.91	甲			0.99	甲
	模型3					0.79	乙	0.89	乙			0.98	甲
	模型4							0.90	甲				

为了检验预报值误差占许可误差的程度，为了统一衡量各预报方案误差的程度和制订误差综合评定图，用各预报值的相对误差（预报误差占许可误差的百分数）表示方案的精度，相对误差在100%时的精度，即为各预报方案的合格率。现将洛惠渠灌区供水预报方案不同精度的方案合格率列于表2-15，并绘制了各方案误差综合评定图（见图2-9）。

表2-15　洛惠渠供水预报方案不同精度合格率

相对误差（%）	年	冬季	春季	夏季	12月	8月
≤25	28.0	34.8	36.0	33.3	40.7	28.0
25～50	56.0	69.6	76.0	75.0	70.0	40.0
50～75	60.0	82.6	96.0	87.5	96.3	64.0
75～100	76.0	87.0	96.0	95.8	96.3	68.0
100～125	84.0	100	100	100	100	100
>125	100	100	100	100	100	100

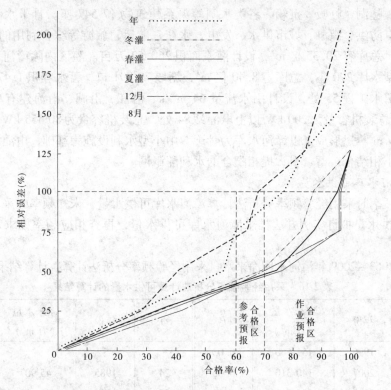

图 2-9　洛惠渠灌区供水预报方案误差综合评定图

二、经验频率分析法实例——湖北漳河灌区水源预测

（一）经验频率分析法计算方法

（1）水库有实际净来水资料时，可将逐年的净来水量由大到小依次排列，按经验频率分析方法推求不同频率的水库净来水系列。

$$P = \frac{m}{n+1} \qquad (2\text{-}10)$$

式中　m——序号；

　　　n——资料系列的总年数。

相应频率的净来水量即为水库可供水量。

（2）水库没有实测来水资料时，可根据邻近流域资料和水文手册中年径流的参数来推算可供水量。

（3）中小型水库可根据承雨面积或有效库容来推算可供水量。

（4）对于塘堰工程，缺少实测资料时一般采用复蓄指数法或用塘堰来水面积来推算可供水量。

（二）漳河灌区可供水量计算实例

漳河灌区地跨荆门、荆州、宜昌三市，灌区自然面积为 5 543.93 km²。灌区渠道分为总干、干、支干、分干、支、分、斗、农、毛 9 级，共 13 990 条，总长 7 167 km，建有渡槽、隧洞、虹吸、沉箱、各类水闸等渠系建筑物 17 547 座。骨干水源漳河水库是一座具有防洪、灌溉、城市供水、发电、水产、航运、旅游等综合利用的大（1）型水利工程，总库容 20. 35 亿 m^3，设计灌溉面积 260. 52 万亩。灌区内除漳河水库外，还建有中小型水库 290 座，总库容 8. 40 亿 m^3，塘堰 79 891 口，蓄水容积 1. 47 亿 m^3。规模较大的引水工程 55 处，设计引水流量 64 m^3/s。沿江、沿湖、沿河建有单机容量为 155 kW 或总装机容量为 200 kW 以上电灌站 84 处，总装机容量为 80 555 kW，设计提水能力为 329 m^3/s。形成了以漳河水库为骨干，中小型水利设施为基础，电灌站作补充的大、中、小相结合，蓄、引、提相配合的水利灌溉网。

1. 漳河水库可供水量

已知频率时采用经验频率分析法计算漳河水库可供水量，未知频率时采用漳河水库 2010 年可供水量拟订实例方法推求漳河水库可供水量，再查相应频率推求水库、塘堰可供水量。

现对 1963 ~ 2009 年漳河水库净来水量采用经验频率分析法计算，计算结果见表 2-16。

表 2-16　采用经验频率分析法计算可供水量的计算结果

m	年份	净来水量（万 m^3）	P	m	年份	净来水量（万 m^3）	P
1	1996	151 560	0.03	⋮	⋮	⋮	⋮
2	2007	140 310	0.06	24	1985	45 907	0. 77
3	2000	124 568	0.10	25	2001	45 108	0. 81
4	1980	112 143	0.13	26	1999	38 277	0. 84
⋮	⋮	⋮	⋮	27	1994	36 252	0. 87
16	1984	63 732	0.52	28	1988	31 167	0. 90
17	1995	62 256	0.55	29	1981	23 787	0. 94
18	2004	62 125	0.58	30	1986	18 204	0. 97

用内插法可得设计灌溉保证率为 80% 时漳河水库可供水 45 308 万 m^3。

2. 中小型水库可供水量

中小型水库可供水量采用集水面积法计算。

根据本流域打鼓台站资料，80% 频率下径流深为 289 mm。

查《湖北省漳河水库灌区水资源合理配置方案研究》报告，可知灌区现有中小型水库 290 座，总承雨面积为 1 579. 65 km^2。故漳河灌区内中小型水库可供水量为：径流深 × 承雨面积 = 289 × 1 579. 65 = 45 652（万 m^3）。

3. 塘堰可供水量

塘堰可供水量采用复蓄指数法计算。

查《湖北省漳河水库灌区水资源合理配置方案研究》报告，可知灌区现有塘堰 79 891 口，蓄水容积 1. 47 亿 m^3。

据调查，漳河灌区干旱年份复蓄指数为 0. 5 ~ 1. 0，80% 频率下取 0. 5，则塘堰可供水量为：塘堰总库容 × 复蓄指数 = 14 700 × 0. 5 = 7 350（万 m^3）。

4. 漳河灌区可供水量

频率为80%时漳河灌区可供水量为：漳河水库可供水量＋中小型水库可供水量＋塘堰可供水量＝45 308＋45 652＋7 350＝98 310（万 m³）。

（三）漳河水库2010年可供水量拟定实例

为了充分利用水资源，处理好漳河水库各兴利部门之间的矛盾，漳河工程管理局每年年初都要结合中长期水文预报，编制年度供水计划，召开兴利调度会议，确定以供定需方案。其方法是：首先利用周期均值叠加法对年降雨量进行预报，得出本年度的年降雨量预报结果，将该结果与气象局发布的长期天气预报进行比较验证；然后将年降雨量预报值代入多种线性回归关系式进行计算得到年来水量，取平均值为预报年来水量值；再依据预报的年降雨量、年来水量查找相似年，根据相似年按比例进行年度的月水量分配，多个相似年取平均值后依据经验调整即可得到本年度的水库月来水量；最后结合各用水部门的各月用水量和年末水库水位控制目标拟定出年度可供水量。

漳河水库2010年可供水量拟定步骤如下。

1. 采用周期均值叠加法预报降雨量

对1963～2010年漳河水库长系列年降雨量数据采用周期均值叠加法计算，可知第一周期为16年，第二周期为5年，将两周期数据分别列入表中，拟合结果如表2-17所示。

表2-17　采用周期均值叠加法计算结果

年份	降雨量 x	距平 h	16年周期 t_1	新序列 x_1	5年周期 t_2	新序列 x_2	$t_1 + t_2$	拟合降雨量 y
1963	1 262	272	137	135	63	72	200	1 190
1964	1 236	247	292	−45	−14	−31	278	1 268
⋮	⋮	⋮	⋮	⋮	⋮	⋮	⋮	⋮
2009	811	−179	−70	−109	−14	−95	−84	906
2010			−109		−14		−123	892
平均值	990							

根据拟合结果，预报2010年年降雨量为892 mm，与今年气象部门预报的年降雨量1 029 m不一致。分别将两数据进行年径流量计算。

2. 多种回归方法分析计算

1963～2009年长系列的年降雨量、年径流量用线性回归、幂指数回归、二次项回归等方法分析，相关系数均超过0.9，表明年径流量与年降雨量相关度极高。得到年降雨量—年径流量相关关系式如下。其计算结果见表2-18和表2-19。

表2-18　年毛来水量回归计算结果

年降雨量 x（mm）	年毛来水量回归计算（万 m³）		
	线性回归 $y = 160.43x − 75\ 888$	幂指数回归 $y = 0.079x^{2.002\ 3}$	二次项回归 $y = 0.081\ 8x^2 − 5.178x + 4\ 862.5$
892	67 216	63 847	65 329
1 029	89 194	84 994	86 148
平均960.5	78 205	74 421	75 739

表 2-19　年净来水量回归计算结果

年降雨量 x (mm)	年净来水量回归计算（万 m³）		
	线性回归	幂指数回归	二次项回归
	$y = 160.9x - 88\ 847$	$y = 0.002\ 5x^{2.475\ 27}$	$y = 0.09x^2 - 21.389x - 35.042$
892	54 676	50 221	52 496
1 029	76 719	71 529	73 251
平均 960.5	65 698	60 875	62 873

年降雨量—年毛来水量相关关系式为

线性回归公式　　　　　　　　$y = 160.43x - 75\ 888$　　　　　　　（2-11）

幂指数回归公式　　　　　　　$y = 0.079x^{2.002\ 3}$　　　　　　　　（2-12）

二次项回归公式　　　　$y = 0.081\ 8x^2 - 5.178x + 4\ 862.5$　　　（2-13）

年降雨量—年净来水量相关关系式为

线性回归公式　　　　　　　　$y = 160.9x - 88\ 847$　　　　　　　（2-14）

幂指数回归公式　　　　　　　$y = 0.002\ 5x^{2.475\ 27}$　　　　　　（2-15）

二次项回归公式　　　　$y = 0.09x^2 - 21.389x - 35.042$　　　　（2-16）

式中　　x——年降雨量，mm；

　　　　y——年来水量，万 m³。

将预报年降雨量 892 mm 和 1 029 mm 代入各关系式计算。

对三种方法计算结果平均后为 76 121 万 m³，取年毛来水量平均值为 76 100 万 m³。

对三种方法计算结果平均后为 63 124 万 m³。取年净来水量平均值为 63 100 万 m³。

3. 查找相似年，并进行年内分配

以年降雨量 960.5 mm、年毛来水量 76 100 万 m³、年净来水量 63 100 万 m³，结合 1~12 月实际降雨量和来水量，查找相似年，得到 1969 年、1984 年、1995 年为相似年，如表 2-20 所示。

（1）用各相似年的毛来水量和降雨量计算各月径流系数，再对径流系数进行平均。

（2）计算各相似年的各月降雨量平均值。

（3）对各月预报降雨量进行缩放，即缩放后预报月降雨量 = 月相似雨量平均 × 预报年降雨量/相似年年降雨量平均。

（4）修正月径流系数。漳河水库的年净来水量大约为年毛来水量的 90%，则修正后的月径流系数 = 径流系数平均 × 90%。

（5）调整径流系数。月降雨量与径流系数不一定相呼应，上月降雨量与本月降雨量大小均影响本月前期土壤含水量，甚至上月末降雨产生的径流会出现在本月中，可结合上月及本月降雨量根据经验进行调整。

（6）计算各月净来水量。各月净来水量 = 缩放后的各月预报降雨量 × 调整后的径流系数。其结果以预报净流量为准。

经计算，漳河水库 2010 年年净来水量 6.28 亿 m³，结合水库现有蓄水量和年末控制水位，确定漳河水库可供水量为 6.5 亿 m³。

表2-20　湖北漳河灌区三个相似年各月的基本水文信息

	项目	1月	2月	3月	4月	5月	6月	7月	8月	9月	10月	11月	12月	合计
1969年	降雨量（mm）	30.0	5.6	38.0	92.1	146.1	114.2	255.2	200.9	75.1	13.9	21.8	0.7	993.6
	毛来水量（万m³）	371	399	2 070	6 840	14 057	3 968	28 991	11 391	6 360	1 231	247	63	75 988
	净来水量（万m³）	-600	149	900	5 461	12 417	2 503	27 366	9 621	4 903	-89	-800	-900	60 931
	径流系数	0.06	0.32	0.25	0.34	0.43	0.16	0.51	0.26	0.38	0.40	0.05	0.41	0.35
1984年	降雨量（mm）	21.8	2.6	35.3	36.5	100.0	113.9	325.2	124.8	128.2	41.8	25.0	39.9	995
	毛来水量（万m³）	588	149	1 571	1 604	5 290	4 692	35 484	9 103	9 641	5 432	1 291	874	75 719
	净来水量（万m³）	-319	-261	498	606	4 200	3 375	34 251	7 657	8 350	4 334	708	333	63 732
	径流系数	0.12	0.26	0.20	0.20	0.24	0.19	0.49	0.33	0.34	0.59	0.23	0.10	0.34
1995年	降雨量（mm）	9.6	22.4	20.2	57.7	100.1	85.2	213.8	246.7	20.1	172.8	13.4	8.7	970.7
	毛来水量（万m³）	741	1 793	1 438	2 472	2 928	4 438	12 419	33 873	1 865	8 818	853	539	72 177
	净来水量（万m³）	322	1 228	852	1 818	1 867	3 330	9 127	30 465	873	5 869	404	201	56 356
	径流系数	0.35	0.36	0.32	0.19	0.13	0.24	0.26	0.62	0.42	0.23	0.29	0.28	0.34
	相似雨量平均（mm）	20	10	31	62	115	104	265	191	74	76	20	16	986
	预报雨量缩放（mm）	20	10	30	60	112	102	258	186	73	74	20	16	961
	实际降雨量（mm）	5	15											
	径流系数平均	0.18	0.31	0.26	0.24	0.27	0.20	0.42	0.40	0.38	0.41	0.19	0.26	0.34
	修正（平均值×0.9）	0.16	0.28	0.23	0.22	0.24	0.18	0.38	0.36	0.34	0.37	0.17	0.24	0.31
	调整径流系数	0.16	0.26	0.21	0.21	0.20	0.22	0.38	0.36	0.34	0.30	0.15	0.18	0.28
	净来水量预测（万m³）	188	863	1 544	2 809	4 971	4 949	21 667	14 794	5 453	4 922	648	637	63 445
	净来水量取值（万m³）	0	800	1 500	2 800	5 000	4 900	21 600	14 700	5 400	4 900	600	600	62 800

注：表中1~12月的净来水量取值为实际来水。

4. 年度用水计划

根据预报各月净来水量及年终控制漳河水库水位进行水库调节计算，得到各部门分月供水量，再结合各部门需水申报得到水库兴利调度的各月计划可供用水量（见表 2-21）。

表 2-21　漳河灌区 2010 年各部门用水计划表　　（单位：万 m³）

项目	1 月	2 月	3 月	4 月	5 月	6 月	7 月	8 月	9 月	10 月	11 月	12 月	合计
农业					6 600	3 800	3 000	1 600					15 000
城市	800	800	800	800	900	900	900	900	800	800	800	800	10 000
发电	3 800	1 900	2 100	2 000	2 000	2 700	3 500	4 000	3 500	3 000	2 000	1 500	32 000
生态				300	300	300	300	400	400	400	300		3 000
其他	400	400	400	400	400	400	500	500	400	400	400	400	5 000
合计	5 000	3 100	3 300	3 500	10 200	8 100	8 300	7 400	5 100	4 500	3 500	3 000	65 000

三、数学模型预测法实例——都江堰灌区岷江上游来水预测方法

都江堰灌区位于四川中部，其取水枢纽为都江堰水利工程，建于公元前 256 年，2000 年被评为世界文化遗产。都江堰灌区共有干渠 55 条，长 2 437 km；支渠 536 条，长 5 472 km；斗渠 5 460 条，长 12 037 km，斗渠以上建筑物 5 万余座。其中，干渠工程有水闸 998 座、隧洞 334 座、渡槽 415 座、涵洞 65 座、倒虹管 91 根。蓄水设施有大型水库 3 座，中型水库 11 座，小型水库 594 座，塘堰 7.3 万处，总蓄水能力 17.55 亿 m³，形成了具有都江堰特色的引、蓄、提相结合的工程格局。都江堰灌区目前灌溉成都、德阳、绵阳等 7 市 37 个县（市、区），灌溉面积为 1 032 万亩，居全国之冠。

经过多年研究与实践验证，都江堰灌区采用灰色系统预测法预测岷江上游来水量，预测效果较好，其精度能满足灌区水量调度的需要。

（一）灰色系统预测法 GM（1，1）简介

1. 灰色预测的概念

灰色预测法是一种对含有不确定因素的系统进行预测的方法。灰色系统是介于白色系统和黑色系统之间的一种系统。

白色系统是指一个系统的内部特征是完全已知的，即系统的信息是完全充分的。而黑色系统是指一个系统的内部信息对外界来说是一无所知的，只能通过它与外界的联系来加以观测研究。灰色系统内的一部分信息是已知的，另一部分信息是未知的，系统内各因素间具有不确定的关系。

灰色预测通过鉴别系统因素之间发展趋势的相异程度，即进行关联分析，并对原始数据进行生成处理来寻找系统变动的规律，生成有较强规律性的数据序列，然后建立相应的微分方程模型，从而预测事物未来发展趋势的状况。其用等时距观测到的反应预测对象特征的一系列数量值构造灰色预测模型，预测未来某一时刻的特征量，或达到某一特征量的时间。

2. 灰色预测的类型

（1）灰色时间序列预测：即用观察到的反映预测对象特征的时间序列来构造灰色预测模型，预测未来某一时刻的特征量，或达到某一特征量的时间。

（2）畸变预测：即通过灰色模型预测异常值出现的时刻，预测异常值什么时候出现在特定时区内。

（3）系统预测：通过对系统行为特征指标建立一组相互关联的灰色预测模型，预测系统中众多变量间的相互协调关系的变化。

（4）拓扑预测：将原始数据作曲线，在曲线上按定值寻找该定值发生的所有时点，并以该定值为框架构成时点数列，然后建立模型预测该定值所发生的时点。

3. 数据处理

为了弱化原始时间序列的随机性，在建立灰色预测模型之前，需先对原始时间序列进行数据处理，经过数据处理后的时间序列即称为生成列。灰色系统常用的数据处理方式有累加和累减两种。

4. 关联度* （带 * 为选读内容，下同）

1）关联系数

设 $\hat{X}^{(0)}(k) = \{\hat{X}^{(0)}(1), \hat{X}^{(0)}(2), \cdots, \hat{X}^{(0)}(n)\}$，$X^{(0)}(k) = \{X^{(0)}(1), X^{(0)}(2), \cdots, X^{(0)}(n)\}$，则关联系数定义为

$$\eta(k) = \frac{\min\min|\hat{X}^{(0)}(k) - X^{(0)}(k)| + \rho\max\max|\hat{X}^{(0)}(k) - X^{(0)}(k)|}{|\hat{X}^{(0)}(k) - X^{(0)}(k)| + \rho\max\max|\hat{X}^{(0)}(k) - X^{(0)}(k)|} \tag{2-17}$$

式中　$|\hat{X}^{(0)}(k) - X^{(0)}(k)|$——第 k 个点 $X^{(0)}$ 与 $\hat{X}^{(0)}$ 的绝对误差；

　　　$\min\min|\hat{X}^{(0)}(k) - X^{(0)}(k)|$——两级最小差；

　　　$\max\max|\hat{X}^{(0)}(k) - X^{(0)}(k)|$——两级最大差；

　　　ρ——分辨率，$0 < \rho < 1$，一般取 $\rho = 0.5$。

对单位不一、初值不同的序列，在计算相关系数前应首先进行初始化，即将该序列所有数据分别除以第一个数据。

2）关联度

$$r = \frac{1}{n}\sum_{k=1}^{n}\eta(k) \tag{2-18}$$

r 为 $X^{(0)}(k)$ 与 $\hat{X}^{(0)}(k)$ 的关联度。

5. GM（1，1）模型的建立*

（1）设时间序列 $X^{(0)}$ 有 n 个观察值，$X^{(0)} = \{X^{(0)}(1), X^{(0)}(2), \cdots, X^{(0)}(n)\}$，通过累加生成新序列 $X^{(1)} = \{X^{(1)}(1), X^{(1)}(2), \cdots, X^{(1)}(n)\}$，则 GM（1，1）模型相应的微分方程为

$$\frac{dX^{(1)}}{dt} + aX^{(1)} = \mu \tag{2-19}$$

式中　α——发展灰数；

　　　μ——内生控制灰数。

（2）设 $\hat{\alpha}$ 为待估参数向量，$\hat{\alpha} = \begin{pmatrix} a \\ \mu \end{pmatrix}$，可利用最小二乘法求解。解得：

$$\hat{\alpha} = (B^{\mathrm{T}}B)^{-1}B^{\mathrm{T}}Y_n \qquad (2\text{-}20)$$

求解微分方程，即可得预测模型：

$$\hat{X}^{(1)}(k+1) = \left[X^{(0)}(1) - \frac{\mu}{a} \right] e^{-ak} + \frac{\mu}{a} \quad (k = 0,1,2,\cdots,n) \qquad (2\text{-}21)$$

（3）灰色预测检验一般有残差检验、关联度检验和后验差检验。

灰色系统广泛用于各领域的预测计算当中。当用于河流来水预测中时，其关键在于结合河流及流域的实际建立适合的数学模型。此外，在实际运用中，水利科研工作者以灰色理论为基础，在建立灰色 GM（1，1）模型的同时，通过建立其他参考模型对预测计算进行修正，以期提高预测精度。下面以都江堰管理局岷江来水预报为例说明。

（二）组合趋势 + 灰色系统法预测都江堰灌区岷江上游来水流量

都江堰灌区灌溉管理工作最重要的环节之一，是对灌区主水源——岷江上游翌年旬、月来水情况，作出基本符合实际的预报，为编制配水计划提供依据。编制配水计划需要一次性提供全年 18 个旬平均流量、6 个月平均流量的预报成果，难度比一般的中长期水文预报更大。

都江堰管理局对翌年岷江上游旬、月来水预报，根据长期水文系列资料，早年使用增长量模型法，后来采用经验频率分析法选取保证率，作出预报，其后又逐步发展到采用旬差法。1997 年、1998 年，分别采用了自回归模型预报法和灰色系统预报法。2000年以后，随着引入组合趋势，对灰色系统预报法进行了优化，预报精度大幅提高，能够满足用水工作的需要。现将该灰色系统预测法简要介绍如下。

1. 组合趋势 + 灰色系统法预测方法

运用组合趋势分析的方法作出流量序列的状态环境评估，然后用灰色系统 GM（1，1）作出点预报和区间预报。

2. 主要优点

该预测法具有以下优点：

（1）单因素预测，只管出口流量。

研究结果只针对岷江上游来水量，即所需要的岷江上游流量，而对于其他影响因数如降水量、积雪等概不过问，其目的是让问题尽可能简单化，因为组合趋势法则可以在不需要其他任何参考因素的情况下，指导建立较完美且符合实际的数学模型。

（2）对数据合格率要求不高。

由于该预测方法特别重视最后一个波段的现状，因此传统衡量预测精度的合格率标准在此已显得不重要。

从以上特点可以看出，该预测方法使用范围和发展前景是广阔的，它可以适用于任何数据序列。

3. 限制条件

使用该方法需要较长序列的水文统计资料，特别是流量统计资料。

4. 预测过程

（1）将岷江历年月、旬流量整理列表，见表 2-22 和表 2-23。

表2-22　1937~2000年岷江上游旬平均流量

（单位：m³/s）

年份	1月上旬	1月中旬	1月下旬	2月上旬	2月中旬	2月下旬	3月上旬	3月中旬	3月下旬	4月上旬	4月中旬	4月下旬	5月上旬	5月中旬	5月下旬
1981	161	148	142	138	138	130	131	134	150	172	211	316	351	438	579
1982	178	163	154	150	142	144	146	159	162	171	174	272	280	445	466
1983	165	152	143	141	136	134	130	134	152	193	291	308	317	452	558
1984	137	134	131	128	129	122	115	132	130	164	189	214	341	537	713
1985	167	146	138	139	134	126	126	135	181	245	275	340	463	634	602
1986	150	138	131	125	125	126	124	148	139	170	223	286	344	507	584
1987	151	132	130	130	130	122	126	129	137	146	171	208	246	420	509
1988	144	135	132	126	125	127	124	152	159	182	244	239	424	436	626
1989	171	159	151	144	142	139	144	166	168	192	254	486	656	727	717
1990	169	156	152	141	147	138	138	146	185	207	235	457	566	501	662
1991	185	172	164	158	150	146	153	166	180	189	250	309	441	427	732
1992	220	205	193	181	174	195	177	202	236	306	358	490	704	721	678
1993	167	160	142	136	145	134	126	140	145	195	270	299	527	656	676
1994	181	167	160	137	139	132	130	143	160	215	273	440	421	471	679
1995	157	156	137	110	123	128	121	124	206	188	186	314	495	825	1 309
1996	127	122	118	114	121	112	124	124	130	131	178	248	458	538	556
1997	131	125	112	107	107	112	119	164	145	204	201	344	503	935	757
1998	102	104	91	99	96	97	103	110	114	158	160	264	457	485	679
1999	136	122	107	107	99	107	116	120	118	145	237	483	576	565	766
2000	127	112	101	103	92	95	102	105	145	203	270	500	509	591	589
2001	120	98	99	104	96	100	96	97	124	170	207	445	456	488	666

注：此表为节选，数据已作模比处理。限于篇幅，6月以后旬平均流量略。

表 2-23　1937~2000 年岷江上游月平均流量

（单位：流量，m³/s；年水量，m³）

年份	1月	2月	3月	4月	5月	6月	7月	8月	9月	10月	11月	12月	年平均	年水量
1937	209.33	193.33	201.00	416.33	620.00	1 186.33	1 337.00	931.00	1 197.00	1 037.00	463.00	296.00	673.94	21 253 512 000
1938	234.00	198.33	229.67	387.67	529.33	1 264.00	1 177.00	756.00	1 197.00	775.00	417.00	279.00	620.33	19 562 832 000
1939	216.33	188.33	180.67	279.00	539.33	1 081.67	1 847.00	693.00	616.00	409.00	298.00	190.00	544.86	17 182 740 000
1940	149.00	136.67	163.00	248.33	620.67	598.33	754.00	832.00	1 187.00	624.00	346.00	247.00	492.17	15 520 968 000
1941	195.33	166.00	166.67	274.67	496.00	640.67	955.00	825.00	986.00	615.00	386.00	281.00	498.94	15 734 712 000
1942	220.33	189.33	205.33	340.67	558.33	654.00	665.00	780.00	680.00	711.00	387.00	255.00	470.50	14 837 688 000
1943	201.00	176.00	197.33	294.00	603.67	1 029.00	993.00	532.00	573.00	667.00	345.00	242.00	487.75	15 381 684 000
1944	198.67	170.67	178.67	296.33	569.67	947.67	805.00	686.00	704.00	776.00	409.00	266.00	500.64	15 788 148 000
1945	214.00	183.00	187.00	322.33	516.00	1 127.00	913.00	853.00	923.00	577.00	316.00	246.00	531.44	16 759 632 000
1946	208.00	181.00	173.67	240.00	501.00	981.67	1 005.00	625.00	674.00	499.00	305.00	219.00	467.69	14 749 212 000
1947	172.00	149.33	154.33	246.33	630.00	924.00	1 267.00	1 007.00	757.00	611.00	321.00	211.00	537.50	16 950 600 000
1948	166.00	142.67	144.67	277.33	519.33	1 052.67	947.00	737.00	807.00	717.00	339.00	221.00	505.89	15 953 712 000
1949	178.67	155.67	162.00	251.33	495.00	1 217.67	1 447.00	866.00	1 037.00	867.00	440.00	261.00	614.86	19 390 260 000
1950	193.33	166.33	177.67	286.33	733.33	959.00	827.00	695.00	756.00	628.00	343.00	215.00	498.33	15 715 440 000
1951	167.67	152.33	147.67	231.67	579.33	656.00	998.00	790.00	953.00	603.00	336.00	236.00	487.56	15 375 552 000
1952	171.33	163.67	156.33	259.33	734.67	961.33	959.00	962.00	962.00	652.00	369.00	238.00	549.06	17 315 016 000
1953	203.33	179.00	195.33	342.33	616.00	966.33	1 167.00	680.00	801.00	669.00	392.00	290.00	541.78	17 085 504 000
1954	187.67	159.67	171.33	380.33	666.33	1 085.67	1 090.00	956.00	837.00	745.00	416.00	265.00	580.00	18 290 880 000

注：此表为节选，数据已作模化处理。

（2）运用组合趋势分析和波浪理论作出流量序列的状态环境评估，对预测年及每旬的流量上下区间进行判断。

（3）作出定性来水量预测（节选）。

2002 年岷江上游旬（月）平均流量展望预报说明

提要：2002 年岷江上游旬（月）平均流量仍旧保持缓慢下降、有限波动的势态，其中 1 月上旬至 4 月上旬、12 月呈以下降为主，小幅波动并渐趋平衡的低调格局，4 月中旬至 11 月波动渐趋激烈，似有突破平衡期的迹象。

对于 2002 年岷江上游旬（月）平均流量展望预报，我们运用组合趋势分析的方法作出流量序列的状态环境评估，然后用灰色系统 GM（1，1）作出点预报和区间预报。其结论如下。

1 月上旬。共 4 级趋势：①短期；②中期；③中长期；④长期。

长期趋势：一路向下，为大趋势。

中长期趋势：开始掉头向上，考虑长期趋势和中期趋势，为下降中的局部波动，波幅有限。

中期趋势：一路下降。是否掉头取决于短期趋势。

短期趋势：一路下降。尚无趋于平衡迹象，属下降中剧烈波动期，有突然掉头向上的可能。

结论：下降为主，适当考虑局部波动因素。

1 月中旬。共 4 级趋势：①短期；②中期；③中长期；④长期。

长期趋势：目前序列还不能显示。

中长期趋势：一路向下，但已有走平迹象。

中期趋势：一路下降。是否掉头取决于短期趋势。

短期趋势：一路下降。尚无趋于平衡迹象，属下降中剧烈波动期，有突然掉头向上的可能。

结论：下降为主，适当考虑局部波动因素。

……

年最大流量。共 4 级趋势：①短期；②中期；③中长期；④长期。

长期趋势：一路向下，为大趋势。

中长期趋势：一路向下，动向取决于中期趋势。

中期趋势：一路向下，动向取决于短期趋势。

短期趋势：下降波平衡期上升段，应有回落。

结论：以下降为主，适当考虑局部波动因素。

综上所述，2002 年岷江上游来水情况为：1 月至 4 月上旬以下降为主，波动幅度较小。4 月中旬起来水渐丰，11 月起又渐回落。

（4）综合各旬流量趋势判断，用灰色系统 GM（1，1）作出定量的点预报和区间预报。具体预测数据见表 2-24。

限于篇幅，其他数学模型预测方法和实例略。

表 2-24　2003 年岷江上游旬（月）平均流量展望预报数据　　　　　　　　　（单位：m³/s）

旬（月）		1月	2月	3月	4月	5月	6月	7月	8月	9月	10月	11月	12月	年最大值
上旬	平均	107	86.4	76.8	170	488	912							
	上限	120	89.5	82.9	196	534	1 097							
	下限	94.6	83.2	70.6	143	443	726							
中旬	平均	82.3	73.1	64.6	203	534	871							
	上限	91.3	76.5	76.4	237	692	1 053							
	下限	73.3	69.7	52.9	168	377	689							
下旬	平均	80.7	77.5	109	545	596	854							
	上限	87.4	83.0	122	612	654	946							
	下限	74.1	72.1	95.7	478	538	763							
全月	平均							807	657	575	563	251	121	2 059
	上限							1 038	769	792	695	304	144	2 326
	下限							576	544	359	430	198	98.9	1 792

四、直接分配法实例

《黄河水量调度条例》规定：黄河水量分配方案，由黄河水利委员会商11省（区、市）人民政府制订，经国务院发展改革主管部门和国务院水行政主管部门审查，报国务院批准。根据分配的水量，青海、四川、甘肃、宁夏、内蒙古、陕西、山西等省（区）境内黄河干、支流的水量分别由各省级人民政府水行政主管部门负责调度。河南、山东省境内黄河干流的水量，分别由河南、山东黄河河务局负责调度，支流水量分别由河南、山东省人民政府水行政主管部门负责调度。龙羊峡、刘家峡、万家寨、三门峡、小浪底、西霞院、故县、东平湖等水库由黄河水利委员会组织实施水量调度，必要时，黄河水利委员会可对大峡、沙坡头、青铜峡、三盛公、陆浑等水库组织实施水量调度。因此，沿黄灌区的可供水量均由上级水行政主管部门直接配给。例如青铜峡灌区，每年由宁夏回族自治区水利厅根据当年分配给宁夏回族自治区的黄河水量，平衡全省水资源需求后再进行二次分配。分配给青铜峡灌区的水量，再由青铜峡灌区管理部门分配到各级用水户（协会）；若水量不能满足用水户用水需求，则上报省水利厅。经适当调整后最终由省水利厅确定最终分配水量。

第三节　灌区需水量预测

对于不同的实际用途，灌区需水量预测有不同的方法。例如，在灌区规划编制和水资源长期供需平衡研究中，采用分项定额法、基准年法、年均综合用水定额基准年推算法预测需水量。特别是基准年法应用较为广泛，但这类预测方法短期预测准确率较差，主要应用于远期预测。对于应用于灌区水量调度方面的需水量预测方法（其中某些方法也能用于远期预测），国内外都在进行研究，也开发出了很多需水量预测方法和数学模型。但是，每一种方法都有其本身的优势和缺陷，需要灌区管理部门选择性的利用，或者采用改良算法、多方法联合预测等方式提高预测精度，达到能符合实际应用要求。

一、灌溉需水量预测方法介绍

（一）预测方法分类

国内外关于水资源需求预测的研究方法归纳起来大致可分为3类：判断预测法、趋势预测法和模型预测法，每一类又包括不同的具体方法。

1. 判断预测法

判断预测法是一种定性预测，是基于个人或集体的经验和知识进行的预测，它可以是纯主观的，也可以是对任何一种客观预测结果的主观修正（Mcdonald 和 Kay，1988）。该方法具有省时、经济、对数据资料要求低等特点，但由于其根据人的主观经验进行判断，因此客观性极差，可靠性不强。另外，由于受资料所限制，有些变量间的关系无法通过统计分析来确定，故只能根据经验进行判断。

2. 趋势预测法

趋势预测法只是将未来的用水需求和过去的用水量相联系，而不考虑任何其他变量。由于主要考虑用水量的时间变化，实际上就是传统的时间序列方法。尽管它具有需求资料少、方法简单的优点，但它有两大致命缺陷：①当影响需水的要素在将来发生很大变化时，预测结果将有不可忍受的偏差；②预测结果受初始值的影响太大。对于农业用水来说，该法不能考虑技术进步和政策对农业用水需求产生的影响，因此在一定的时间范围之外不大可能得出可靠的预测。

3. 模型预测法

模型预测法是指根据同态性原理建立需水模型，确定需水模型的影响因素和各种边界条件，进而确定未来用水量与现用水量之间的关系。由于该方法除考虑历史用水量外，还分析考虑影响用水量的主要影响因素，预测精度尚可，但它需要较多的数据资料，在资料缺乏的地区其应用往往受到一定程度的限制。

（二）常用预测方法及其适用条件

1. 自回归滑动平均法（ARMA 方法）

自回归滑动平均法（ARMA 方法）集时间序列模型之大成，是对自回归模型和移动平均模型的综合，它将预测对象随时间变化形成的序列先加工成一个白噪声序列进行处理，所以它可对任何一个用水过程进行模拟，对时预测、日预测和年预测均有效，且预测速度快（用计算机动态建模预测），能得到较高的预测精度。但是该方法与其他时间序列方法一样，具有预测周期短、所用数据单一的缺点，只能给出下一周期需水量的预测值，且无法剖析形成这一值的原因及合理的误差估计，所以它更适用于优化控制的短期预测。此外，该方法还存在着明显的滞后性，即最近一期实际数据发生异常变化时，由于模型的平滑作用，预测数据无法立即对之作出反应，使得在预测一些异常值时造成较大误差，甚至失真。对此，应分析出现异常值的可能原因，并据此修正 ARMA 模型。

2. 回归分析法

回归分析法是通过回归分析，寻找预测对象与影响因素之间的因果关系，建立回归模型进行预测，而且在系统发生较大变化时，也可以根据相应变化因素修正预测值，同时对预测值的误差也有一个大体的把握，因此适用于长期预测。而对于短期预测，由于用水量数据波动性很大、影响因素复杂，且影响因素未来值的准确预测困难，故不宜采用。该方法是通过自变量（影响因素）来预测响应变量（预测对象）的，所以自变量的选取及自变量预测值的准确性是至关重要的。

3. 指标分析法

指标分析法是通过对用水系统历史数据的综合分析，制定出各种灌溉定额，然后根据灌溉定额和灌溉面积等的关系计算出远期的需水量。与回归分析法相比，它的工作量要小得多，但是由于灌溉定额的通用性，在对特殊地区进行需水量预测时会造成很大的误差。

4. 灰色预测法

灰色预测法比较适于不确知发展规律而原始数据又无明显趋势的问题，并且预测范围广，对长、短期预测均可，且所需数据量不大，在数据缺乏时十分有效。而用水需求并不完全是指数关系，所以用灰色预测模型进行用水量的预测，也就是说，只用一个单一的指数模型来描绘一个时间数列的动态发展变化规律，其预测精度往往会大打折扣。

5. 人工神经网络法

人工神经网络法实际上是对系统的一种黑箱模拟，比较适用于短期预测和动态预报短期负荷值以及动态训练系统。而对于长期需水量预测，由于其"黑箱操作"，很难考虑节水政策、提高水的利用率等因素对需水的影响，因此在长期预测时，不宜直接应用该方法，但通过与其他方法的结合，往往能取得满意的效果。

6. 系统动力学法

系统动力学法应用效果的好坏与预测者的专业知识、实践经验、系统分析建模能力密切相关。该方法不仅能预测出远期预测对象，还能找出系统的影响因素及作用关系，有利于系统优化。但是系统分析过程复杂，工作量极大，所需资料多，而且对分析人员能力要求较高，限制了其应用范围。

二、都江堰灌区灌溉需水量预测实例

（1）在每年的 12 月，都江堰灌区各分灌区都要按渠系，分别收集各个县（市、区）的小春作物实播面积和计划水稻秧母田面积（由各地水务管理部门或农业部门提供），见表 2-25。

（2）根据表 2-25 中的数据，结合农作物的生长期和需水规律，计算出次年各种作物各用水时段的作物用水面积（见表 2-26）。

（3）根据作物用水面积，结合灌溉水利用系数、灌溉定额等数据，计算次年各用水时段的作物需水量（见表 2-27）。

（4）汇集各分灌区的作物需水量，即得到都江堰灌区次年全灌区需水量预测数据。

每年都江堰管理局计算出全灌区需水量预测数据后，即可据此制订出全灌区的配水计划，并于每年年初召开灌区水利管理暨灌区代表大会，对该配水计划进行审查后报四川省水利厅批准执行。

三、灌溉需水量数学模型预测法实例——灌溉用水量的并联型灰色神经网络预测

一般灌区的灌溉用水量历史数据较少，可以用灰色模型预测。但是，灰色预测方法理论上只适合预测呈近似指数增长规律的数据序列，而且求解参数 a 和 u 的算法有一些缺陷，存在理论误差。人工神经网络不但具有逼近任意函数的能力，而且具有高度并行的处理机制，高度灵活可变的拓扑结构以及强大的自组织、自学习、自适应能力和处理非线性问题的能力。本书把灰色预测方法和神经网络结合起来，使二者取长补短，建立并联型灰色神经网络（Parallel gray neural network，简称 PGNN）组合模型来预测灌溉用水量。

（一）并联型灰色神经网络的结构

在这种模型中，首先采用灰色 GM（1，1）模型和神经网络分别进行预测，然后对预测结果加以适当地有效组合作为实际预测值。其原理见图 2-10。

表 2-25　2010 年都江堰人民渠一处灌区各县（市、区）小春作物实播面积统计

填表单位：供水管理科　　　填表时间：2009 年 12 月 9 日　　　（单位：亩）

水系	县（市、区）	小麦 面积	小麦 %	油菜 面积	油菜 %	苕青 面积	苕青 %	大麦 面积	大麦 %	土豆 面积	土豆 %	豌胡豆 面积	豌胡豆 %	药材 面积	药材 %	叶茶 面积	叶茶 %	其他 面积	其他 %	小计	其中 计划秧母田面积	其中 计划水稻面积
蒲阳河	都江堰市	10 954	28.2	5 475	14.1	203	0.5			509	1.3					180	0.5	21 489	55.4	38 810	2 771	19 173
	郫县	8 751	29.2	11 683	38.9					95	0.3							9 469	31.6	29 998	3 179	28 900
	彭州市	63 839	16.5	111 881	28.9	755	0.2			1 523	0.4			25 567	6.6			183 306	47.4	386 871	38 881	354 920
	新都区	86 744	25.4	90 194	26.5					565	0.2							163 398	47.9	340 901	24 907	231 143
	青白江区	39 841	32.4	27 304	22.2					130	0.1							55 756	45.3	123 031	5 848	55 960
	金堂县	12 184	43.3	3 393	12.1					845	3.0							11 683	41.6	28 105	1 420	13 968
	广汉市	201 369	41.4	148 767	30.6					19 200	4.0			2 000	0.4			114 771	23.6	486 107	43 337	402 243
	什邡市	104 269	31.8	75 591	23.1	1 797	0.6	2 037	0.6	335	0.1					57 983	17.7	77 501	23.7	327 516	17 572	295 939
	绵竹市	117 890	42.0	70 041	25.0			36 554	13.0	420	0.2			9 800	3.0	3 458	1.2	50 336	18.0	280 496	18 255	237 112
	旌阳区	120 596	41.0	56 593	19.3	2 320	0.8	5 009	1.7	2 920	1.0							106 562	36.2	294 000	15 818	171 264
	小计	766 437	32.8	600 922	25.7	5 075	0.2	43 600	2.0	26 542	1.1			37 367	1.6	61 621	2.6	794 271	34.0	2 335 835	171 988	1 810 622
前进渠	什邡市	7 969	15.7	2 742	5.4			1 513	3.0	62	0.1					2 121	4.2	36 424	71.6	50 831	1 817	47 554
	绵竹市	19 372	53.5	6 773	18.7	120	0.3	2 752	7.6	70	0.2					3 040	8.4	4 098	11.3	36 225	952	31 356
	小计	27 341	31.4	9 515	10.9	120	0.1	4 265	5.0	132	0.2					5 161	5.9	40 522	46.5	87 056	2 769	78 910
	总计	793 778	32.8	610 437	25.2	5 195	0.2	47 865	2.0	26 674	1.1			37 367	1.5	66 782	2.7	834 793	34.5	2 422 891	174 757	1 889 532

说明

填表单位：供水管理科　　　　填表时间：2009 年 12 月 9 日

表 2-26　2010 年都江堰人民渠一处灌区各种作物时段用水面积计划安排

（单位：亩）

时间	小麦	油菜	苕青	大麦	土豆	豌葫豆	药材	叶菜	其他	打磨秧母田	水稻泡田	水稻掺水	小计	所占总用水面积比例（%）	其中旱作物用水面积
1~3 月上旬	567 163	492 756	7 613	47 960	24 419		37 367		540 104				1 717 382	73.5	1 717 382
3 月 中旬	91 972	78 120	558	6 104	6 636		18 684		135 026				337 100	14.4	337 100
下旬	76 644	63 097	660	6 976	4 512		11 210	10 476	111 198	51 080			335 853	14.4	284 772
上旬	84 308	69 707		6 540	3 185		3 737	27 729	87 370	95 109		25 540	403 225	17.3	282 576
4 月 中旬	214 602	59 491		10 900	1 062		3 737	81 956	135 026	18 575		73 095	598 444	25.6	506 774
下旬	467 527	30 046						106 604	182 682			82 382	869 241	37.2	786 859
上旬	30 657							237 241	111 198	7 223	196 636	82 382	665 337	28.5	379 096
5 月 中旬								254 495	63 542		409 659	184 312	912 008	39.0	318 036
下旬								47 448	47 656		835 703	389 141	1 319 948	56.5	95 104
芒种止								24 648	87 370		147 477	484 196	743 691	31.8	112 018
芒种至 10 日								20 951	63 542		40 966	322 797	448 256	19.2	84 493
6 月 中旬								8 011	150 911		8 193	901 214	1 068 329	45.7	158 922
下旬									119 141			905 311	1 024 452	43.9	119 141
上旬									95 313			905 311	1 000 624	42.8	95 313
7 月 中旬									103 255			905 311	1 008 566	43.2	103 255
下旬									119 141			905 311	1 024 452	43.9	119 141
合计	1 532 873	793 217	8 831	78 480	39 814		74 735	819 559	2 152 475	171 987	1 638 634	6 166 303	13 476 908	577.0	5 499 982

注：1. 秧母田及水稻田掺水面积按上旬泡田面积的 50%计算。

2. 表中各种作物时段用水面积，是参照近年来的实际灌水情况安排的，即在正常年统计分析，小麦平均灌水 2 次，油菜 1.32 次、苕青 1.74 次、大麦 1.8 次、土豆 1.5 次、豌葫豆 0 次、药材 2 次、叶菜 13.32 次、其他 2.71 次。

表2-27　2010年都江堰人民渠一处灌区供用水平衡

（单位：面积，亩；水量，万m³；定额，m³/亩；流量，m³/s）

干渠名称：蒲阳河　　填表时间：2009年12月10日

需水计划													预计来水量合计					水量平衡	
旱地用水			泡田用水			掺水			需水量合计						地下				
面积	定额	需水量	面积	定额	需水量	面积	定额	需水量	总需水量	净流量	利用系数	毛流量	都江堰来水量	山溪来水量	回归水量	现降水量	总来水量	余	缺
1 717 382	45	7 728							7 728	13.0	0.6	21.7	35.2		2.0	0.1	37.3	15.6	
337 100	45	1 517							1 517	17.6	0.6	29.3	42.4		2.0	0.2	44.6	15.3	
284 772	45	1 281	51 080	100	511				1 792	18.9	0.6	31.5	52.9		3.0	0.3	56.2	24.7	
282 576	45	1 272	95 109	100	951	25 540	90	230	2 453	28.4	0.6	47.3	66.9		4.0	0.6	71.5	24.2	
506 774	45	2 280	18 575	110	204	73 095	90	658	3 142	36.4	0.6	60.7	84.4		4.0	0.8	90.2	29.5	
786 859	50	3 934				82 382	110	906	4 840	56.0	0.6	93.3	108.5	1.0	5.0	1	116.5	23.2	
379 096	60	2 275	203 860	115	2 344	82 382	110	906	5 525	63.9	0.5	127.8	138	2.0	5.0	1.3	146.3	18.5	
318 036	45	1 431	409 659	115	4 711	184 312	100	1 843	7 985	92.4	0.5	184.8	163	2.0	6.0	1.9	170.9		13.9
95 104.4	30	285	835 703	95	7 939	389 141	100	3 891	12 115	127.5	0.6	212.5	189		15.0	3.1	207.1		5.4
112 018	30	336	147 477	100	1 475	484 196	100	4 842	6 653	128.3	0.6	213.8	177	2.0	15.0	3.1	197.1		16.7
84 493	30	253	40 966	100	410	322 797	100	3 228	3 891	112.6	0.6	187.7	177	2.0	15.0	2.6	196.6	8.9	
158 922	30	477	8 193	90	74	901 214	100	9 012	9 563	110.7	0.6	184.5	170	5.0	15.0	2.6	192.6	8.1	
119 141	30	357				905 311	100	9 053	9 410	108.9	0.6	181.5	146	10.0	20.0	2.6	178.6		2.9
95 312.5	30	286				905 311	100	9 053	9 339	108.1	0.6	180.2	144	12.0	25.0	2.8	183.8	3.6	
103 255	30	310				905 311	100	9 053	9 363	108.4	0.6	180.7	144	12.0	25.0	2.8	183.8	3.1	
119 141	30	357				905 311	110	9 958	10 315	108.5	0.6	180.9	144	10.0	25.0	2.8	181.8	0.9	
		24 379			18 619			62 633	105 631										

注：1. 表中灌溉定额是参照试验站和灌区实测资料分析确定的。

2. 降水量为直接进入用水面积内的有效降水量，其数据是根据人民渠灌溉试验站验证多年平均值确定的。其中，进入旱作物用水面积内的全部降水视为降水，进入水稻本田面积内的有效降水为有效降水。未进入用水面积内的降水均未考虑利用。

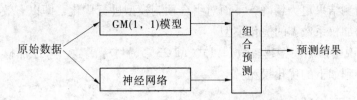

图 2-10 并联型灰色神经网络模型

PGNN 实质是组合预测，目的是综合利用各种方法所提供的信息，避免单一模型丢失信息的缺憾，减少随机性，提高预测精度。一般采用算术平均组合方式，其公式为

$$\hat{y}_t = k_1\hat{y}_{1t} \cdot k_2\hat{y}_{2t} \quad (t = 1,2,\cdots,N) \tag{2-22}$$

式中　$\hat{y}_t$——加权组合预测值；

　　　N——待预测数据总数；

　　　$\hat{y}_{1t}$，$\hat{y}_{2t}$——使用灰色 GM（1,1）模型和神经网络的预测值；

　　　k_1，k_2——预测模型的加权系数。

（二）加权系数的确定

预测模型的加权系数 k_1、k_2 如何确定是一个关键问题，可以根据有效度确定加权系数，本书以常用的线性组合模型为例说明该方法。有效度是以预测精度反映预测方法的有效性，具有一定的合理性。其方法如下：

令

$$A_t = 1 - \left|\frac{y_t - \hat{y}_t}{y_t}\right| = 1 - \left|\frac{y_t - k_1\hat{y}_{1t} - k_2\hat{y}_{2t}}{y_t}\right| \tag{2-23}$$

式中　y_t——实际值，$t = 1, 2, \cdots, N$。

则 A_t 构成组合预测的精度序列，该序列的均值 E 与均方差 σ 分别为

$$E = \frac{1}{N}\sum_{t=1}^{N} A_t \tag{2-24}$$

$$\sigma = \left[\frac{1}{N}\sum_{t=1}^{N} A_t^2 - \left(\frac{1}{N}\sum_{t=1}^{N} A_t\right)^2\right]^{\frac{1}{2}} \tag{2-25}$$

定义组合预测方法的有效度为

$$S = E(1 - \sigma) \tag{2-26}$$

S 越大，说明预测模型的精度越高，预测误差越稳定，模型越有效。我们可以借鉴有效度概念确定 k_1、k_2。

设 A_{1t} 和 A_{2t} 分别为使用灰色 GM（1,1）模型和神经网络预测的精度序列，即

$$A_t = 1 - \left|\frac{y_t - \hat{y}_{it}}{y_t}\right| \quad (i = 1,2; t = 1,2,\cdots,N) \tag{2-27}$$

由式（2-22）、式（2-23）可求出灰色 GM（1,1）模型、神经网络的有效度 S_1 和 S_2，将 S_1 和 S_2 归一化作为加权系数 k_1 和 k_2，即

$$k_i = \frac{S_i}{\sum_{i=1}^{2} S_i} \tag{2-28}$$

　　为了使预测结果更为精确，下面对组合预测模型进行优化，即以有效度为指标建立求解组合预测加权系数 k 的优化模型。

　　S 越大，说明预测模型越有效，以式（2-23）为目标函数，考虑加权系数的规范性约束，可以得到如下的优化模型：

$$\max(S) = E(A_t)[1 - \sigma(A_t)] = 1 - \frac{1}{N}\sum_{t=1}^{N}\left|1 - \sum_{i=1}^{2}k_i\frac{\hat{y}_{it}}{y_t}\right|$$

$$= 1 - \left\{\frac{1}{N}\sum_{t=1}^{N}\left[1 - 1 - \left|\sum_{i=1}^{2}k_i\frac{\hat{y}_{it}}{y_t}\right|^2\right] - \frac{1}{N^2}\left[\sum_{i=1}^{N}\left(1 - \left|1 - \sum_{i=1}^{N}k_i\frac{\hat{y}_{it}}{y_t}\right|\right)\right]^2\right\}$$

$$(2\text{-}29)$$

式中　$\sum\limits_{i=1}^{2}k_i = 1$，$k_i \geqslant 0$。

　　模型中由于有绝对值的存在和加权系数所在位置的分散，其求解十分复杂，当对灌溉用水量的预测用于用水管理部门输配水系统的实时调度时，将很不实用。因此，必须加以简化，寻求一个近似最优解。在只有两个预测方法组合的情况下，通过数学分析，可知 A_t、$E(A_t)$、$\sigma(A_t)$ 与组合加权系数 k 之间存在如下几个近似关系：

　　（1）组合预测精度 A_t 与组合加权系数 k 的近似关系为

$$A_t = kA_{1t} - (1 - k)A_{2t} \tag{2-30}$$

　　（2）组合预测精度序列均值 $E(A_t)$ 与组合加权系数 k 的近似关系为

$$E(A_t) = kE(A_{1t}) + (1 - k)E(A_{2t}) \tag{2-31}$$

　　（3）组合预测精度序列均方差 $\sigma(A_t)$ 与组合加权系数的近似关系为

$$\sigma(A_t) = \sigma_{\min} + \frac{\sigma(A_{1t}) - \sigma_{\min}}{1 - k_0}(k - k_0)$$

$$= \frac{\sigma(A_{1t}) - \sigma_{\min}}{1 - k_0}k + \frac{\sigma_{\min} - \sigma(A_{1t})k_0}{1 - k_0} \tag{2-32}$$

$$k_0 = \frac{\sigma^2(A_{2t}) - \text{cov}(A_{1t}, A_{2t})}{\sigma^2(A_{1t}) + \sigma^2(A_{2t}) - 2\text{cov}(A_{1t}, A_{2t})} \tag{2-33}$$

式中　$\text{cov}(A_{1t}, A_{2t})$——协方差；

　　　$\sigma_{\min}$——最小均方差；

　　　k_0——初始权系数。

$$\sigma_{\min} = [k_0^2\sigma^2(A_{1t}) + (1 - k_0)^2\sigma^2(A_{2t}) + 2k_0(1 - k_0)\text{cov}(A_{1t}, A_{2t})]^{\frac{1}{2}} \tag{2-34}$$

　　将式（2-30）、式（2-33）代入优化模型（2-29）中得求解组合加权系数近似解的简化模型为

$$\max\hat{S} = \left[\frac{E(A_{1t}) - E(A_{2t})}{k} + E(A_{2t})\right] \times$$

$$\left[1 - \frac{\sigma(A_{1t}) - \sigma_{\min}}{1 - k_0}k - \frac{\sigma_{\min} - \sigma(A_{1t})k_0}{1 - k_0}\right] \quad (k_0 \leqslant k \leqslant 1) \tag{2-35}$$

式中　$\hat{S}$——组合预测有效度估计值。

令 $\dfrac{\mathrm{d}S}{\mathrm{d}k}=0$，使 $\hat{S}$ 达到最大时的最优解为

$$k = \frac{1}{2}\left| \frac{(1-\sigma_{\min})-[1-\sigma(A_{1t})]k_0}{\sigma(A_{1t})-\sigma_{\min}} - \frac{E(A_{2t})}{E(A_{1t})-E(A_{2t})} \right| \tag{2-36}$$

当由式（2-34）确定的 k 值不在 $[k_0, 1]$ 之间时，应对其进行如下修正，即

$$k = k_{修正} = \sigma(A_{2t})/[(\sigma(A_{1t})+\sigma(A_{2t}))] \tag{2-37}$$

（三）PGNN 预测模型的步骤

（1）用灰色 GM（1,1）模型和人工神经网络模型分别进行预测，得到预测序列 y_1 和 y_2。

（2）由式（2-31）、式（2-32）计算 $E(A_{1t})$、$E(A_{2t})$、$\sigma(A_{1t})$、$\sigma(A_{2t})$ 及两个序列的协方差 $\mathrm{cov}(A_{1t}, A_{2t})$，一般情况下两种预测方法是相互独立的，因此 $\mathrm{cov}(A_{1t}, A_{2t})=0$。

（3）由式（2-33）和式（2-34）求出 k_0、$\sigma_{\min}$。

（4）若 $k_0=0$，则 $k=1$，转步骤（5），否则转步骤（6）。

（5）计算组合预测值，输出预测值序列，结束计算。

（6）按式（2-33）、式（2-34）和式（2-35）求出权系数，转步骤（5）。

（四）PGNN 预测模型实际结果检验

在此使用 1993~2002 年的实测灌溉用水量数据预测北京市某灌区 2003 年、2004 年、2005 年的灌溉用水量。灰色预测方法和神经网络方法的预测结果见表 2-28。

表 2-28　两种方法的预测结果

年份	1995	1996	1997	1998	1999	2000	2001	2002	2003	2004	2005
灌溉用水量实测值（亿 m^3）	1.935	2.233	3.026	1.602	2.493	2.440	2.589	3.139	2.681	3.339	2.487
灌溉用水量灰色预测值（亿 m^3）	1.935	2.205	2.297	2.393	2.493	2.597	2.705	2.818	2.936	3.058	3.086
灌溉用水量 BP 预测值（亿 m^3）	1.948	2.358	2.968	1.631	2.582	2.514	2.835	3.389	2.482	3.248	2.327

由式（2-30）~式（2-32）计算灰色模型的精度序列 A_{1t}、$E(A_1)$、$\sigma(A_1)$ 如下：

$A_{11}=0.905$，$A_{12}=0.916$，$A_{13}=0.759$，$E(A_1)=0.86$，$\sigma(A_1)=0.071\,56$

计算神经网络模型的精度序列 A_{2t}、$E(A_2)$、$\sigma(A_2)$ 如下：

$A_{21}=0.926$，$A_{22}=0.973$，$A_{23}=0.936$，$E(A_2)=0.945$，$\sigma(A_2)=0.020\,2$

灰色预测和神经网络预测两种预测方法是相互独立的，因此 $\mathrm{cov}(A_{1t}, A_{2t})=0$。由式（2-33）和式（2-34）计算得

$$k_0=0.073\,9, \quad \sigma_{\min}=0.019\,4, \quad k=14.3$$

由于计算所得的 k 值不在 $[0.073\,9, 1]$ 之间，即不在 $[k_0, 1]$ 之间，所以要用式（2-37）对其修正，即

$$k = k_{修正} = 0.22$$

则组合预测模型对 2003 年、2004 年和 2005 年的灌溉用水量预测结果分别为

$$\hat{y}_1 = 2.582 \quad \hat{y}_2 = 3.206 \quad \hat{y}_3 = 2.494$$

上述各种方法的预测结果及其比较列入表 2-29。由表 2-29 可知，从最大误差和平均误差来看，组合预测具有明显的精度优势。

表 2-29　不同预测方法的预测结果比较

年份	实际灌水量（亿 m^3）	灰色预测		神经网络预测		组合预测	
		预测值（亿 m^3）	误差（%）	预测值（亿 m^3）	误差（%）	预测值（亿 m^3）	误差（%）
2003	2.681	2.936	9.51	2.482	7.42	2.582	3.70
2004	3.339	3.058	8.42	3.248	2.73	3.206	4.00
2005	2.487	3.086	24.09	2.327	6.43	2.494	0.30

四、其他需水量预测

生活用水量、工业用水量、生态环境用水量的预测在各自领域中都是一项极为复杂的计算过程，由于专业性较强，这里不再论述专业预测方法，只是简要列举灌区管理部门常用的需水量计算方法。

（一）工业用水需水量预测

工业用水需水量预测一般采用万元产值取用水量预测方法，工业产值需水量计算公式为

$$Q_{工业} = G_{工业} \cdot D_{工业} \cdot (1 - P/100) \tag{2-38}$$

式中　$Q_{工业}$——工业生产需水量，万 m^3；

$\quad\quad$ $G_{工业}$——工业总产值，万元；

$\quad\quad$ $D_{工业}$——工业万元产值用水量，万元；

$\quad\quad$ P——工业用水重复利用率（%）。

（二）生活用水需水量预测

1. 分类法

将用户用水特性一致的类型归纳在一起，然后根据用水量标准及有关因素进行调查计算。

$$W_{总} = \sum_{j=1}^{m} W_j \tag{2-39}$$

式中　W_j——一定时期或时段第 j 种用水类型的用水量，m^3；

$\quad\quad$ m——用水类型的总数。

2. 分区法

分区法是将计算区人为地划分为若干区域，然后根据各区用水特点、用水量标准进

行调查与计算。

$$W_{总} = \sum_{i=1}^{n} W_i \tag{2-40}$$

式中　W_i——一定时期或时段第 i 个区域的用水量，m^3；

n——被划分的区域数。

区域划分还可将大区域分为若干小区域，然后列表进行调查与计算

$$W_{总} = \sum_{i=1}^{n} \left(\sum_{j=1}^{m} W_{i,j} \right) \tag{2-41}$$

式中　$W_{i,j}$——一定时期或时段第 i 个区域第 j 种用水类型的用水量，m^3。

3. 定额计算法

居住区年生活用水量按下式计算

$$Q_1 = (P \cdot q_1 / 1\,000) \times 365 \tag{2-42}$$

式中　Q_1——居住区年生活用水量，m^3/d；

P——设计年供水区规划人口数，人；

q_1——平均日生活用水定额，$L/(d \cdot 人)$。

牲畜年用水量按下式计算

$$Q_2 = (N \cdot q_2 / 1\,000) \times 365 \tag{2-43}$$

式中　Q_2——牲畜年用水量，m^3/d；

N——设计年供水区牲畜数，头；

q_2——平均日牲畜用水定额，$L/(d \cdot 头)$。

（三）灌区生态环境需水量预测

一般按直接计算方法，即以灌区覆盖的面积和灌区规划设计中规定承担的面积乘以其生态环境用水定额，计算得到的水量再加上有特殊用途的生态环境用水，即为生态环境用水，计算公式为

$$W = \sum W_i + W_{特} = \sum (A_i \cdot r_i) + W_{特} \tag{2-44}$$

式中　A_i——覆盖类型 i 的面积；

r_i——覆盖类型 i 的生态环境用水定额；

$W_{特}$——专用生态供水，如河流基流、风景旅游区生态用水、城市河道冲污用水等。

根据合同用水、计划用水要求，以上工业用水、生活用水、生态用水需求应由相关用水户向灌区管理部门提交需水计划。在此情况下，灌区管理部门不再需要进行需水量预测计算，只需将各用水户需水计划审查汇总即可。

第三章　灌区计划用水与水量调配

第一节　灌区计划用水

一、计划用水的概念

计划用水就是根据农作物的需水规律，考虑水源情况、工程条件及土壤、气象等自然因素，有计划地进行蓄水、取水（包括引水和提水）和配水，它是灌区用水管理工作的中心环节。

实行计划用水，需要在用水之前根据作物稳产高产对水分的要求，并考虑水源情况、工程条件以及农业生产安排等，编制好用水计划；在用水时，视当时的具体情况，特别是当时的气象条件，修改和执行用水计划，进行具体的蓄水、取水和配水工作；在用水结束后进行总结，为今后更好地推行计划用水积累经验。

二、计划用水的意义

计划用水工作包括编制用水计划和执行用水计划两个方面，是一项综合性的科学用水管理工作，是灌溉为农业增产服务及节约用水的重要手段，也是用水管理走向现代化科学管理的必由之路。

从灌区用水工作的特点来看，灌溉工程体系是完整的，水源一般也是统一的，而用水单位则是分散的，各单位的用水要求也不尽一致；同时，水源丰枯与作物需水在时间匹配上也很不一致。作物需水迫切的时候，往往正是水源不足之时。如果没有统一的用水计划，就会造成工作紊乱与被动：引水条件方便的地方（如灌区上游）就会多用水，甚至浪费水资源，或导致不良后果；引水条件差的地方（如灌区下游）就可能出现用水不足，甚至用不上水，使作物受旱减产；同时，上下游、左右岸的引水矛盾与纠纷也容易发生。为解决上述矛盾，使灌区科学用水、均衡受益，就必须实行计划用水。不仅大中型灌区要实行，小型灌区与井灌区也要实行；不仅田间工程完整、条件好的灌区要实行，田间工程不完整、条件差的灌区创造条件也要实行；不仅北方缺水地区要实行，南方水资源相对丰富地区也应实行。计划用水是一门科学，要进行认真的调查研究与分析计算，要充分吸取当地先进经验，在实践中不断认识客观规律，做到因地制宜和简便可行，只有这样，计划用水才能得到贯彻和推广。

三、计划用水准备工作

（一）工程维修

在引水前，应对渠道与建筑物进行全面检查。针对存在的问题，认真进行维修，并达到下列要求：

（1）建筑物启闭灵活。

（2）防渗层封顶板稳固、完好，周围无空穴、裂缝。

（3）衬砌体无裂缝、错位、下滑、沉陷、破碎、脱落、孔洞等。

（4）伸缩缝和砌筑缝完好，且不漏水。

（5）渠内无淤积、杂草，渠堤无陷穴、冲坑、裂缝和滑坡等。

（6）水位观测、量水、防护等设施以及警示等标志完好。

同时，还要做好田间灌水的准备工作，如修好田埂，筑好沟、畦等。

（二）资料收集

（1）调查与收集灌区内的产业结构、农作物种植面积等资料。主要包括灌区内的产业结构、农业种植结构，各种农作物种植面积、播种和收割时间，以及土壤质地、地下水埋深等。

（2）确定农作物灌溉制度。先根据气象预报（主要为降水量）或历年资料分析，确定用水期属于何种水文年，再结合历年用水经验和水源供水量分析，初步确定当年条件下主要农作物的灌溉制度。为使计划接近实际，多以水源条件作为主要因素，参考气象预报确定灌溉制度。

（3）其他资料。主要包括灌区近几年的用水计划总结，灌区气象、水文地质资料，试验调查资料，以及灌区耕作水平等方面的资料。

第二节 用水计划编制

计划用水是节约用水、促进灌区均衡受益的重要措施，而编制好用水计划则是搞好计划用水的先决条件之一。编制用水计划的基本依据来源于实践，又受实践的检验；同时，正确的用水计划对实践又有指导作用。计划用水工作需要不断进行分析总结，发现问题后及时调整有关参数，使之后的用水计划尽量符合实际。

一、编制用水计划的原则

（1）坚持生活、农业灌溉、工业的行业先后用水顺序；依照《中华人民共和国水法》第二十一条规定：开发、利用水资源，应当首先满足城乡居民生活用水，并兼顾农业、工业、生态环境用水以及航运等需要。

（2）坚持河水、库水、井水的用水顺序。

（3）坚持先集中后分散、先远处后近处、先下游后上游的地域用水顺序。

（4）坚持兴利避害、多水并用的原则，制订不同条件下的引配水方案，为领导决策及科学配水提供参考，保证上下游均衡受益。

二、用水计划的编制程序

（一）灌区用水计划的分类

灌区用水计划一般分为水源取水计划、用水单位需水计划与渠系配水计划等3类。

1. 水源取水计划

根据水源来水情况，由灌区管理局（处、所）编制水源取水计划。

2. 用水单位需水计划

用水单位需水计划由基层管理组织编制。对于垂直管理的灌区，用水单位需水计划可逐级上报，并通过灌区管理局（处、所）的分支管理机构（如管理所、站等）汇总后，上报至灌区管理局（处、所）；对于分级管理的灌区，用水单位需水计划可逐级上报，并通过地（市、州）、县（市、区）或乡（镇）等政府水行政主管部门汇总后，上报至灌区管理局（处、所）。对于骨干工程专业管理单位加用水户协会（农村用水管理组织）管理的灌区，用水户协会直接向骨干工程专业管理单位申报用水计划。

3. 渠系配水计划

渠系配水计划由灌区管理局（处、所）编制，确定配水指标后下达到基层用水管理组织。

（二）用水计划的编制程序

编制用水计划一般可按下列程序进行：第一步，编制水源取水计划；第二步，编制用水单位的需水计划；第三步，进行供需水量平衡计算；第四步，编制渠系配水计划。

三、编制用水计划的一般方法

（一）分级编制

大型灌区的用水计划可分三级编制，即灌区管理局（处、所）编制全灌区的渠系用水计划，管理所（站）编制渠段配水计划，农民用水户协会编制用水单位的用水计划；中型灌区一般分两级编制，即渠系用水计划与用水单位用水计划；小型灌区的用水计划可进行一级编制，即渠系用水计划和用水单位用水计划合并编制。

（二）分季度编制

灌区的用水计划也可分冬春（主要是夏收作物生长期）与夏秋（主要是秋收作物生长期）两个季度进行编制。

（三）制订应急预案

在干旱、半干旱地区，降水与水源变化往往很大，需要临时调整用水计划。因此，编制用水计划时，要通过分析资料，结合多年实践经验，制订应急预案，并作为用水计划的一部分，防患于未然。

四、用水计划的编制

（一）水源取水计划的编制

编制水源取水计划的目的是掌握各个时期可能引入灌区的水量，为计划用水提供依据。

1. 水源供水流量或水量分析

在无坝引水和提水灌区，需要分析水源水位、流量；在低坝引水灌区，一般只分析水源流量；在水库灌区，除分析水源径流外，还要分析水库调蓄能力及复蓄利用情况；在井灌区，要分析地下水源；在用同一水源的多个灌区，除按上述分类引水方式分析有关要素外，还要按政府分配的指标确定水源供水能力。

水源供水流量或水量分析的主要任务是确定计划年内的水源径流总量及其季、月、旬（或五日）的分配，即水源供水水量或流量的过程。目前，水源供水流量或水量分析采用的确定方法主要有成因分析法、平均流量法和经验频率法等。

2. 水源含沙量分析

多泥沙河流的含沙量在时间上分布很不均匀，因此为防止渠系淤积或淤积过快，当超过允许限度的高含沙量时，往往要停止引水或进行其他安排（如引黄灌区的淤灌），以利用水沙资源，改善土壤，故要分析不同含沙量的出现次数、日期及延续时间。其分析方法可以采用分段真实年法，也可采用与水源流量相同年份的含沙量资料。

3. 水源水质分析

对于灌溉用水，水源水质应符合现行国家标准《农田灌溉水质标准》（GB 5084—2005）的有关规定。

在水源含盐量较高和利用地下水灌溉的灌区，应进行水源盐分组成及其含盐量的分析。

土壤水分中如果含有过多的可溶性盐类，不仅使作物生理过程遭到破坏，而且会导致土壤盐碱化，恶化作物生态环境。作物种类及生育期不同，盐害程度也不相同，一般旱作物耐盐能力由大到小依次为：大麦、棉花、高粱、玉米、小麦。同一作物不同生育阶段的耐盐能力也不相同。一般以种子萌发和苗期耐盐性为最差，对盐分的毒害作用最敏感，受害最大；随着作物的生长发育，耐盐性增强，受害程度逐渐减小。

含盐量不同，对作物的危害程度不同。当矿化度为 1.5 ~ 3.0 g/L 时，必须对其中盐类进行具体分析，以判断是否适合灌溉；当矿化度大于 5 g/L 时，不适宜灌溉。对于易透水和易排水的土壤，可使用矿化度稍高的水；相反，矿化度应适当降低。

当利用城市污水灌溉时，必须进行分析化验，若水质不符合规定，需净化处理。

作物对水的温度也有一定的要求。一般春秋季作物灌溉时，水温不宜低于 10 ~ 15 ℃，夏季作物灌溉时，水温不宜低于 10 ~ 20 ℃，不能高于 37 ~ 40 ℃。如果水源水温过低或过高，应采取适当措施进行调节。

4. 渠首可能引入流量的确定

对于低坝引水灌区，当水源供水流量大于渠首引水能力时，即以渠首引水能力为可能引入流量；当灌区取水口河道供水流量小于渠首引水能力时，即以水源供水流量为可能引入流量。无坝引水和提水灌区，还要根据水源水位与引（提）入流量的关系（可由实测资料推得）来考虑各阶段可能引（提）入的流量。

（二）用水单位需水计划的编制

编制用水单位的需水计划是为了掌握各用水单位对于灌溉水的需求情况（包括需水量及需水时间），为灌区水量平衡与渠系配水提供依据。

1. 收集、分析有关资料

需要收集、分析的有关资料包括灌区水源与工程供水能力，降水、灌溉面积、渠道水利用系数、农业生产安排等；分渠系、分作物地用水等；同时，对历年用水计划与实际用水情况进行比较分析，以调整有关参数，使制订的计划尽量符合实际。

2. 确定灌水次数与时间

根据灌区的自然特点及工作安排，合理确定灌水次数及每次灌水的起止时间。

3. 确定灌水定额

根据灌区上、中、下游的不同特点，参照有关资料，确定各灌溉期及各渠段的灌水定额。

4. 确定灌溉面积

根据需水单位逐级上报的灌溉面积，再结合实际情况进行调整汇总。

5. 确定灌区需用水量

在上述确定的灌溉面积与灌水定额的基础上，可按下列方法确定灌区需用水量。

(1) 如果概算灌区需用水量，可按下式计算

$$W = \omega m \qquad (3\text{-}1)$$

式中　W——灌区需用水量，万 m^3；

　　　ω——灌区灌溉面积，万亩；

　　　m——灌区综合净灌水定额（干渠以下），$m^3/$亩。

(2) 如果详细计算灌区需水量，可先按下式计算各渠段需用水量

$$W_i = \omega_i m_i \qquad (3\text{-}2)$$

式中　W_i——第 i 渠段需用水量，万 m^3；

　　　ω_i——第 i 渠段灌溉面积，万亩；

　　　m_i——第 i 渠段综合净灌水定额（干渠以下），$m^3/$亩。

按下式计算各渠段需用水净流量，即

$$Q_{i净} = \frac{W_i}{T_j} \times 8.64 \qquad (3\text{-}3)$$

式中　$Q_{i净}$——第 i 渠段需用水净流量，m^3/s；

　　　T_j——第 j 次灌溉需水天数，d。

然后，采用下式计算渠道输水损失，即

$$S = 10\alpha A Q_净^{1-m} \qquad (3\text{-}4)$$

式中　S——渠道单位渠长输水损失流量，$L/(s \cdot km)$；

　　　$Q_净$——渠道净流量，m^3/s；

　　　A——土壤透水系数；

　　　m——土壤透水指数；

　　　α——防渗渠道渗水量减小系数，若灌区无实测资料，也可按表3-1确定。

此后，由下而上推求渠首需引水流量与水量。

6. 分析灌区可能降水量

分析灌区可能降水量主要是确定计划年内的降水量及其季（月）分配。目前，采用的确定方法主要有成因分析法、平均流量法和经验频率法等，具体方法同水源供水流量或水量的分析。

7. 确定渠首需供水流量或水量

渠首需供水流量或水量按式（3-3）换算即可得到。

表 3-1　防渗渠道渗水量减小系数

防渗措施	渗水量减小系数 α	说明
渠槽翻松夯实（厚度大于 0.5 m）	0.3 ~ 0.2	
渠槽原土夯实（影响厚度为 0.4 m）	0.7 ~ 0.5	
灰土夯实（即三合土夯实）	0.15 ~ 0.1	透水性很强的土壤，挂淤和夯实能使渗水量显著减少，可采用较小的 α 值
混凝土护面	0.15 ~ 0.05	
黏土护面	0.4 ~ 0.2	
人工淤填	0.7 ~ 0.5	

（三）供需水量平衡计算

将渠首可能引（提）入水量和灌区需供水量进行平衡分析（也可分别按不同频率进行遭遇组合分析），最后可确定计划引（抽）水量。

在平衡分析中，若某阶段渠首可能引（抽）入流量等于或大于灌溉需供流量，则以灌溉需供流量作为计划的引（抽）水流量；反之，就需通过各种措施进行用水调整，最后确定计划引（提）水流量，使灌溉需供流量不大于渠首可能引入流量。采用的措施如下：

（1）调整灌水时间和灌水定额。在水源供水不足时，可将某种作物的部分面积提前或迟后灌水；或在水源充足时适当加大灌水定额，供水不足时适当减小灌水定额。

（2）挖掘潜力。如实行轮灌以提高水的利用率及充分利用地下水等其他水源。

（3）配合农业措施，合理安排作物种植。如推广省水、高产优良品种或安排不同品种的作物，以减少用水量或错开用水高峰，避开水源不足时的大量用水。

（四）渠系配水计划的编制

渠系配水计划是在渠首引水计划、用水单位用水计划及供需水量平衡的基础上编制的，其目的是将各个轮灌期引入渠首的水量适时适量地分配到各用水单位，把引水和用水紧密地结合起来。它是灌区各级用水组织进行水量调配的依据。

灌区各级渠系配水计划一般是在每次灌水之前由相应的上一级管理机构分次编制的。通常是根据渠系或用水单位的分布情况，将全灌区划分成若干段（以测流站或配水点为基本单位），由灌区管理局（处）按一定比例统一向各管理所配水，各管理所再向所辖配水点配水。编制配水计划，就是在全灌区的灌溉面积、取水时间、取水水量和流量已确定的条件下，拟定每次灌水向各配水点分配的水量、配水方式、配水流量（续灌时）或配水顺序及时间（轮灌时）。

1. 配水水量计算

当全灌区各次灌水的渠首取水水量确定后，就要把这些水量在全灌区内部进行分配。在进行分配时，一般以测流站（点）间的渠段为单位，也有按灌溉面积比例分配和按灌区毛灌溉用水量比例分配两种方法。

1）按灌溉面积比例分配

若灌区内的作物比较单一，土壤差别不大，在向下级渠道分水时，可按灌溉面积的比例进行水量分配，同时考虑输水损失。若某干渠分配给某分干渠的水量 W 已定，该分干渠有两条支渠支 1 和支 2，面积分别为 F_1 和 F_2，分干渠水的利用系数为 η，则两条支渠应分配的水量为

支 1
$$W_1 = \frac{F_1}{F_1 + F_2} W\eta \tag{3-5}$$

支 2
$$W_2 = \frac{F_2}{F_1 + F_2} W\eta \tag{3-6}$$

某自流引水灌区，其干渠布置如图 3-1 所示，灌区总灌溉面积为 38 800 hm^2，有总干渠一条，下设西干渠、中干渠和东干渠三条干渠，其灌溉面积分别为 8 000 hm^2、6 800 hm^2 和 24 000 hm^2。由于东干渠的控制面积大，因此又将东干渠分为上、下两段配水，其灌溉面积分别为 11 300 hm^2 与 12 700 hm^2。现以该设计年春灌第一轮期灌水为例，若这次灌水用水天数为 28 d，渠首平均引水流量为 8.98 m^3/s，总干渠的总引水量为 2 173 万 m^3，则按灌溉面积的比例分配水量计算如下：

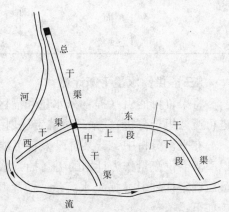

图 3-1　某灌区干渠布置示意图

西干渠　　　　$W_X = (8\ 000/38\ 800) \times 2\ 173 = 448$（万 m^3）

中干渠　　　　$W_Z = (6\ 800/38\ 800) \times 2\ 173 = 381$（万 m^3）

东干渠　　　　$W_D = (24\ 000/38\ 800) \times 2\ 173 = 1\ 344$（万 m^3）

东干渠上段　　$W_{Ds} = (11\ 300/24\ 000) \times 1\ 344 = 633$（万 m^3）

东干渠下段　　$W_{Dx} = (12\ 700/24\ 000) \times 1\ 344 = 711$（万 m^3）

按灌溉面积的比例分配水量，计算方法简单，缺点是没有考虑灌区内不同作物、土壤等的差异，计算比较粗略，并且此方法实际上把渠道输水损失也按灌溉面积进行了分配，这在干、支渠输水损失较大，渠道长度与其控制面积不相称时，计算的结果显得不太合理。为此，可通过考虑渠道输水损失来加以修正。通常，先算出各单位按灌溉面积比例应分的流量；然后考虑渠系水的利用系数，求出各单位的毛流量；最后按各单位的毛流量推算出配水比例。

2）按灌区毛灌溉用水量比例分配

若灌区内种植多种作物，灌水定额各有差异，则不能按灌溉面积比例分配水量，而应考虑不同作物及其不同的灌水量。

仍举上面的例子。如支 1 按其灌溉面积及灌水定额算得灌溉需配水量为 W_1'、支 2 为 W_2'，则两支渠应分配水量分别为

支 1
$$W_1 = \frac{W_1'}{W_1' + W_2'} W\eta \tag{3-7}$$

支 2
$$W_2 = \frac{W_2'}{W_1' + W_2'} W\eta \tag{3-8}$$

如果灌区内种植多种作物，灌水定额各不相同，在这种情况下就不能单凭灌溉面积分配水量，而应考虑不同作物及其不同的灌水量。通常，采用的方法是先统计各用水单位（或配水点）的作物种类，灌溉面积，灌水定额，斗渠与干、支渠水利用系数，然后分别计算出各单位的毛灌溉用水量，并按毛灌溉用水量的比例计算出各用水单位的配水比例，如表 3-2 所示。

表 3-2　某灌区 19××年冬灌第 1 轮渠系配水量

渠别	田间净用水量（万 m³）	干、支渠净流量（m³/s）	干、支渠水利用系数	干、支渠毛流量（m³/s）	占总干渠流量的（%）	总干渠的 1 个流量各渠应分（L/s）
总干渠	21.19	8.317	0.920	9.040	100.0	1 000.0
一支渠	424.66	1.494	0.870	1.717	18.99	189.90
二支渠	487.41	1.736	0.890	1.951	21.58	215.80
东干渠	0.00	3.668	0.880	4.168	46.11	461.10
五支渠	383.50	1.335	0.920	1.451	16.05	160.50
西干渠	127.66	1.870	0.900	2.078	22.99	229.90
三支渠	142.14	0.478	0.910	0.525	5.81	58.10
四支渠	326.33	1.148	0.900	1.276	14.12	141.30
中干渠	0.00	1.801	0.900	2.001	22.13	221.30
灌区合计	1 912.89	8.317		9.040	100.0	1 000.0

注：一支渠、二支渠的毛流量的和是东干渠的净流量，三支渠、四支渠的毛流量的和是中干渠的净流量。

2. 配水流量和配水时间的计算

通过以上各种方法确定的水量，可用"续灌"及"轮灌"两种方式分配到各配水点，因地制宜地分别采用。

1）续灌条件下配水流量的计算

在续灌条件下，渠首取水灌溉的时间，就是各续灌渠道的配水时间，不必另行计算，配水流量的计算方法与配水水量的计算方法一样，分按灌溉面积分配与按毛灌溉用水量分配两种。

2）轮灌条件下配水顺序与时间的确定

在轮灌条件下，编制配水计划的主要内容是划分轮灌组并确定各组的轮灌顺序、每一轮灌周期的时间及分配给每组的轮灌时间。

（1）轮灌组的划分。实行轮灌时，同时工作的渠道较少，这样可以使水量集中，缩短输水时间，减少输水损失，有利于和农业措施相结合，提高灌水效率。轮灌一般有下列三种形式：

①集中轮灌。这种轮灌方式是将上一级渠道的来水集中供给下一级的一条渠道使用，待这条渠道用水完毕，再将水集中供给另一条渠道，依次逐渠供水。采用集中轮灌，水流最集中，同时工作的渠道长度最短，渠道输水损失最小，渠道水利用系数也最高。当上级渠道来水流量较小，分散供水会显著降低渠道水利用系数时，多采用这种轮灌方式。

②分组轮灌。即将下一级渠道分为若干组，将上一级渠道来水按组别实行分组供水。如图 3-2 所示，把支渠来水先集中灌第一轮灌组，即第三、四条斗渠（如图 3-2 中实线所示），再集中灌第二轮灌组，即第一、二条斗渠（如图 3-2 中虚线所示）。当上一级渠道来水流量较大时，特别对于支渠以下的渠道，一般多采用分组轮灌；否则，若将上一级渠道来水集中放入一条渠道，则不仅会造成用水局面紧张，而且由于灌水速度太快，中耕工作跟不上，使土壤水分大量损失。此外，下一级渠道必须有较大的断面才能容纳上一级渠道的全部流量而使渠道工程量增加。

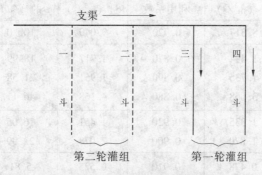

图 3-2　分组轮灌示意图

③集中轮灌与分散轮灌相结合。某些干、支渠，由于建筑物或险工地段对输水流量的限制，或为照顾引水困难的上游斗渠，也常采用下游段集中轮灌、上中游段分组轮灌的方式。

（2）轮灌方式的选择。轮灌方式要根据灌区的实际情况，因地制宜地加以选定。一般轮灌组的划分应注意以下几点：①各轮灌组的流量（或控制的灌溉面积）应基本相等；②每一轮灌组渠道的总输水能力要与上一级渠道供给的流量相适应；③同一轮灌组的渠道要比较集中，以便管理，并减小渠道同时输水的长度和输水损失；④要照顾农业生产条件和群众用水习惯，尽量把一个生产单位的渠道划在同一轮灌组内，便于调配劳力和组织灌水。

在管理运用中，有时因水源不足，干、支渠也实行轮灌，以减小输水损失，并保持渠道必要的工作水位。一般当渠首引水流量低于正常供水的 40% ~ 50% 时，干、支渠即实行轮灌。

（3）轮灌顺序的安排。轮灌顺序要根据有利于及时满足灌区内各处的作物用水要求及节约用水等条件来安排。一些先进灌区的经验如下：①先灌远处、下游，后灌近处、上游，以确保全灌区均衡用水。②先灌高田、岗田，后灌低田、冲垄田。因高田、岗田位置较高，易于漏水及受旱，而其水源条件一般较差，故应先灌。此外，高田、岗田灌溉后的渗漏水和灌溉尾水流向低田、冲垄田，可以提高水的利用率，达到节约用水的目的。③先灌当时急需灌水的田，后灌一般田。

（4）轮灌周期的确定。轮灌周期简称轮期，是轮灌条件下各条轮灌渠道（集中轮灌时）或各个轮灌组（分组轮灌时）全部灌完一次所需的时间。每次灌水可安排一个或几个轮期，视每次灌水延续时间的长短及轮期的长短而定。轮期的长短主要应根据作物需水的缓急程度而定，这与作物种类和当时所处的生育阶段有关，同时也受灌水劳动组织条件和轮灌组内部小型蓄、引水工程的供水和调蓄能力的影响。一般来说，每一轮期为 5~15 d。作物需水紧急、灌区内部调蓄能力小时，轮期要短，为 5~8 d；反之，轮期可稍长，为 8~15 d。

轮灌时间指在一个轮期内各条轮灌渠道（集中轮灌时）或各个轮灌组（分组轮灌时）所需的灌水时间。对于各条轮灌渠道（或各个轮灌组）轮灌时间的确定，也是按各渠道（或各组）灌溉面积比例或毛灌溉用水量比例进行计算，该两种算法的优缺点与适用条件也与计算配水量和配水流量时的情况一样。

3. 配水计划的编制

对于大中型灌区，一般可按两步进行配水。第一步将水配到各支渠口，第二步将水从支渠配到各斗渠口及田间。第一步工作一般由灌区管理单位完成；第二步工作由各支渠管理单位和农民用水户协会完成。对于小型灌区，一般可直接配水到田间。

第三节　用水计划执行

编制用水计划只是实行计划用水的第一步，更重要的是贯彻、执行用水计划，它是计划用水工作的中心任务。在执行用水计划时，首先要建立健全各级专业和群众性的管理组织及各项用水制度，同时要整修好渠道与田间工程，完善渠系量水设施，以及做好技术培训工作。

一、做好用水前的各项准备工作

计划用水是一项群众性的技术工作和组织工作。只有广大群众认识到计划用水在农业增产中的作用，并掌握有关田间配水与节水灌溉的技术业务知识，才能使计划用水工作具有广泛的群众基础，成为群众的自觉行动。因此，灌区各级管理机构和农民用水合作组织，要把宣传教育工作当做一项长期任务抓紧抓好。在各季灌溉前和灌溉过程中，结合灌区实际，采用多种形式，大力宣传科学用水、节约用水的好处；宣传实行计划用水对增产、省水、改良土壤、提高劳动效率和降低灌溉成本的作用；同时应组织群众民主讨论，制定各项用水制度和用水公约，保证用水计划的顺利贯彻执行。

二、建立健全灌区各级管理组织

要贯彻执行好用水计划，不仅要有专业管理机构或专业管理人员，而且要依靠广大群众的共同努力。为此，必须建立和健全各级管理组织，使专业管理与群众性管理在当地政府统一领导下紧密结合起来。

（一）各级民主管理组织

为了在管理工作中统一计划、统一认识、统一行动，要建立各级民主管理组织，如灌区、管理站的灌溉管理委员会和支、斗渠的农民用水合作组织。每年根据工作的需要召开一到两次会议，审查前一段工作，讨论审定下一段的工作计划及管理中的重大问题，修订各项规章制度等。各季用水计划及贯彻执行情况，均应经各级民主管理组织讨论确定。

（二）　水量调配组织

根据灌区管理分级情况，在各级管理机构中应设置专职或兼职的配水机构或人员，负责水量调配工作。设置专业水量调配组织的好处主要是：①掌握渠系行水情况，坚持配水原则与水量调配制度，有利于消除上下游用水矛盾；②掌握渠系工作性能，利于做到调配灵活，引泄及时，防止事故发生，安全行水；③熟悉业务，加强技术指导，系统地积累资料，能及时听取各方面对配水工作的意见，定期召开配水会议，修订配水工作制度，不断提高配水工作质量；④为各级管理机构当好参谋，协助管理机构搞好配水和用水工作。

大中型灌区的水量调配组织，一般是在灌区管理局（处）设专职的配水调度中心（站），并按输配水骨干渠系设置固定的水情监测与配水点，负责各管理站和干、支渠段之间的水量调配。各管理站设专职或兼管人员，负责站内各渠段、各协会间的水量调配。而各斗、农渠的配水由所管辖的农民用水户协会负责各用水小组间的分水、配水工作。

（三）　水管员

灌区基层水管员都是当地的农民，已组建协会的由会员经过民主选举，由会员代表或用水小组的组长来担任。水管员具体负责所管辖范围内的配水、用水、水费结算与收取，以及田间工程的维修与管护。没有组建协会的，一般由村委会负责、委托或承包给农民来具体负责各斗、农渠的分水、配水、计量收费等工作。

（四）　巡护队和浇地队

巡护队和浇地队是实施斗渠用水计划的基本队伍。巡护队一般以斗渠为单位，常年负责斗渠巡护、植树造林、通报水情、安全送水到田间等工作。而设置专业浇地队的好处是人员固定，且熟悉地形地貌、掌握灌水技术，可以保证浇地质量。

三、建立健全各项用水制度

良好的用水秩序是贯彻执行用水计划的重要条件。要维护良好的用水秩序，首先要制定合理的规章制度。

（一）　灌溉用水制度

灌溉用水制度主要是明确职权，规定处理用水问题的原则等。具体内容一般包括：

（1）水权集中，统一调配，分级管理。

（2）条块结合，管好水，用好水。

（3）合理分水，节约用水。

（4）安全行水。

（5）鼓励蓄水。

（6）提倡科学用水。

（7）用水发通知，开斗插旗，专人守斗量水等。

（二）　引水、配水制度

引水、配水制度一般应包括配水机构或人员的职责，配水机构与管理单位的关系以及有关引水、配水的业务工作制度等。

水量调配制度一般应包括：

（1）统一调度。在一般情况下，渠系引水、配水、泄水均由配水机构统一调度。

（2）定期量水、定期联系。即各渠系量水点定期量水，配水中心（站）向管理站通报水情，通知次日预分流量，管理站向配水中心（站）反映用水意见和要求。

（3）定期结算水账，做到日清轮结。

（4）接送水制度。开闸放水，干、支渠道和上游站专人送水，下游站接水；斗渠由巡护队送水，浇地队接水。

（5）配水业务工作制度。如闸、斗门管理养护与操作制度，校测量水建筑物、量水堰、测流断面的水位流量关系，施测各项资料、编制配水图表等。

（三）群众用水方面的制度

以农民用水户协会或斗渠为单元，组织各用水小组制订"用水公约"来贯彻执行用水计划；斗渠巡护队和浇地队还应制定岗位责任制，定期检查评比及有关保质保量浇好地的制度。

（1）提倡合作用水、节约用水，建立各种用水制度，如渠道引配水制度、涵闸启闭制度、水量交接以及水费核算制度等。

（2）将编制的用水计划及时通过各种形式广为宣传，发动群众贯彻执行。

（3）做好渠道和建筑物的检查、维修工作，发现问题及时妥善处理。

（4）做好田间灌水的准备工作，如修好田埂，筑好沟、畦等。

四、做好技术培训工作

管理机构在各季用水前，应采取各种形式，层层举办培训班，培训管理干部、行水人员，提高他们的业务能力。农民用水户协会也应对用水小组长、巡护队员、浇地队员以及用水户代表等采取小型现场培训的形式，结合当地情况，学习有关工程管护、灌水技术等。

五、检查灌溉和量水设施

在各季放水前，必须对所有的灌溉设施进行全面检查。发现问题，及时处理，确保安全行水。一般由各级专业管理机构和有关各级地方政府组成检查团，对有关灌排系统、机电设备、输电线路、通信线路、塘库涵闸、泄洪设施等进行检查，发现问题及时整修、限期完成，保证按时放水。在每季放水初期，应进行试渠，检查各级渠道有无隐患、泄退水设备是否灵活、渠道能否达到正常引泄水能力等，对于机电抽水设备也应进行试车。同时，应检查量水设施是否完善，有无变形，尤其要注意水尺位置是否正确、刻画鲜明、安装稳固。对测流桥要检查其是否安全。对新设或有变动的量水设备，要做好校测工作，率定其水位流量关系，绘制好流量查算图表。

六、修好田间工程，准备好灌水工具

田间工程和灌水工具都应在用水前整修完善。农民用水户协会应在各季用水前和每次用水后进行检查，凡不合规格或经过用水被破坏的田间沟渠、埂畦和田间毛渠等，都要在用水前补修好。在灌水前，还应准备好小型量水堰、挡水板和照明设备等工具。

第四节　渠系水量调配

一、灌区水量调控

（一）概述

灌区水量调控是根据灌区短期的来水和用水预报进行灌溉水的科学调度，以确定短期的管理运行策略，并使其与中长期最优运行策略偏离最小。

水量调控根据预报的预见期长短可分为中长期优化调度和短期调度。对于决策者，要求调度期越长越好，因此需要制订年度和季度用水计划等；而能够真正指导生产实践、为用户服务的调度应该是精度越高越好，即要求短期调度实现实时动态配水，这是一对难以调和的矛盾。因此，为了更有效地利用灌区水资源、提高灌溉效率，只有建立不同时段与调度期的相互耦合的分层模型系统，才能适应这一特点，并满足不同目标的要求。灌区水量调控的内容和过程主要是中长期水量调度和短期调度的耦合过程。

分层耦合模型就是根据信息获取的可能性和精度差异，按照调度期的长短分层调度，并且各层次调度模型逐级耦合、相互嵌套、控制与反馈交替进行的调度过程。它迎合了水资源"滚动"决策的发展趋势。中长期和短期两层耦合模型分别为：一是以作物生长年为调度期，旬为时段长的中长期调度模型；二是以旬为时段长的渠系动态配水模型。两层调度模型逐级耦合（见图3-3）、相互嵌套、滚动修正可满足实时优化调度的要求。

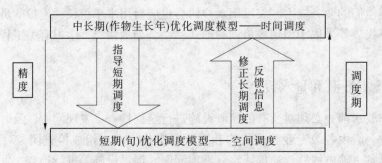

图 3-3　两层调度模型耦合

随着灌溉区域的拓展、用水范围的扩大以及管理要求的提高，灌区水量调控越来越依赖于计算机的运用。有条件的灌区管理单位可开发适合本灌区的信息采集和处理系统、决策系统、计算机辅助支持系统，以实现更高水平的灌区水量调控。

（二）灌区水量调控流程

灌区水量调控流程如图3-4所示。

灌区水量调控流程的其他内容本书章节中都有所叙述，现特别对实时灌溉预报和实时信息修正简要说明如下。

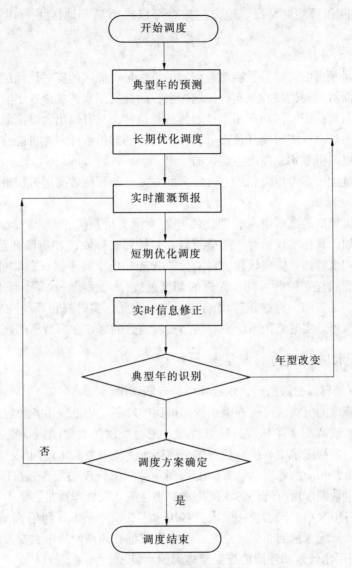

图 3-4　灌区水量调控流程

1. 实时灌溉预报

实时灌溉预报可分为中长期预报和短期预报。中长期预报又分为降水量预报、地下水可开采量预报、水源引水量预报和作物需水量预报等。实时优化调度是基于预报的调度，因此实时预报系统是实时优化调度中不可缺少的组成部分。实时预报的内容可分为来水预报和需水预报。前者包括大气降水预报、地下水可开采量预报、当地地表水可利用量预报和水源可利用量预报；后者主要包括灌区内作物需水量预报。由此，可对各种作物的灌溉制度等进行实时预测。下面就这几个方面分别进行介绍。

1) 大气降水预报

目前，天气预报的预见期已提高到 7 d，中央气象台提供 6 h、24 h、48 h、72 h 的定量降水预报，并提供 96 h、120 h、144 h、168 h 的降雨量预报，以及中期天气预报、句天气趋势预报和延伸期预报。地方气象台可以提供局部地区更为详细的天气预报数据。

2）作物需水量预报

作物需水量预报的关键是预测参考作物的需水量。灌区的实时优化配水是基于预报的配水。节水灌溉管理的核心是实行计划用水，而计划用水的关键在于灌水预报，实时灌溉预报是编制与执行灌区动态用水计划的必要条件，只有作出实时灌溉预报，才可能制订出动态用水计划；实时灌溉预报可靠、准确，动态用水计划才可能符合实际，才能发挥指导用水以取得节水、高产、高效的效果。

作物需水量也可参考中央和地方气象台的有关气象预测数据进行预报。

2. 实时信息修正

采用计算机辅助的灌区用水管理软件（如决策支持系统、专家系统等）是实现灌区动态用水计划，真正实现适时、适量灌溉，并做到兼顾农民和灌区利益的重要途径；也是推动灌区用水管理走向现代化、自动化、智能化的重要手段；是 21 世纪灌区用水管理发展的必然趋势。由此可知，先进的调度过程是"预报、决策、实施、修正、再预报、再决策、再实施、再修正"滚动向前的。因此，实时修正系统在实时调度中起着至关重要的作用。实时修正系统主要包括实时信息的修正和典型年的修正两部分。

二、渠系水量调配的基本要求

（一）统一领导，分级负责，水权集中，专职调配

根据灌区管理的分级情况，在渠系管理机构的统一领导下，由各级配水机构或人员分别负责各级水量调配工作。实行三级管理、三级配水的大型灌区，渠系水权集中到局，配水到站，由局配水中心统一负责整个灌区干、支渠系的水量调配；而干、支渠段内的水量调配由各相应的管理站负责，配水到斗，并由管理站派专人按区域分工负责；各条斗渠内的水量调配由所管辖的农民用水户协会或斗渠管理委员会负责，分水到各用水小组，并由各用水小组代表统一配水到各用水农户。中型灌区可适当减少中间环节，由管理单位直接分配水量到斗渠。总之，各级水权都必须高度集中、专人负责调配。

（二）按照用水计划和预定的应变措施调配水量

在正常情况下，必须严格按照各灌季的用水计划调配。在客观条件变化时，也必须按照预先规定的应变措施进行调配，不得任意变更。若突遇暴雨、渠道决口等特殊情况，应立即请示上级处理。各用水单元都应本着"有利增产、有利团结"的原则，按照协定的用水比例分水，不得随意多引而影响其他用水单元用水。

（三）实行"流量包段，水量包干"的岗位责任制

专职配水人员应做到下列几点：

（1）熟悉灌区情况和有关执行用水计划的资料、文件，如渠系和主要建筑物的布设和性能，各用水单位分水点与量水点的位置，以及水量调配的各项规章制度等。

（2）随时掌握水源的水位、流量、含沙量及水质信息，渠首引水及渠系行水情况，灌区气象、土壤墒情和作物需水情况，灌区不同土壤特性和地下水位变化情况以及各用水单位的用水需求等。

（3）在行水期间，日夜轮流值班，交接班时应交代重要问题的处理情况及遗留问题，并详细填写配水工作日志。

（4）在行水期间，每日发布水情报表，供各级领导、管理单位和用水单位了解情况，指导工作。水情报表的主要内容应包括：水源的水位、流量、含沙量、水质，各配水点的流量以及用水概况等。

（5）定期进行小结。每旬或每轮用水结束，要及时填报用水报表，通报各单位引水量、灌溉面积、应收水费、灌溉效率等信息与数据，并绘制渠首和主要配水枢纽的引水过程线和引水量累计线等图表。每季用水结束后，应及时进行用水总结，并将各项资料归档保存。

（6）坚持按安全操作规程和配水设施的管护制度操作，保证安全行水，设施灵活有效。

三、灌区渠系水量调配的基本方法

无坝或低坝自流引水，受灌区取水口河道水位、流量变化的影响很大；在多泥沙河流上，夏季还受灌区取水口河道含沙量的影响。渠系水量调配工作必须根据这些特点正确进行调配，才能充分利用水源，达到均衡受益。

（一）正常情况下的渠系水量调配

各灌区在实际行水期间，一般由各基层管理站在每天规定时间内，向灌区配水中心提出第二天的需水流量申请。由灌区配水中心按渠系布置，由下而上逐级推算全灌区各级渠系所需流量 Q_i，直至渠首的需水流量 Q_x；并依据灌区取水口河道的来水流量及工程引水条件，确定出渠首的引水流量 Q_y，通过比较 Q_x 与 Q_y，即可确定各用水单位配水方案。

1. 三种渠系输配水策略

1）按需配水

在灌区取水口河道来水量充足、渠道输水能力许可，即当灌区配水中心自下而上，汇总各用水单位申报流量，渠首需水流量 Q_x 小于引水流量 Q_y 时，按各单位事先申报的需水流量配水。也即当 $Q_x < Q_y$ 时，执行按需配水方案。有些大型灌区，若沿渠设有塘、库等"长藤结瓜"工程，还需考虑充塘充库的水量。此外，为了尽快满足或调节在实际用水中的流量变化，还应考虑一定比例的调配流量。有些灌区，还可考虑利用干渠集中水位落差进行发电的要求。

若 $Q_x > Q_y$，但综合利用灌区内的塘、库蓄水及井、泉等多种水源，有可能补充并满足灌溉需求时，仍可考虑实行按需配水。

2）按计划比例供水

当灌区取水口河道来水量不能满足灌区实际需要时，即灌区所需流量大于渠首引水流量（$Q_x > Q_y$）时，一般常规做法是按照渠系用水计划中已预先确定好的分水比例来调配流量。这是灌区渠系水量调配最基本的方法，即依据分水比例，计算出渠首引水流量变化时，各渠段应分配的流量或水量。

3）渠系优化配水

灌区渠系优化配水的目的是应用系统工程优化技术、非充分灌溉原理和作物水分生产函数等研究成果，对有限灌溉水量的时空分配作出最优决策，以寻求全灌区或灌溉管理部门最大的经济效益。在我国北方大多数自流引水灌区，由于灌区取水口河道的来水量与作物田间需水量之间的供需矛盾突出，因此如何做好有限水量的优化调配，充分发挥单位水量最大的增产效益，是节水灌溉管理决策中的一个关键问题。

2. 保证渠系水位稳定

渠道水位稳定，不仅有利于安全行水，而且可以保证下级渠道的正常引水，提高水的利用率，这在输水渠道中尤为重要。一般应注意下列几点：

（1）输水渠段各斗渠引水，必须严格按计划执行，未经配水机构同意，不得任意改变。

（2）当渠首给某渠加、减流量时，该渠以上的各闸门、斗门都要按流程时间调整开度，保证其本身水位流量正常，使应加、减的流量准确、及时。

（3）斗渠用水交接时，要按流程时间和流量按时开关。当开上游斗门、关下游斗门时，先开后关；当开下游斗门、关上游斗门时，先关后开。

（4）当沿渠抽水站发生机电故障或供电中断等情况须停机时，以及修复后开机时，均应通知有关配水管理单位，以便及时调整流量。

（5）在各级渠道中，选设 $1 \sim 2$ 条调配渠，当渠首引入流量日变化幅度不大时，可以用调配渠来调整流量，使多数渠道流量保持稳定；当渠首引入流量日变化幅度较大时，在调配渠已不能适应调整流量的情况下，可按分水比例普遍调整各渠道流量。

3. 平衡水量的方法

由于种种原因，用水不平衡的现象经常发生，应根据具体情况分别采用下列方法，使这种不平衡现象减少到最低限度。

（1）个别渠道由于输水能力、输沙能力的限制，或由于非人力所能克服的原因造成缺水量的，可以由平衡储备水量或抽调渠系机动水量适当补给。

（2）多数渠道用水不平衡时，应在一个轮期中间调整配水比例，在本轮结束前，达到基本平衡，再用平衡储备水量，进行最后平衡，以免受益不均。

（3）上游站、渠、斗占用下游水量，必须在次日全部偿还，不能等轮期平衡。

（二）渠系水量调配特殊情况的处理

1. 渠系轮灌时的水量调配

在一般情况下，可按照配水计划规定的灌区取水口河道流量界限进行渠系分组轮灌。但在执行过程中，还应根据具体情况灵活掌握。注意加强与上游站的联系，有计划地进行轮灌、续灌的转变。一般来说，在轮灌时，河水持续上涨，即转轮灌为续灌；在续灌时，河水持续下降，即转续灌为轮灌。

随时结清水账，力求用水平衡。各渠在续灌时未引够或超引的水量，可以在轮灌时予以平衡；轮灌转续灌时，已轮灌渠道多用的水量和未轮灌渠道少用的水量，可以在续灌时扣除或补给。轮灌时调整闸门应缓开缓闭，防止停水渠道脱坡和用水渠道冲刷决口等事故的发生。

2. 灌区降雨时的渠系水量调配

较大灌区内降雨情况不均衡，甚至还会出现此旱彼涝的现象，加之各地需水要求不尽相同,因此要及时掌握雨情、墒情和作物需水要求,灵活调配。

降雨后,灌区取水口河道供水超过灌区需水时,可实行按需配水,所用水量不予平衡。当灌区取水口河道供水小于灌区需要时,仍按计划比例配水,多用的水量要进行平衡,由于降雨而未用或少用的水量不再补给。

3. 高含沙量时引水的渠系水量调配

灌区取水口河道来洪水时,一般流量大、含沙量高、时间短。为了搞好引洪淤灌工作,既要多引洪水,又要避免淤渠,尽可能地把水、沙、肥输送到田间,发挥其改土、肥田和供给作物水分的作用。因此,在水量调配中,可采用下述方法:

(1) 因渠制宜,调配水沙。按各渠段的输沙能力配水。

(2) 因泥沙制宜,合理运用。一般应按引洪计划的含沙量界限决定引水与配水。

(3) 加大流量,保证流速,集中配水,以水攻沙。渠道输沙能力与流量关系极大,加大流量,集中配水,是防止淤积的有效方法。由于引洪历时短,浑水不易冲决渠堤,在加强巡护的条件下,各级渠道应尽量按渠道设计流量或加大流量放水,可以收到防淤减淤的效果。

(4) 集中开斗。斗渠及斗渠以下都是实行轮灌的,引洪淤灌时尤其要搞好斗渠轮灌,不仅流量要集中,而且开斗也要集中。

(5) "迎峰"、"避峰",灵活运用。在引洪中,输沙能力较差的渠道碰到不利的水沙条件,可采取"避峰"措施,由输沙条件较强的渠道"迎峰"用洪。

(6) 尾水处理,集中引泄尾水。

4. 加强观测记载,做好资料施测和水账结算

施测技术资料是执行用水计划的一个重要内容,它为编制用水计划、提高计划用水质量提供可靠的资料。一般应观测土壤水分、渠道水位、流量、地下水位及水盐动态,测定灌水定额以及各级渠道和田间水的利用系数,开展灌水技术试验等。而渠系水量测控及计量是灌区管理部门正确进行引水、输水和调配水量的重要手段,是节约用水、提高灌溉效率的有力措施。

水量测控及计量的工作量大、面广,必须发动群众,从干、支渠直到斗、农渠,建立专业性和群众性的测水量水网站,定期观测记载。

水账是平衡水量和按量计费的依据。各分水闸,配水点,干、支渠段,斗口都要建立配水日志,定时观测水位、流量;当水位、流量变化时,要加测加记。各级管理组织根据记载的水位、流量及时结算水账,做到日清轮结,定期平衡水量。

(三) 多种水源灌区的渠系水量调配方法

蓄、引、提相结合的多种水源灌区,必须将各种水源统一纳入计划,实行"统筹兼顾、综合运用、统一管理、互相调剂"的办法,以充分发挥各种水源的作用。其调配方法如下。

1. 以引为主,蓄、引、提相结合灌区的渠系水量调配

除渠道水量按前述方法调配外,井、塘、库水量应按其使用权的规定,在其受益范围内统一调配。渠道水量不足时,以井、塘、库水量补给渠道水量,提高灌溉保证率;渠道水量有余时,以渠道水量蓄塘、库,以渠养井,充分利用灌区取水口河道水量,引

蓄结合，复蓄利用。在一般情况下，渠道水量按比例配给，以调动群众开发其他水源的积极性；在抗旱期间，为了达到全面增产，可通过民主协商，在"自愿互利"的原则下，实行"有井、塘、库地区支持无井、塘、库地区"的办法，以发挥渠道水量救急、各种水源相互调节的作用。在各种水源的运用上，应分情况采取措施：灌区取水口河道水量丰富时，先用渠水，后用井、塘、库水；灌区取水口河道水量紧缺时，渠库同开，渠井并用，并流远浇或上游用渠水、下游用库水或井水；开斗时渠井并流，关斗时井灌不停。在渠井并流的水量分配上可以采取：机井水量，由用水小组自用，以机定量，按量引水，或经过协商，渠井水量统一分配，水、电、油费统一负担；也可按渠井供水量调整各组用水时间，做到合理调配，合理负担。

2. 以蓄为主，蓄、引、提相结合灌区的渠系水量调配

以蓄为主，蓄、引、提相结合灌区的特点主要是靠蓄水来保证灌溉，所以必须抓蓄水、保水和用水。从季节上说，秋季抓蓄，冬春抓保，夏季抓用；从水量上说，要"三水"齐抓，即利用闲水，引蓄塘库，实行常年轮蓄、闲蓄忙用；拦截洪水，灌田蓄库（夏季以灌田为主，秋季以蓄塘库为主）；在洪沟低槽节节拦挡，截引渗流，忙时灌田，闲时存蓄陂塘、临时水库和冬水田里。

在水量综合运用上，采用"统一领导，分级管理，划清受益范围，合理调配水量"的办法。具体做法是：塘库水和堰水统一纳入计划，但按不同水源分别划清灌溉范围，凡塘、库水能灌溉的面积（包括冬水田），一般不配给或少配给堰水，以减轻堰水的负担。在水量使用上，先用"活"水，后用"死"水；先用临时蓄水，后用塘库水；先用"活"水塘库，后用"死"水塘库。在水量调配上，实行高水高用，采用堰水浇高墚，塘水浇两塝（即墚两边的坡地台田），上槽水浇下塝，下塝水浇沟槽，以及先泥田、后砂田，先高田、后低田等用水方法。

3. 渠井双灌灌区的渠系水量调配

按照渠水和井水的不同特点合理调配，采用"井水浇近，渠水灌远，渠水泡地，井水灌田"等办法，经济利用水源，提高水的利用率。地下水质较差的地区，可采用"渠井掺合灌"或"井水救急，渠水冲洗"的办法。

四、斗渠以下水量调配方法

斗渠水量调配要贯彻上级配水计划和斗渠用水计划，一般由农民用水户协会主席或农村用水组织管水员负责，按照作物面积、计划灌水定额及渠道输水损失分配水量；按照用水计划中的配水比例分配流量，实行"节约水量多浇地不扣水，浪费水量少浇地不补水"和"放弃水权过期不补"的原则，达到斗内面积均衡受益。具体配水方法有以下几种。

（一）依据情况，灵活配水

斗内配水主要采用按农渠划组轮灌或斗渠划段、段内按农渠轮灌的方法。一般应根据斗渠每轮灌水计划，按照先难后易、先上游后下游、先左（面向斗渠水流方向）后右的次序用水，斗渠损失按农、毛渠口流量分摊负担。

（二）集中用水，跨组轮灌

对个别地势较高、输水能力不足的农、毛渠，一般安排在高水位时集中用水；灌溉面积过大的农、毛渠，可跨组轮灌，适当延长用水时间。但对灌溉面积过小的用水小组，可安排在一次轮灌中用水。

（三）使用调配渠与按比例调整

当斗渠流量减小时，减小正在用水的轮灌组内调配渠的流量或将其关闭；当斗渠流量增大时，先补足前一轮灌组调配渠缺引的水量，有余时，可再增开下一轮灌组的调配渠，或给正在用水的轮灌组的调配渠增大流量。若斗渠流量变幅太大，可以采取各分、引渠按分水比例普遍调整的措施。

（四）实行斗、农渠流量集中，田间流量分散配水方法

水稻地区无论续灌还是轮灌，斗渠灌溉均应集中流量；北方地区实行沟灌、小畦灌等先进灌水方法，要求流量较小，用水时间较长。因此，斗内配水必须根据灌水技术所要求的单宽流量（或单沟流量），结合田间渠系的布设，合理分配流量，实行斗、农渠流量集中及田间流量分散的配水方式，既可提高斗渠范围内水的利用系数，又可提高灌溉效率和质量。

五、渠系动态配水和优化配水

在中长期优化配水和实时预报的基础上，需要进行渠系动态配水，才能够真正服务于农业生产。

灌区渠系动态配水需要对配水模式进行研究，制订渠道操作计划，包括各干、支渠系统的各配水口下的作物种类、土壤水分状况、当地利用水量、渠道过水能力以及轮灌组合等方面。目前，对灌区动态配水的研究方法很多，有的利用多阶段决策过程，或者是二次规划方法，以灌溉供水效益最大为目标。将灌溉配水渠道概化为一组导管，每根导管向下面的一个或几个斗口供水，即为一个轮灌组，采用0—1规划法求解一个灌水周期内各斗口的最佳轮灌组合，以达到整个配水渠道配水时间最短、流量稳定和输水损失最小；也有采用线性规划模型进行渠道配水研究，以净灌溉总收益最大为目标，并考虑了各级渠道实际放水时间、渠道输水、最小流量等约束条件，已成功地应用于印度的Golawer&Golapar渠灌区；或采用大系统递阶模型将整个灌溉分解成作物层，支、斗渠配水层，全灌区范围等，各层以缺水量作为协调变量，以灌溉净效益最大、灌溉亏缺水量最小等为目标函数。而遗传算法作为一种快捷的模型求解算法也开始应用于灌区实时优化配水模型的解算。

本书以全灌区的灌溉增产效益最大为目标函数，采用线性规划模型对灌区渠系进行实时配水。

（一）渠系概化图的绘制

对于大型灌区和特大型灌区，其灌溉系统组成非常复杂，渠系分布量多面广，为使灌溉效益最大化，必须建立灌区渠系网络图（见图3-5），全面反映水资源系统的配置方案以及各组成部分的相互关系。

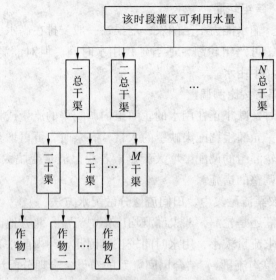

图 3-5　灌区渠系网络图

（二）作物模拟模型和 ΔY_1 及 ΔY_2 的确定

作物单位面积充分灌溉增产量 ΔY_1 和作物单位面积限额灌溉增产量 ΔY_2 的公式推算过程请参看其他有关资料。建立该数学模型后（见图 3-6），再利用计算机进行辅助计算，则可以得出优化的渠系配水表，并可以根据来水流量的大小自动进行干（支）渠的轮灌组划分，以保证渠系实时动态配水的最优化执行。

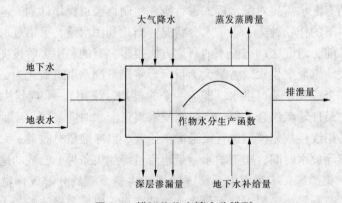

图 3-6　模拟作物土壤水分模型

六、灌区优化调度实例

都江堰灌区在集中用水期（也就是泡田用水高峰期），为在保障工业、生活用水安全的同时实现灌区满栽满插，一般采取以下优化配水和动态配水措施：①依靠历年行之有效的管理制度和办法（灌区内采取错峰、轮灌和交接水等制度）；②以自动化调度系统为支撑，实现灌区适时水量调度；③加强灌区和上游紫坪铺水库调度的沟通协调；④加强灌区服务，解决实际矛盾；⑤根据灌区的需水量实行计划用水，并采取"总量控制和定额管理相结合"的原则。

在 2008 年"5·12"特大地震灾害后，岷江来水极不稳定。从 5 月 25 日开始，岷江上游地震重灾区坍塌废弃的垃圾大量涌入紫坪铺水库库区。在安排打捞的时段，水库下泄流量最大只能达到 100 m³/s，加上白沙河等水量，都江堰渠首上游最大仅有 449 m³/s 的流量，是有水文资料以来岷江历史最低流量，灌区用水高峰期缺水 3.24 亿 m³，严重影响到灌区春灌用水的正常进行。针对这种情况，都江堰管理局在水量安排上进行了调整，首先安排 50 m³/s 左右水量保证城市生活用水和工业用水，然后实行全灌区的大错峰，优先安排东风渠灌区灌溉用水，日均 200 m³/s 左右的水用于促进东风渠灌区栽插，结果东风渠灌区栽插较常年提前了 5~10 d 结束，为全灌区的错峰打下了坚实的基础。人民渠灌区的干渠和青白江灌区也实行错峰用水，首先保证干渠用水，日均引进干渠流量 100 m³/s 左右，青白江留 20~30 m³/s 保证工业供水；外江灌区在来水不足 100 m³/s 的情况下，抓住上、中、下游的季节差，狠抓尾水地区的突击供水，并充分利用夜间水量，缓解用水矛盾。由于管理局、处对水量的精心调度、科学合理的安排，战胜了地震灾害对灌区工程和供水安全带来的困难，实现了春灌用水较常年提前 2 d 完成的好成绩。

七、渠系水量调配误差分析和处理方法

(一) 误差分析

渠系水量的调配是根据灌区需水要求，对上游（上一级渠道）来水量进行合理调配，使之最大限度地满足灌区用水需求，我们一般以日平均水量为单位，进行水量平衡分析，3 d 或者 5 d 一平衡，其误差分析采取供需水之间的差值计算。误差百分比用 e 表示，即

$$e = \frac{W_i - W_{需}}{W_{需}} \times 100\% \tag{3-9}$$

式中　W_i——上一级渠道某时段的来水量，也就是本级渠道口的配水量；

　　　$W_{需}$——灌区同一时段需水量。

e 为零，配水与灌区蓄水达到平衡；e 为正值，配水量大于灌区需水量；e 为负值，表示来配水量不能满足灌区需水要求。

水量计算公式为

$$W_i = Q \times 24 \times 3\ 600 \tag{3-10}$$

式中　Q——计算时段的日平均流量，m³/s；

　　　W_i——计算时段的日水量，m³，整个时段的水量，即 $W_1 + W_2 + \cdots + W_n$。

(二) 处理办法

按照上面计算出的相对误差，如果 e 接近零，表示这个时段用水基本平衡，维持配水现状；e 为正值，配水量大于灌区实际需水量，下一时段适当调整配水量，达到水量基本平衡；e 为负值，就表示配水量不足，在下一时段就对上游的配水量进行调整，加大水量对上一时段的不足部分进行补充，一般采取 3 d 或者 5 d 进行平衡计算。如果在集中用水期也要参考上游的来水情况，全灌区配水量进行适时调整，采取动态配水，如

果上游来水不能满足全灌区的用水需求，可能在一定时段减小配水计划数，在来水较好的时段内进行补足，确保配水总量和灌区需水总量平衡。

八、供用水资料整编

（一）供用水资料整编的目的和意义

供用水资料整编的目的是建立长系列资料数据库，研究灌区供用水规律，对灌区供用水进行预测，对灌区水量损失、灌区水量平衡进行分析，为灌区经济效益分析等提供基础资料，为灌区水量调度和灌区规划提供重要参考资料。同时，供用水资料整编也可供相邻灌区或相似灌区参考。

（二）供用水资料整编的内容和方法

1. 供水资料整编的内容

1）上游来水和灌区水文资料整编

上游来水资料整编的内容包括上游重要断面的水文资料、上游气象资料（上游积雪、降雨量、气温、蒸发等）、上游蓄水设施的蓄水及调度资料、上游用水情况资料等的收集、整理和分析。要求最终形成详细的系列资料，并进行不同时段的比较分析，总结出有利于灌区水量调度的成果。

2）渠道水量损失分析和渠道水利用率计算

渠道水利用系数的确定以实测渠道水利用系数为主。过水断面边界条件不同的渠道用典型渠段实测资料分别确定各渠段水利用系数，各渠段水利用系数的连乘积为整个渠道水利用系数。

渠段水利用系数 η_l 按下式计算

$$\eta_l = \frac{Q_l}{Q_{l-1}} \tag{3-11}$$

式中　Q_l——实测渠段出口的净流量，$\mathrm{m^3/s}$；

Q_{l-1}——实测渠段进口的毛流量，$\mathrm{m^3/s}$；

l——实测流量的渠段编号，$l=1，2，3，\cdots，n$。

计算渠道全长为 L 时的渠道水利用系数为

$$\eta_L = Q_L/Q_0 = \eta_1，\quad \eta_2，\quad \cdots，\quad \eta_n \tag{3-12}$$

由于土质及防渗材料的差异，每一条渠道用典型渠段分段实测时，先用式（3-11）计算出某一渠道典型渠段单位长度水利用系数后，再用式（3-12）计算各渠段水利用系数，灌区渠系水利用系数为各级渠道水利用系数的连乘积，即

$$\eta_{渠系} = \prod \eta_{li} = \eta_{l1} \eta_{l2} \cdots \eta_{l(n-1)} \eta_{ln} \cdots \tag{3-13}$$

式中　i——各级渠道编号，$i=1，2，\cdots，n$；

$\eta_{l1}，\eta_{l2}，\cdots，\eta_{l(n-1)}，\eta_{ln}$——各级渠道水利用系数。

2. 用水资料整编的内容

1）供水增产效益统计

（1）农业增产效益。

农业增产效益统计包括灌区内各种农作物的产量（包括亩产和总产），从各种作物的产量得出灌区粮食总产量，继而可以算出单位面积的粮食产量和农民人均收入等。

灌区粮食总产量为

$$L = L_1 + L_2 + L_3 + L_4 + \cdots + L_n \qquad (3-14)$$

式中 $L_1，L_2，\cdots，L_n$——各种粮食作物的总产量。

某一作物的总产量为

$$L_n = D_n M_n \qquad (3-15)$$

式中 D_n——某粮食作物的单产；

M_n——某粮食作物的播种面积。

单位面积生产的粮食平均产量为

$$D_总 = L/M_总 \qquad (3-16)$$

式中 $M_总$——种植粮食的总面积。

（2）工业及其他行业增产效益。

工业效益统计应该以工业企业的产值进行分析统计，其他行业要根据各行业的具体情况分析统计，也可能有些是社会效益，没有具体的统计指标，只有看对社会贡献的大小，定性分析其效益大小。

工业效益为

$$E = E_1 + E_2 + E_3 + \cdots + E_n \qquad (3-17)$$

式中 E——工业企业总效益；

$E_1，E_2，\cdots，E_n$——各企业的效益。

增产效益要看当年和上年的效益比较，即 $E_{当年} - E_{上年}$，为正值时表示效益增加，为负值时表示亏损。

2）灌区实际用水定额统计

灌区实际用水定额就是灌区内某种作物实际的亩均用水量，它是灌区作物的一个用水指标，它的大小与当地土质、灌区当地径流、地下水埋深、蒸发量等有密切的关系，向灌区配水要参考各种因素，如扣除当地可提供的水量、参考当地的土壤类别、考虑蒸发量的大小。用实际配水量乘以渠系水利用系数和田间水利用系数得出从渠道工程向农作物配水的配水量，配水量加上当地可提供的水量除以灌溉面积得出灌区实际用水定额，可用下式计算

$$m = (W\eta + W_{当地})/M \qquad (3-18)$$

式中 W——渠口的配水量；

η——渠口以下的灌溉水利用系数；

$W_{当地}$——当地可提供水量；

M——农作物的种植面积。

3）灌区节水统计

（1）农业节水措施及面积统计。

农业节水措施包括工程措施、农耕农技措施和管理措施。工程措施就是通过工程续建配套和节水改造，从改善工程硬件设施入手，提高水资源的利用率，达到农业节水的

目的；农耕农技措施就是从农业结构调整，采取种植高产节水的农作物，并采取一些先进的种植技术，如集中育秧、工厂化育秧和旱育秧等一些节水的农技措施，达到节水目的；管理措施就是加强水量的调度管理，根据灌区情况实行动态配水，优化调度水资源，让其发挥最大的综合效益，实现节水。

面积统计包括各种作物种植面积统计、灌区的育秧和栽秧面积分类统计。各种作物种植面积统计还包括各种作物种植的方式所占的面积统计；灌区的育秧和栽秧面积分类统计也就是统计各种育秧方式（如集中育秧、工厂化育秧和旱育秧等）和栽秧方式（如标准栽秧面积、免耕法栽秧面积、抛秧面积等）统计。通过统计的面积资料可以详细了解灌区的种植方式和各种种植方式所占的比例，便于科学合理的配水，满足灌区的用水需求。

（2）工业节水统计。

工业节水通常可对工业企业配水口的用水减少量进行统计节水量。没有计量设施的可以通过企业的用水量调查分析，得出工业企业的节水量，各工业用水户的节水总和就是灌区内工业节水量。

（三）灌区计划用水考核

灌区年初根据用水户上报的年度用水计划，结合来水量的预测，制订出灌区内本年度的配水计划，配水计划按照保障生活、提供生产、兼顾生态环境用水、总量控制与定额管理、计划管理和合同管理相结合的原则编制。在年度配水过程中，根据当时来水情况和灌区需水情况，参照气象、降雨等其他相关因素进行调整，实行灌区动态配水。年底由上一级水行政主管部门进行考核，考核的内容有灌区灌溉面积、灌区计划用水执行情况（用水量考核、坚持用水制度情况等）、灌区的配水量和需水量平衡情况、水量的优化调度情况以及相关配（用）水指标完成数等。

（四）灌区供水量结算及水费计收

农业供水量的结算依据年初供水和用水双方签订的供用水合同，以用水户在各时段用水量单上签字的确认数为准。水费按照省物价局出台的水费标准计算，每年分时段进行解缴。收取方式可以由当地县级水行政主管部门委托乡（镇）按照水费标准向用水户收取，收取后，按照有关标准向水管部门缴纳；也可以委托灌区用水户协会等基层管理组织向广大用水户收取，由用水户协会按照有关规定向供水单位缴纳。

工业供水水费的结算和水费收取：工业和城市生活用水以及生态用水等，由用水户按照双方认可的水量，按照用水性质，依据不同的水费标准结算，并适时向供水单位缴纳水费。

第五节　　计划用水工作总结

编制与执行用水计划必须从灌区的实际出发，因地制宜。不断积累和分析实测资料，总结实践经验，这是不断提高灌区计划用水管理水平的一项重要措施。积累的经验和资料越多，编制的用水计划就会越切合实际。

计划用水工作总结的中心内容是检查总结用水计划的执行情况。通过用水总结可以及时反映出灌区编制和执行用水计划的质量和水平。因此，灌区各级管理部门都应当在某一时段的用水结束后，及时地作出计划用水的工作总结，特别是要算清水账，做到日清轮结，促进灌区逐步向企业化管理过渡。加强灌区财务核算，不断提高灌区的经营管理水平和效益。

一、计划用水工作总结的内容

根据灌区用水的实际，应及时进行以下四种不同时段及要求的计划用水工作总结。

（一）进行某一天的用水总结

由灌区配水中心及时分析打印出全灌区各管理站及各干、支渠分水口某一日的实配水量，并算清各级渠道实配的斗口水量、所灌溉的面积及应结算的水费等。水费是灌区最主要的财务收入之一，因此如何做到日清轮结，及时结算水费，是灌区管理部门最关心，也是上、下普遍关注的问题。采用计算机管理，只要输入各管理站及其各干、支渠段某一日的实配水量，即可迅速分析，打印出此日全灌区各管理站和各级渠道实配的斗口水量、应灌溉的面积及应结的水费等。在灌区行水期间，每天由灌区配水中心打印出全灌区的用水信息清单（见表3-3），并发至各基层管理单位。这为促进各基层管理单位加强计划用水管理，及时算清当天的水账，落实斗口水量与灌溉面积，及时结算当天水费提供了条件；对提高灌区的财务管理水平，实行水费结算公开化，提高透明度也是必要的。

表 3-3　典型灌区冬灌第 1 轮第 5 天用水工作总结

站名	渠别	实配斗口水量（万 m³）	应结水费（元）	应灌面积（亩）
一站	一支渠	23	11 500	4 182
	二支渠	25	12 500	4 545
	小计	48	24 000	8 727
二站	三支渠	32	17 600	5 818
	四支渠	23	12 650	4 182
	小计	55	30 250	10 000
三站	五支渠	32	19 200	5 818
合计		135	73 450	24 545

（二）进行某一轮期的用水工作总结

在分析、打印轮期内某一天用水工作总结的同时，计算机自动地将每天的用水数据累加、储存，一旦整个轮期用水结束，即可打印输出全灌区整个轮期的用水信息。这为各基层管理单位按轮期结算水账提供了基本依据。总结的项目包括各站及各干、支渠段的实配斗口水量、实结斗口水量、水量的对口率；田间实结水量、各主要作物的灌溉面积、斗渠水利用率、净灌水定额、毛灌水定额、斗渠灌溉效率、应结的水费、实结的水费、水费对口率；以及亩均受水单价、斗口每方水单价等。打印输出格式如表3-4

所示。

表 3-4　典型灌区 2008 年冬灌第 1 轮用水情况汇总

站名	渠别	实结斗口水量（万 m³）	田间实结水量（万 m³）	灌溉面积（亩）			斗渠利用率（%）	净灌水定额（m³/亩）	毛灌水定额（m³/亩）	斗渠灌溉效率（亩/（m³/s·d））	实征水费（元）	亩均售水单价（元）	斗口每方单价（分）
				冬小麦	其他	小计							
一站	一支渠	15	12.5	2 500	500	3 000	83	42	50	1 728	7 500	2.5	5
	二支渠	15	12.5	2 500	500	3 000	83	42	50	1 728	7 500	2.5	5
	小计	30	25	5 000	1 000	6 000	83	42	50	1 728	15 000	2.5	5
二站	三支	15	12.5	2 500	500	3 000	83	42	50	1 728	7 500	2.5	5
	四支	15	12.5	2 500	500	3 000	83	42	50	1 728	7 500	2.5	5
	小计	30	25	5 000	1 000	6 000	83	42	50	1 728	15 000	2.5	5
三站	五支	15	12.5	2 500	500	3 000	83	42	50	1 728	7 500	2.5	5
合计		75	62.5	12 500	2 500	15 000	83	42	50	1 728	37 500	2.5	5

（三）进行某一灌季的用水工作总结

各轮期用水工作总结是灌季用水总结的基础。灌季用水工作总结实际上是计算机管理系统将灌季内各轮期的用水总结信息累加后，加以显示或打印，因而其输出的格式与轮期用水总结的项目类同。

（四）进行某一年度的用水工作总结

全年用水工作总结的实质是计算机管理系统将各灌季的用水总结资料自动累加后加以显示，打印输出，因而其输出格式也与轮期总结的项目类同。通过全年的用水信息汇总统计，可对全灌区以及各基层管理部门全年的用水情况，计划用水的管理质量、管理水平，以及最后的水费征收情况等，达到一目了然的效果。

计划用水工作总结一般包括工作经验总结和技术资料整理分析两方面，现按斗渠和渠系的计划用水工作总结分述如下。

二、斗渠计划用水工作总结

每轮小结，是在算清六笔账（即算清引用水量、灌溉面积、灌溉效率、水的利用系数、灌水定额和主要作物产量）的基础上，通过协会代表大会或斗渠管理委员会，对各用水单位计划用水的执行效果、分水配水经验教训等讨论总结，填写计划用水执行情况对比表，既要报送管理站，又要向各用水户张榜公布。

（一）引用水量

引用水量是指用水单元各时段引用的水量，包括从灌区主体工程引供的水量、灌区内各种小型水利设施提供的水量以及开发利用地下水的水量。引用水量的分配应分别列出用于灌溉、发电、养鱼、人畜饮水、工业用水等各方面的水量。

引用水量虽受自然条件的影响较大，但人为因素（如工程设施是否正常、引水调度是否机动灵活等）仍不可忽视，亦应作为灌区管理的一项基本指标，其中灌溉引用水量可以反映农田用水的利用程度和保证程度。

引用水量分为计划引水量与实际用水量两项。计划引水量是编制用水计划的基础，反映对灌区各种水源的管理调度和实现计划的程度。而实际用水量是灌区某用水单位在某灌溉时段（如某轮、灌季或全年）实际发生的用水量。某用水单位某灌溉时段引用水量指标如表3-5所示。

表3-5　某用水单位某灌溉时段引用水量指标

引用水量		计划引水量（m³）	实际用水量（m³）	实际用水量/计划引水量（%）
引水量合计				
其中	灌区主体工程引供水量各种小型水利设施提供水量地下水提取量			
用水量合计				
其中	农田灌溉用水量发电用水量其他用水量			

（二）灌溉面积

灌溉面积分为计划灌溉面积与实际灌溉面积两项。计划灌溉面积是根据水源、工程条件、作物种植及需水要求，按灌溉时段制订的；实际灌溉面积是灌区某用水单位某灌溉时段实际完成的实灌面积或灌溉亩次面积。其中，实灌面积是指某用水单位在某灌溉时段某一次灌水中最大的实际灌溉面积，它反映灌溉实施规模的大小；灌溉亩次面积是指某用水单位在某灌溉时段中各次灌溉面积的累加之和，它反映灌溉的总体情况。

有效灌溉面积是指灌区某用水单位按照渠系工程的实际布置，一般能够控制并得到灌溉的最大面积。可见，有效灌溉面积在一定历史阶段应当是个常数。

某用水单位某时段的灌溉面积统计如表3-6所示。

表3-6　某用水单位某时段的灌溉面积统计

有效灌溉面积（亩）	实灌面积（亩）			灌溉亩次面积（亩）		
	计划	实际	实际/计划（%）	计划	实际	实际/计划（%）

（三）灌溉效率

一般，灌溉效率有两种不同的含义：第一种是指灌区某级渠首（斗渠系，干、支渠系）一个流量（m³/s）一昼夜所能灌溉的面积（亩/(m³/s·d)），它综合反映了灌溉管理工作的质量；第二种是指作物水分利用效率（WUE），即作物消耗单位水分所生产出的同化物或产量（kg/m³）。

1. 第一种灌溉效率的含义

1）斗渠的灌溉效率 $X_斗$

斗渠的灌溉效率可按下式计算

$$X_斗 = \frac{86\ 400}{W_斗 / A_斗} \tag{3-19}$$

式中　$X_斗$——斗渠的灌溉效率，亩/（m³/s·d）；

　　　$W_斗$——斗口引水量，m³；

　　　$A_斗$——斗渠同期的灌溉面积，亩。

2）支渠的灌溉效率 $X_支$

支渠的灌溉效率按下式计算

$$X_支 = \frac{86\ 400}{W_支 / A_支} \tag{3-20}$$

式中　$X_支$——支渠的灌溉效率，亩/（m³/s·d）；

　　　$W_支$——支渠口引水量，m³；

　　　$A_支$——支渠同期的灌溉面积，亩。

2. 作物水分利用效率（WUE）的含义

作物水分利用效率，即作物消耗单位水分所生产出的同化物或产量（kg/m³）。一般可表示为干物质产量（DW）或籽粒产量（Y）与同期作物蒸发蒸腾量（ET）之比，即

$$WUE = \frac{Y}{ET} = \frac{DW}{ET} \tag{3-21}$$

另外，也可用灌溉水的利用效率（IWUE）来简单表示，它为作物产量（Y）与灌溉水量（IWV）之比，即

$$IWUE = \frac{Y}{IWV} \tag{3-22}$$

（四）水的利用系数

灌区水的利用情况可用水的利用系数来表示。它是用来表征灌区各级渠道的工程状况及其管理水平的综合指标。一般常用渠道水利用系数、渠系水利用系数、田间水利用系数和灌溉水利用系数等四种不同的形式来表示。

1. 渠道水利用系数

渠道水利用系数有干、支、斗、农四级固定渠道的水利用系数，分别表示该级渠道的运行质量。它可以由水量统计法或流量实测法求得。

1）水量统计法

用某级渠道在某一时期内供给下一级渠道的水量总和与引入本级渠道总水量之比，简单地说，就是渠道净水量与毛水量的比值，即

$$\eta_{渠道} = \frac{W_净}{W_毛} \tag{3-23}$$

2）流量实测法

同时测定渠口流量 $Q_毛$ 和给下级渠道输送的流量 $Q_净$，由式（3-24）求得渠道水利用系数为

$$\eta_{渠道} = \frac{Q_净}{Q_毛} \qquad (3-24)$$

2. 渠系水利用系数

渠系水利用系数是各级固定渠道运行质量的综合指标。它可以由各级渠道水利用系数的连乘积表示，也可以由在同一时间内测定渠首流量 $Q_首$ 和各引水口流量之和 $\sum Q_引$ 求得，即

$$\eta_{渠系} = \eta_干 \, \eta_支 \, \eta_斗 \, \eta_农 \qquad (3-25)$$

或

$$\eta_{渠系} = \frac{\sum Q_引}{Q_首} \qquad (3-26)$$

3. 田间水利用系数

田间水利用系数是指进入田间储存于计划湿润层水量与末级固定渠道（一般为农渠）进入临时渠道（一般为毛渠）水量的比值。该系数反映了农渠以下的临时毛渠直至田间对水的有效利用程度，是衡量田间工程配套情况、工程质量和灌水方法优劣的重要技术指标。其测算方法如下

$$\eta_{田间} = \frac{W_{田净}}{W_{田毛}} \qquad (3-27)$$

4. 灌溉水利用系数

灌溉水利用系数是指灌区在一段时间内，田间实灌净水量的总和与灌区渠首引水总量的比值。该系数是评价整个灌区的渠系状况和管理水平的一个综合性指标，它反映了灌区各级渠道的渗漏损失及管理过程中的漏水损失。

$$\eta_水 = \eta_{渠系}\eta_{田间} \qquad (3-28)$$

或

$$\eta_水 = \frac{W_{田净}}{W_首} \qquad (3-29)$$

（五）灌水定额与灌溉定额

1. 灌水定额

灌水定额是指作物某一次灌水单位面积上的灌水量，一般可用 m^3/亩 或 mm 来表示。其计算公式为

$$m_i = 6.67H\gamma(\theta_{max} - \theta_{min}) \qquad (3-30)$$

式中　m_i——作物灌水定额，m^3/亩；

　　　H——作物根系最大活动层深度，又称为土壤计划湿润层深度，m；

　　　γ——土壤干容重，g/cm^3；

　　　θ_{max}——土壤计划湿润层深度最大含水量（以占干土重的百分比计，%）；

　　　θ_{min}——土壤计划湿润层深度最小含水量（以占干土重的百分比计，%）。

某灌区不同作物的灌水定额如表 3-7 所示。

表 3-7　某灌区不同作物的灌水定额

作物	灌水定额（m³/亩）
小麦	40 ~ 80
玉米	30 ~ 40
水稻	20 ~ 40
棉花	40 ~ 60
⋮	⋮

2. 灌溉定额

灌溉定额是指作物全生育期（包括播前，如水稻插秧前）各次灌水定额之和，一般以 m³/亩或 mm 表示。其计算公式为

$$M = \sum_{i=1}^{n} m_i \tag{3-31}$$

式中　M——灌溉定额，m³/亩；

　　　m_i——作物某次灌水定额，m³/亩；

　　　n——作物全生育期的灌水次数。

（六）主要作物产量

主要作物是指在灌区内种植面积比例较大的作物，其单产为得到灌溉的农田单位面积的平均产量。凡属灌区内受益的农田，不考虑复种指数高低，不计灌水量及灌水次数多少，只计算灌溉农田面积。虽然在灌区内但没得到灌溉的农田，其面积及产量均不计在内。

农作物单位面积产量受多种因素影响，而通过合理的灌溉排水，调节土壤水分，提高土壤肥力，是保证农作物高产的重要因素。因此，灌区农作物的产量指标在一定程度上反映了作物需水的保证程度及合理灌排的效果。

主要作物种植面积、单产统计参见表 3-8。

表 3-8　主要作物种植面积、单产统计

主要作物		历史资料		当年资料		上年资料		当年比上年增量	
		面积（亩）	单产（kg/亩）	面积（亩）	单产（kg/亩）	面积（亩）	单产（kg/亩）	面积（亩）	单产（kg/亩）
其中	小麦								
	玉米								
	水稻								
	⋮								
棉花									
经济作物									

注：历史资料是指灌区或某用水单位有历史记载的最大一次的数据。

三、渠系计划用水工作总结

渠系计划用水工作总结是在灌区各管理站、各农民用水户协会和各用水小组总结的基础上进行的。除汇总各基础单位的用水经验外，还要注重总结渠系计划用水工作经验。例如，在工作中调配水量的经验，利用各种水源、节约用水的经验等。在技术资料的整理分析方面，除汇总分析各渠、斗有关资料外，还应分析以下几项。

（一）灌区取水口河道供水流量的整理分析

将实测灌区取水口河道供水流量与计划流量进行对比，分析本季灌区取水口河道供水流量的特点及其成因。在积累一定资料的基础上，进行灌区取水口河道枯水、洪水分析。对于塘、库灌区，要根据实测资料，分析总结其复蓄系数、利用系数等。

（二）灌区水、土观测资料的整理与分析

根据灌区地下水观测资料，分析地下水变化过程及其原因。有沼泽化和盐碱化问题的灌区，定期勘测灌区沼泽化、盐碱化的变化范围，进行土壤及地下水盐分分析。总结土壤盐碱化防治措施及效果。

（三）干、支渠系运行指标的整理与分析

根据实测资料，分析各季的渠系及各干、支渠道水的利用系数、流程时间，按不同流量、不同配水方式进行分析。

（四）引洪用沙情况的整理与分析

在多泥沙河流引水的灌区，还要整理分析灌区取水口河道含沙量、颗粒级配、浑水养分等资料。总结灌区各级渠道输沙规律及减淤防淤经验。

四、计划用水工作总结的方法步骤

计划用水的总结工作在灌溉用水过程中，应从施测资料、调查研究工作中就开始。为了做好此项工作，必须预先制订资料施测计划、确定调查研究课题，边实践、边总结，逐步形成和加深对计划用水有关问题的认识，提高总结工作的质量。具体做法有以下几点。

（一）做好总结工作的准备

在编制用水计划时，就制订资料施测计划，提出总结提纲，并针对灌区在计划用水中存在的主要问题确定调查研究的项目。在统筹安排、分工合作的原则下，结合各站、斗的具体情况，安排落实各项任务，工作中及时检查督促，直至取得成果。例如，在引洪灌区进行渠道泥沙测验和引洪效果试验，在上下游配水不均衡的支、斗渠加强分段施测渠道水的利用系数等。

（二）在执行用水计划过程中，加强计划执行情况的检查

各级管理单位结合定期汇报，结算水账，评比进度；各级配水机构坚持按规定绘制引水量、灌溉任务完成情况累计图表，随时对比计划执行情况。

（三）自下而上分级民主总结

计划用水是群众性的工作，必须自下而上分级进行民主总结。例如，农民用水户协会管水人员在行水期间的碰头会，就是一种比较好的民主总结方法。利用这种形式，各

用水小组汇报灌溉进程，结算当日水量，评比灌溉效率，总结推广先进经验，计划安排下段工作。各组、协会、站及全渠系，都应自下而上分级汇报情况，算清水账，反映各方面意见，通过讨论肯定成绩和指出问题所在，共商改进提高措施。

（四）分段小结与季度总结相结合

分段小结为季度总结打下基础。如资料施测上，做到随测、随记、随算、随校核，及时分析，及时指导用水，也便于发现和纠正资料测验中的问题。对于有些时间性强的工作，如田间工程修筑等，要及时总结典型经验，组织现场参观，及时推广。斗渠内推行"开斗有计划，放水有记载，用水有检查，资料有档案，关斗有总结"和"日清轮结"的制度，就是一种行之有效的总结方法。

（五）由少到多，由粗到精，逐步提高

计划用水工作总结的项目与内容有很多，必须力求做到全面、深入、系统。但由于技术设备与人力的限制，可先从关键性的、普遍性的问题入手，逐项开展。在集体做法上，可以先做好重点协会，斗、支渠段的总结工作，再扩大到灌区；可以根据现有资料和经验，先作出初步总结，在以后工作中继续积累资料和经验，再作进一步的分析与提高。

第四章　灌区水量调配的相关基本知识

第一节　水量调配的相关技术

一、土壤含水量的测定技术

作物所需的水分是通过根系吸收土壤中的水分得到的，对于不同的作物而言，其对农田水分状况的要求不一样。因此，需要根据不同作物对土壤水分的要求，通过灌溉或排水措施将土壤水分控制在适宜作物生长的范围内，目前主要是通过土壤含水量指标来判断是否需要采取灌溉或排水措施。

土壤含水量又称土壤含水率，是衡量土壤中所含水分多少的指标。土壤含水量是研究土壤水分变化的基本指标和依据，广泛应用于灌溉排水工程、作物需水量以及灌溉制度的研究中。

（一）质量含水量

质量含水量又称重量含水量，以占土壤质量的百分数表示。即土壤中实际所含的水重占干土重的百分数，计算公式为

$$\theta = \frac{m_{湿} - m_{干}}{m_{干}} \times 100\% \tag{4-1}$$

式中　θ——土壤质量含水量（%）；

　　　$m_{湿}$——湿土重，g；

　　　$m_{干}$——干土重，g。

（二）体积含水量

体积含水量又称土壤容积含水量，以占土壤容积的百分数表示。即土壤水分容积占单位土壤容积的百分数，计算公式为

$$\theta_V = \frac{V_{水}}{V_{土}} \times 100\% = \theta\gamma \tag{4-2}$$

式中　θ_V——土壤体积含水量（%）；

　　　$V_{水}$——土壤中水的体积，mL；

　　　$V_{土}$——土壤总体积，mL；

　　　γ——土壤干容重，g/cm^3；

　　　θ——土壤重量含水量（%）。

农田水分管理实践中多采用重量含水量或体积含水量，两种表示方法之间的换算为

$$\theta_V = \theta\gamma \tag{4-3}$$

（三）土壤含水量的测定方法

测定土壤含水量的方法可分为直接法和间接法两大类。

1. 土壤含水量测定的直接法

直接法是直接通过测量从土中移去的水分确定含水量。直接法可分为烘干法与各种去水法，其共同特点是需要采取土样并移去其中的水量。直接法，特别是其中的标准烘干法，设备简单，方法易行，并有较高的精度，常作为评价其他方法的标准。因此，在非长期定点测定的地方，它仍然是不可代替的。

2. 土壤含水量测定的间接法

间接法是通过对土壤的某些物理与化学性质的测定来确定土壤含水量的方法。它的特点是不需要采取土样，因而不扰动土壤，且可以定点连续观测含水量的变化，便于进行与土壤水分动态有关的各种研究。间接法又可分为非放射性方法和放射性方法两类。

间接法中的非放射性方法主要是根据土壤含水量大小对土壤的电学特性（电容、电阻、介电常数等）、导热性、土壤内部吸力、土壤表面的微波反射等物理与化学特性的影响来间接测定土壤含水量。一般都需要设置专门的传感器和测量仪器。这些传感器由于经常受到其他许多条件的影响，特别是土壤溶液浓度的变化、接触条件的改变以及其他土壤物理性质的改变，还有传感器本身的不稳定等的影响，使得这些方法的精度受到一定影响。

核技术的发展使得人们有可能利用放射线进行土壤水分的监测。各种监测土壤水分的放射性方法是以放射线与土壤接触后射线或核粒子受土壤水分的影响而发生变化的关系为基础的。利用专门设置的某种放射源、射线计数器和辐射测定仪器就可以测定出这些射线的变化，从而确定土壤含水量。放射性方法可根据放射源或测定原理分为中子法、γ 射线法等。放射性方法的主要困难在于目前国内生产的辐射测量仪器的稳定性缺乏可靠保证，生产成品的厂家少，质量有待提高。此外，人们心中存在的核恐惧在很大程度上影响了此法的应用。尽管所使用的设备和测定方法是按照安全防护要求进行的，但很多人仍不愿采用这种方法。

3. 土壤含水量测定方法的原理及其优、缺点

土壤含水量的测定方法目前为止已有 20 余种，在此简要介绍几种已实际应用的监测土壤含水量的方法及其优、缺点。

1）标准烘干法

标准烘干法是通过烘干的方法测定土样质量变化以确定含水量。它是测定土壤含水量的直接方法或称标准方法。其优点是土样可用钻头或取土器方便地取出，取样费用不多，含水量可以很容易地计算出来，不存在标定问题，误差小；缺点是在非均质的土壤剖面中，代表性点处的土壤含水量值的取得较为困难，破坏土样，不能重复测量，费时，在停电或无烘箱等设备时不能使用，当土壤中有机质较多时误差较大。

2）酒精燃烧法

酒精燃烧法是采用酒精烧干的方法测定土样质量变化以确定含水量。其优点是土样烧干需要时间短，其他优点同标准烘干法；缺点是土壤有机质多时误差大，当土壤有机质含量超过 11％时不能采用，土壤黏粒、碳酸钙及石膏含量高时也不宜采用该方法。

3）电阻块法

电阻块法又称电导法，是以测量土壤的电阻法为基础的方法。当土壤含水量大时电阻值变小，或导电性增加，土壤含水量减小时电阻值变大、导电性变小。其优点是可以原位瞬时测定土壤含水量，在土壤较干时，测量结果好，容易与自动化装置相连；缺点是需作校正曲线。用石膏块测定时，在含水量较低的情况下平衡时间较长，且寿命短，尼龙或玻璃纤维块受土壤盐分变化的影响较大。

4）热传导法

热传导法是根据土壤导热性随含水量的变化来测定土壤含水量的方法。土壤的导热性随土壤含水量的增加而增加，此法主要优点是读数不受土壤盐分浓度、电解质或土壤温度变化的影响，测定的土壤含水量范围宽，容易与自动化设备相连；缺点是热导元件与土壤的接触条件的微小变化对测定值有很大影响，同时热传导法需作校正曲线。

5）电容法

电容法又叫介电法。由于土壤电容随土壤含水量的大小而变化，因此可以把含水的土壤作为电介质，利用放入其中的两个绝缘的金属片测定土壤电容以求得土壤含水量。电容法的优点是受土壤溶液浓度和土壤质地影响较小，传感器与土壤接触情况的微小变化对精度影响不大；缺点是测量仪器要求准确。

6）时域反射法

时域反射法是通过测定电磁波在土壤中传输速率与土壤电介常数（K_a）的关系来确定土壤含水量的方法。土壤中电介常数又与土壤含水量有密切的关系。此方法的优点是测量精度高，可在土壤剖面上各点（包括地表）长期监测，土壤质地、盐分影响较小且自动化程度高，在大田中应用较方便，是国际上目前最先进的方法；缺点是设备价格昂贵。

7）中子仪法

中子仪法是利用中子测定土壤含水量的方法。它的基本原理是中子放射源所放射的快中子或高能中子在土壤中通过散射作用同各种原子核发生弹性碰撞，能量逐渐损失而成为慢中子（热中子）。由于土壤中以水形式存在的氢原子对快中子的慢化作用较其他重原子大很多，因此可以认为慢中子的有效强度同土壤中的水分含量具有较密切的关系。此方法的优点是对水分反应灵敏，可测出平均含水量随深度的变化，可与自动记录系统连接，测量水分的范围宽，不受滞后的范围宽，还能对土壤密度同时观测；缺点是对深度分辨不准确，测定结果与土壤中许多物理和化学特性有关，接近地表及地表的测定结果不佳。

8）γ透射法

γ透射法是根据γ射线穿透土壤层后受水的吸收使射线衰减的原理确定土壤湿度的方法。此种方法的优点是有较高的垂直分辨能力，能定点连续观测，不破坏土样，测定受土壤化学成分影响小，精度能满足要求；缺点是需要作校正曲线，对几何条件反应灵敏，要有防护设备。此方法在实验室应用较多。

9）张力计法

张力计法又称负压计法，它是通过测量土壤的负压以确定土壤水分状况的方法。确切地说，张力计法直接测量的是土壤水分能量状况而不是土壤的含水量，其土壤含水量的测定，必须通过测定土壤水分特征曲线与实测土壤负压经过计算获得。张力计法的优点是张力计价格便宜，容易安装，可连接定位监测；缺点是满足范围小，且存在滞后现象，需经常对设备进行校正。

二、制定灌溉制度

灌溉制度是灌溉工程规划设计的基础，是已建成灌区编制和执行用水计划、合理用水的重要依据。同时，它关系到灌区内土壤肥力状况和作物产量及品质的提高，以及灌区水土资源的充分利用和灌溉工程设施效益的发挥。

(一) 灌溉制度的定义

灌溉制度是指特定作物在一定的气候、土壤和供水等自然条件及一定的农业技术措施下，为了获得高产或高效节约用水，所制定的适时适量的农田灌水方案，包括作物播种前（或水稻栽秧前）及全生育期内的灌水次数，每次灌水的灌水日期、灌水定额以及灌溉定额。

灌水定额是指一次灌水单位面积上的灌水量。灌溉定额是指作物全生育期内各次灌水定额之和。灌水定额及灌溉定额常以 m^3/亩、m^3/hm^2 或 mm 表示。农作物在整个生育期中实施灌溉的次数即为灌水次数。灌水时间以作物生育期或年、月、日表示。

制定灌溉制度的主要依据之一是降雨量和降雨量在年内、年际的分配，所以同一种作物在不同水文年有不同的灌溉制度；另一个基本依据是作物需水量。

灌溉制度随作物种类、品种和自然条件及农业技术措施的不同而变化。由于拟建灌区规划设计或已建灌区管理工作的需要，灌溉制度一般都需在灌季之前加以确定，带有部分估算性质，因此必须以作物需水规律和气象条件（特别是降水）为主要依据，从当地具体条件出发，针对不同水文年份，拟定湿润年（频率为25%）、一般年（频率为50%）和中等干旱年（频率为75%）及特旱年（频率为95%）四种类型的灌溉制度。一般在灌溉工程规划、设计中多采用干旱年的灌溉制度作为标准。

灌溉制度包括充分灌溉条件下和非充分灌溉条件下两种情况，下面主要介绍的是充分灌溉条件下灌溉制度的制定。

(二) 灌溉制度的制定方法

1. 调查总结群众丰产灌水经验

经过多年的实践、摸索，各地群众都积累了不少确定灌溉制度的经验与方法。如我国北方农民把土壤水分状况称为墒情，将土壤墒情分为汪水、黑墒、黄墒、潮干土和干土等几类，常在耕种前或作物生长期间进行验墒，以确定灌水时间和灌溉水量。这些经验是制定灌溉制度的重要依据，应成为制定灌溉制度最宝贵的资料。灌溉制度调查应根据设计要求的水文年份，仔细调查这些年份不同生育期的作物田间耗水强度（mm/d）及灌水次数、灌水时间、灌水定额及灌溉定额，并由此确定这些年份的灌溉制度。

2. 根据灌溉试验资料制定灌溉制度

长期以来，我国各地的灌溉试验站已进行了多年灌溉试验工作，试验项目一般包括作物需水量、灌溉制度、灌水技术等，积累了一大批相关的试验观测资料。收集当地的灌溉试验资料或布置新的灌溉试验，掌握农田土壤水分运动的一般规律，可为制定合理的灌溉制度提供依据。

3. 根据作物的生理、生态指标制定灌溉制度

作物对水分的生理反应可从多方面反映出来，利用作物各种水分生理特征和变化规律作为灌溉的指标，能更合理地保证作物的正常生长发育和它对水分的需要。目前，可用于确定灌水时间的生理指标包括：冠层—空气温度差、细胞液浓度、叶水势、气孔开度等。当然，有关作物对土壤水分响应的生理特征与变化规律仍处于积极的探索之中，相信在不久的将来，这部分研究成果将会对灌溉制度的合理制定提供更为可靠的科学依据。

4. 按水量平衡原理分析制定灌溉制度

按水量平衡原理分析制定灌溉制度是目前生产实践中应用较为普遍的方法。水量平衡法以作物各生育期内水层变化（水田）或作物主要根系层内土壤水分变化（旱田）为依据，要求在作物各生育期内水层变化（水田）或计划湿润层内的土壤含水量维持在作物适宜水层深度或土壤含水量的上限和下限之间，降至下限时则应进行灌水，以保证作物充分供水。应用时要参考、结合前几种方法的结果，这样才能使得所制定的灌溉制度更为合理与完善。

三、作物水分生产函数

作物产量与需水量之间的函数关系被称为作物水分生产函数。作物水分生产函数可为灌溉系统的规划设计或某地区进行节水灌溉制定优化配水计划提供基本依据。

（一）作物产量与全生育期总蒸发蒸腾量的关系

作物产量与全生育期总蒸发蒸腾量的关系有线性和二次抛物线形式，即

$$Y = a_0 + b_0 ET \tag{4-4}$$

$$Y = a_1 + b_1 ET + c_1 ET^2 \tag{4-5}$$

式中　Y——作物产量；

　　　ET——作物蒸发蒸腾量；

　　　a_0、b_0、a_1、b_1、c_1——经验系数。

大量研究表明，在一定范围内 Y 随 ET 线性增加，当 Y 达到一定水平后，再继续增产则要靠其他农业措施。因此，线性关系一般只适用于灌溉水源不足、管理水平不高、农业资源未能充分发挥的中低产地区。二次抛物线形式，即式（4-5）反映了作物减产程度与全生育期总的缺水程度之间的关系。考虑到不同地区、不同年份、不同自然条件与不同作物的经验系数变化较大，可用下式表示相对产量与相对蒸发蒸腾量的关系，即

$$1 - Y/Y_m = K_y (1 - ET/ET_m) \tag{4-6}$$

式中　Y_m、ET_m——充分供水时的最高产量和全生育期总的蒸发蒸腾量；

　　　Y、ET——缺水条件下的实际产量与全生育期总的蒸发蒸腾量；

　　　K_y——作物产量对水分亏缺反应的敏感系数，亦称减产系数。

该式反映了作物减产程度与全生育期总的缺水程度之间的关系。我国北方一些主要作物的研究表明，该模型一般均有较好的关系。考虑到高产时产量和缺水量的关系并非

线性这一事实，相对产量与相对蒸发蒸腾量的关系用下式表示

$$1 - Y/Y_m = K_y(1 - ET/ET_m)^m \qquad (4-7)$$

式中　　m——根据受旱作物试验资料分析求得的经验指数。

上述几种作物产量与蒸发蒸腾量的关系，为灌溉水量有限条件下的水量最优调控决策提供了一定的依据。尽管全生育期的总缺水量相同，但这些缺水量发生在不同的生育阶段对作物产量的影响程度是不同的，而产量与全生育期总蒸发蒸腾量的关系却掩盖了这样的事实，这是此类模型的不足之处。

（二）作物产量与各阶段蒸发蒸腾量的关系

在不同的生育阶段缺水对作物产量的影响很复杂，最简单的形式就是假定在每一个生育阶段缺水对产量的影响是相互独立的，几个阶段缺水时产量的组合影响通过假设这些影响是相加或相乘的方式来评价。在这一基础上提出的几种水分生产函数已用于灌溉优化模型中。一些研究表明，时间水分生产函数的相加和相乘模式估算的作物产量均在一合理的范围内，可有效地用于灌溉优化模型中，但作物水分生产函数的参数具有地区特性，在不同地区应合理确定其参数值。我国最常用的是以下两种模型：

Blank（相加模式）模型　　$Y_a/Y_m = \sum_{i=1}^{m} K'_{yi}(ET_i/ET_{mi})$ \qquad (4-8)

Jensen（相乘模式）模型　　$Y_a/Y_m = \prod_{i=1}^{m}(ET_i/ET_{mi})^{\lambda_i}$ \qquad (4-9)

一般认为相加模式有两个缺陷，其一是对实际中常出现的 Y/Y_m 与 ET/ET_m 之间的非线性关系无法解释；其二是相加模型将各生育阶段缺水对产量的影响进行叠加，即认为各生育阶段缺水对产量的影响是相互独立的，没有考虑连旱的情况，而且当作物在某个生育阶段受旱死亡时，仍能得到不为零的产量，这与实际不相符。实际上作物在某个阶段缺水时，不仅对本阶段的生长有影响，而且会影响到以后各阶段的生长，最终导致产量的降低。相乘模型则在一定程度上克服了上述缺陷。实际上，因干旱而绝产的极端情况并不常见，一定条件下，相加模型的精度未必低于相乘模型。

（三）作物缺水敏感指数 λ_i 的变化规律

1. 随生育期的变化

作物缺水敏感指数 λ_i 随作物生育期变化，类似于作物需水量，为前期小，中间大，后期又减小。在全生育期内，敏感指数的大小反映了不同生育阶段，作物对水分亏缺的敏感程度不同。通常情况下，作物在关键需水期，如小麦的拔节抽穗期和抽穗灌浆期，其敏感指数大于其他非关键需水期的敏感指数。

2. 环境因素对缺水敏感指数 λ_i 的影响

研究表明，历年的 λ_i 值并不稳定，常表现出干旱年的 λ_i 大于湿润年的，即在干旱年份作物产量对缺水的敏感性大于湿润年份的。因此，某阶段的 λ_i 值与阶段的土壤含水量、气温、降雨量或空气湿度、叶水势等因素有关。

3. 作物缺水敏感指数出现负值的原因

一般认为，为了使作物获得最高产量，在作物的各生长阶段应保证充足的水分供应，即 ET_{mi} 为各阶段水分供应的最佳状态，一般情况下应 $\lambda_i > 0$。凡 λ_i 接近于零则表征

此阶段缺水与否对作物产量不发生影响或影响很小，若 $\lambda_i < 0$ 则表明此阶段应适度缺水，即 $ET_i < ET_{mi}$ 具有增产效应。若 λ_i 阶段出现负值发生在作物生理和栽培的某些特殊阶段，如玉米和棉花的蹲苗期、小麦黄熟期、水稻烤田期、有较充分播前灌水的小麦分蘖期等，均可从生理或栽培的促控机制上得到解释。

虽然提出了水分亏缺并不总是降低产量，早期适度水分亏缺在某些作物上有利于增产的观点。但是在扩展上述结论时存在着风险，因为适度水分亏缺可能会很快发展成较严重的水分亏缺，从而对作物生长造成危害。因此，要发挥水分亏缺在作物增产中的作用必须具备可控制的灌溉条件和高水平的田间管理。

四、灌水方法与技术

灌水方法是指灌溉水进入田间或作物根区土壤内转化为土壤肥力水分要素的方法，亦即灌溉水湿润田面或田间土壤的形式。灌水技术则是指相应于某种灌水方法所必须采用的一系列科学技术措施，亦即从田间渠道或管网向灌水地块配水，向灌水沟、畦、格田或灌水设备、灌水机械内供水、分水与灌水等的各种技术。

灌水方法和灌水技术是保证均匀灌溉，实现既定灌溉制度的手段。正确的灌溉制度必须通过良好的灌水方法及与该种灌水方法相适应的灌水技术才能实现，才能使土壤中的养分、空气和温热及水分状况得到合理的调节，才能保持良好的土壤结构和养分条件，提高田间灌溉水有效利用率与灌水劳动生产率，最终达到增产、省水、降低灌水成本的目的。

（一）灌水方法类型

根据灌溉水向田间输送与湿润土壤的方式不同，一般把灌水方法分为地面灌水方法、喷灌灌水方法和微灌灌水方法三大类。

1. 地面灌水方法

地面灌水方法是使灌溉水通过田间渠沟或管道输入田间，水流呈连续薄水层或细小水流沿田面流动，主要借重力作用兼毛细管作用下渗湿润土壤的灌水方法，又称重力灌水法。

地面灌水方法是世界上最古老的，也是目前仍然普遍采用的灌水方法。全世界现有灌溉面积中，有90%左右的灌溉面积采用地面灌溉。在我国农田灌溉发展中，地面灌水方法有着悠久的历史，我国劳动人民数千年来已积累了极为丰富的地面灌水经验，对提高和发展农牧业生产起到了很大的作用。目前，我国地面灌溉面积仍占全国总灌溉面积的95%以上。

根据灌溉水向田间输送的形式或湿润土壤的方式不同，地面灌水方法可分为畦灌法、沟灌法和淹灌法等。

2. 喷灌灌水方法

喷灌，即喷洒灌溉。喷灌灌水方法是利用一套专门的设备将灌溉水加压或利用地形高差自压，并通过管道系统输送压力水至喷洒装置（即喷头）喷射到空中分散成细小的水滴，像天然降雨一样降落到地面，随后主要借毛细管力和重力作用渗入土壤灌溉作物的灌水方法。喷灌法与气象上的人工降雨在外形上看似相同，但实质上其降雨洒水原理却截然不同。

喷灌最早出现在 19 世纪末，主要用于喷灌苗圃和果园，第二次世界大战后发展较快，目前全世界喷灌面积已达 2.4 亿 hm²，其中美国、苏联两国分别为 0.114 亿 hm² 和 0.021 亿 hm²，占其灌溉面积的 50.5% 和 45.9%。我国发展喷灌较晚，目前仅有喷灌面积 280 万 hm²。预计到 2015 年全国发展喷灌面积可达 1 066 万 hm²。我国水资源短缺，随着工业生产的发展，水的供需矛盾日益紧张，农村人口结构不断变化伴随着农村体制的不断改革，农业作为用水大户，喷灌将会在我国有广阔的发展前景。

3. 微灌灌水方法

微灌灌水方法是利用一套专门设备，将经过滤的灌溉水加低压或利用地形落差自压，通过管道系统输送至末级管道上的特殊灌水器，使水和溶于水中的化肥以较小的流量均匀、缓慢地湿润作物根系区附近的表面土壤或地下土壤。微灌法主要借毛细管作用，也有部分重力作用湿润根系区附近局部范围的土体，所以又称局部灌溉法。依灌水器细小水流流出的方式不同，微灌法可分为滴灌法、微喷灌法和涌泉灌法（或小管出流）等多种类型。

我国现代微灌技术是 1974 年从墨西哥引进滴灌设备开始的，经过近 30 多年来的试验研究和完善，现已在全国各地较迅速地得到推广应用，并已取得了较好的经济效果。实践证明，微灌是目前各种灌水方法中用水量最省、水的利用率最高的一种灌水方法，主要用于灌溉果树、蔬菜、花卉以及设施园艺等经济价值较高的植物。微灌在我国干旱半干旱地区、地形复杂的山丘塬坡地区、戈壁沙漠等透水性强的砂质土壤以及土壤盐碱化地区都有广阔的发展前景。

各种灌水方法都有其优缺点，都有其适应的自然条件，如土壤、气候、地形等以及水源情况，社会经济条件和农业生产状况等，因而就有其一定的适用范围。选用灌水方法时，应主要考虑作物、地形、土壤和水源等要素，以取得经济效益的大小为取舍依据。对于地形平坦、土壤透水性不大的地区，仍应以选用地面灌水方法为主。对于经济效益高的作物（如果树、蔬菜等），可结合当地具体情况，因地制宜地选用喷灌、微灌或渗灌法。

（二）对灌水方法的基本要求

各种灌水方法都应以节水、省工、增产和取得最大经济效益为总目标。合理的灌水方法、灌水技术一般都应满足下述基本要求：

（1）保证实现定额灌水。各种灌水方法及其灌水技术，都应遵循科学的灌溉制度，按照计划的灌水定额，适时供给作物适量的灌溉水。

（2）田间水的有效利用率高。优良的灌水方法、灌水技术，应能在田间灌水的全过程中控制各种水量损失；应能合理而有效地利用灌溉水，节约用水。严禁田面跑水、串灌、流失和废泄；避免产生深层渗漏，尽量减少灌水后土壤强烈蒸发。

（3）田间灌水质量高。这是评价灌水方法、灌水技术优劣的一项重要指标。优良的灌水方法、灌水技术，要求田面受水均匀，渗入田间各点的灌溉水量基本相等；计划湿润土壤层的深度大致相同。应避免土壤计划湿润层内水分过多或者不足，维持适宜的土壤溶液浓度，不使土壤养分流失，从而促进土壤肥力的提高；不冲刷田面表层土壤，不破坏或者少破坏土壤结构，不会使表层土壤板结，保持土壤疏松。

（4）高效低耗，灌水成本低。正确的灌水方法及其良好的灌水技术应在田间工程配套健全的条件下，不断完善和改进田间灌水劳动组织，改良灌水工具和田间配水及灌水装置，并能为以后的农业耕作管理创造便利条件，为田间灌水工作逐步实施机械化与自动化奠定基础；田间灌水用工少，材料、燃料等消耗降低，占地少，灌水成本低。

（5）方便与农业技术措施密切配合。农田灌溉是保证农业可持续发展和解决我国粮食安全的重要措施之一。正确的灌水方法与良好的灌水技术必须方便与其他农业技术措施（如中耕、密植、间作套种、立体栽培种植、施肥、喷药等）密切配合，充分发挥这些农业技术措施的作用，为共同促进作物优质、稳产、高产创造有利的条件。

（6）简单、经济，便于推广。各种灌水方法的灌水技术应简单、容易操作、便于推广。

（7）能有效促进田间农业生产环境改善和土地可持续利用。任何灌水方法不应通过牺牲土地长期利用效率为代价而实现短期农业高效的目的。因此，灌水方法的选择应综合各种农业条件，以实现区域农业优质、高产、高效和可持续发展。

五、管道输配水技术

农田灌溉系统按照其输配水过程中的水流是否有压力，可划分为有压输水灌溉系统和无压输水灌溉系统两大类。管道输配水系统为有压输水灌溉系统，系统中水流均为有压状态，其过流断面均采用圆形，这也就是它与渠道灌溉系统的本质差别。

（一）管道输配水系统的特点

管道输配水系统是以管道代替明渠输水的一种灌溉工程形式，在一定的压力作用下，将灌溉水由管道输送到田间，经田间灌水装置实施灌溉的工程系统。喷灌、微灌、低压管道输水灌溉均属管道输配水系统。管道输配水系统在提高灌溉水利用率、节省农田、少占耕地、便利机耕和扩大灌溉面积等方面都显示出了巨大的效益和潜力，与渠道输配水系统相比较，具有显著的特点。其主要优点表现在以下几个方面：

（1）节水效益显著。管道输配水系统采用管道输水和配水，减少了输水过程中的渗漏与蒸发损失，从而节约了灌溉用水，提高了灌溉水利用率，一般可比明渠灌溉系统节水30%～50%；并可防止因渠系渗水而导致土壤盐碱化、沼泽化和冷浸田等的发生。

（2）土地利用率高。管道输配水系统的输配水管网大部分或全部都埋设在地下，可以减少渠道占用的耕地，提高了土地利用率。对于我国土地资源紧缺、人均耕地面积不足1.5亩的现状来说，具有显著的社会效益和经济效益。

（3）适应性强，灌溉效率高。管道输配水系统由于是有压输水，可以适应各种地形，使渠道难以灌溉的耕地实现灌溉，扩大了有效灌溉面积；利用管道输水速度快，灌水省时，省工，一般比明渠输水的灌溉效率可提高1倍以上，用工减少50%左右，灌溉效率高。

（4）灌水及时，促进作物增产增收。利用管道输配水系统输水和灌水，灌水及时，有利于进行适时适量灌溉，可以及时有效地满足作物的需水要求，从而提高农作物的产量和品质，达到增产增收的效果。

（5）管理维护方便，便于实现自动化。管道输配水系统用管道代替明渠，避免了跑水漏水，节省管理用工，而且不会滋生杂草，可省去明渠的清淤除草和整修维护渠道等繁重劳动。同时，管道输配水系统运用灵活方便，容易调节控制和实现自动化，并可方便地与施肥、施农药等相结合。

管道输配水系统主要缺点表现在以下几个方面：

（1）需要的材料和设备较多，一次性投资高。特别是喷灌系统和微灌系统，与渠道输水系统相比，投资高、运行费用也高。因此，一般适用于经济作物或地形相对较复杂的地方。

（2）规划设计内容较复杂。管道输配水系统的水力计算、配水分水、压力调节和田间设施等都比渠道灌溉系统复杂，规划设计难度相对较大。

（3）对水源的水质要求较高。尤其是微灌系统，因灌水器容易堵塞，一般对灌溉水要求进行一定的处理、过滤，定期对管道系统进行冲洗。

（4）对施工及管理的技术要求较高。管道输配水系统一般技术性强，必须由专业队伍进行施工，才能保证工程质量。工程建成后，需要掌握相关技术的人员进行操作和管理；否则，容易造成管道或设备的损坏。

（二）管道输配水系统的组成

管道输配水系统通常由水源、首部枢纽、输配水管网、田间灌水装置、附属建筑物和附属装置等部分组成。

1. 水源

凡符合农田灌溉用水标准的水源均可作为管道输配水系统的水源，一般分为地表水源和地下水源两类。地表水源包括河流、湖泊、水库、塘堰以及集蓄雨水等；地下水源包括机井、大口井、辐射井、渗渠和泉水等。

2. 首部枢纽

首部枢纽的作用是从水源取水，并进行适当的处理以符合管道输配水系统在水量、水质和水压三方面的要求，其形式主要取决于水源的种类和管道灌溉方式。

管道输配水系统中的水流必须具有一定的压力，一般均须通过水泵机组加压。通常可以根据灌溉用水量和扬程的大小，选用适宜的水泵类型、型号及与其相配套的动力机（电动机、柴油机等）。若有自然地形落差可利用，也可采取自压式管道输配水系统，以节省投资和管理运行费用。

管道输配水系统与渠道系统比较，一般对水源的水质要求比较高，为使灌溉水质符合输配水与灌水的要求，通常必须采用过滤装置；若水源含有杂草、泥沙或微生物和藻类等，则必须修建拦污栅、沉淀池或其他净化处理装置，以防止管网和灌水装置堵塞。不同的灌溉方式，对水质要求不同，其过滤装置和处理设施也不相同。

3. 输配水管网

输配水管网一般分为干管、支管和毛管等，控制面积较大时可增加总干管、分干管、分支管。在进行管道输配水系统规划设计时，管网分级应根据灌溉面积大小、灌水方法及地形条件等具体情况确定。微灌系统的末级管道一般为毛管，而喷灌和低压管道输水灌溉系统的末级管道则为支管。按照管网布置形式，输配水管网可分为树状管网和环状管网两种。有时还采用树状和环状两者结合的混合管网形式。

4. 田间灌水装置

田间灌水装置的作用是将水均匀地分布到田间并湿润土壤。灌水方法不同，所采用的田间灌水装置也不同。喷灌的田间灌水装置是喷头，滴灌的田间灌水装置是滴头，微喷灌的田间灌水装置是微喷头，而低压管道输水灌溉的田间灌水装置是出水口或给水栓以及移动软管等。

5. 附属建筑物和附属装置

附属建筑物包括交叉建筑物、镇墩和阀门井等。管道输配水系统中，当遇到河沟、渠道、铁路、高等级公路等障碍物时需修建交叉建筑物；为了保证输水安全，应按要求在三通、弯头、陡坡处等设置支墩或镇墩，借以承受管中由于水流方向改变及自重和温度变形等原因产生的推拉力；凡设有控制阀或排水阀处均须修建阀门井。

附属装置包括控制装置、量水装置、安全保护装置等。管道输配水系统中，为了控制和调节管道的水流状况，应在各级管道的进口设置控制阀，如闸阀、截止阀等；为了测量灌溉用水量，应在各级管道安装量水装置；为了防止管道产生负压，排除管内空气，减小输水阻力，超压保护，调节压力等，必须在管道上设置安全保护装置，主要有进（排）气阀、安全阀、调压装置、排水阀和冲沙阀等。

六、渠道衬砌防渗技术

渠道衬砌防渗技术是指为降低渠床土壤透水性或建立不易透水的防护层而采取的各种技术措施。利用渠道将灌溉水由水源输送到田间是农田灌溉的主要输水方式，灌溉渠道在输水过程中只有一部分水量通过各级渠道输送到田间为作物所利用，而另一部分却从渠底、渠坡的土壤孔隙中渗漏到沿渠的土壤中，不能进入农田为作物利用，这就是渠道渗漏损失。采用土渠输水，渗漏损失的水量一般占输水量的 50% ~ 70%，为了减少输水过程中的渗漏损失，常采用防渗的方法。另外，对于衬砌的渠道，由于渠道的坡面糙率降低，也会提高水的流速。渠道防渗是我国目前应用最广泛的节水工程技术措施，适用于所有的灌溉渠道。但渠道防渗也必然带来地下水补充的不足，影响灌区地下水循环等环境条件，因此应根据灌区具体的水资源环境条件，对渠道是否应该采取衬砌技术加以适当的论证。

（一）渠道衬砌防渗材料

渠道防渗是我国目前应用最广泛的节水工程技术措施。常用防渗材料有土料、水泥土、面料和混凝土、沥青混凝土、膜料等。选用时，应根据渠道大小、防渗效果和使用年限等工程要求，结合当地的地形、土质、气候、地下水位等工程环境条件和社会经济情况，并注意施工简易、造价低廉、便于管理维护等因素，按照因地制宜、就地取材的原则合理确定。

1. 土料

土料防渗是指以黏性土、黏砂混合土、灰土、三合土和四合土等为材料的防渗措施。土料防渗在我国有长期使用的经验，适用于气候温和，黏土、膨润土资源丰富的地区，且防渗要求不高、水流流速不大、输水期长的渠道。土料防渗的优点是能就地取

材，技术简单，施工方便，投资少，有一定的防渗效果。土料每天每平方米的防渗量为
$0.07 \sim 0.17 \ m^3$，一般可减少渠道渗漏量的 $60\% \sim 80\%$。其缺点是冲淤流速难于控制，
水流流速大时容易造成冲刷；抗冻性较差，寒冷地区容易受冻胀而损坏，维修养护工程
量大。

2. 水泥土

水泥土为土料、水泥和水按一定比例配合而成的材料，其主要靠水泥与土料的胶结
和硬化达到防渗目的。水泥土中的土料占 $80\% \sim 90\%$，因此材料来源丰富，可就地取
材，投资较少；防渗效果较好，一般可以减少渗漏量的 $80\% \sim 90\%$，每天每平方米的
防渗量为 $0.06 \sim 0.17 \ m^3$；技术较简单，群众易于掌握，但水泥土早期的强度及抗冻性
较差，仅适用于南方气候温和的无冻害地区。水泥土防渗因施工方法的不同分为干硬性
和塑性两种。

3. 砌石

砌石防渗是我国采用最早、应用较广泛的渠道防渗技术措施。砌石防渗按结构形式
分为护面式、挡土墙式两种，按材料及砌筑方法分为干砌卵石、干砌块石、浆砌料石、
浆砌块石、浆砌石板等多种。砌石防渗在沿山渠道和石料丰富地区，一般能就地取材，
造价较低；抗冲流速大，耐磨能力强，一般渠内流速为 $3 \sim 6 \ m/s$，大于混凝土防渗渠
的抗冲流速；抗冻和防冻害能力较强；具有较强的稳定渠道作用。但仅适用于石料来源
丰富的地区，较难实现机械化施工，施工质量难于控制。

4. 混凝土

混凝土防渗就是用混凝土衬砌渠道，减少或防止渗漏损失。这是目前广泛采用的一
种渠道防渗技术措施，它具有防渗效果好（一般能减少渗漏损失量的 $90\% \sim 95\%$）、糙
率小（$n = 0.014 \sim 0.017$）、允许流速大（一般为 $3 \sim 5 \ m/s$）、缩小渠道断面、减少土方
工程量和占地面积、强度高、耐久性好、便于管理和适应性广泛等优点。但混凝土衬砌
板适应变形的能力差，在缺乏砂、石料的地区，造价较高。

混凝土防渗衬砌分现场浇筑和预制混凝土板两种。现场浇筑混凝土衬砌接缝少、整
体性好、造价较低，但施工时间受限制，质量也不易控制。预制混凝土板现场装配可进
行工厂化生产，质量容易控制，制作时间不受限制，在旧渠改建中减少了施工与行水的
矛盾，但运输安装较麻烦，运输时混凝土板易损坏。

5. 沥青混凝土

沥青混凝土是以沥青为胶黏剂，与矿粉、矿物骨料（碎石或砾石和砂料）经过加
热、拌和、压实而成的防渗材料，具有防渗效果好、低柔性、抗冻能力强和裂缝自愈等
优点。工程试验证明，沥青混凝土的渗透系数为 $1 \times 10^{-10} \ cm/s$，一般可以减少渗漏量
的 $90\% \sim 95\%$，其极限拉伸值为混凝土的 $3.6 \sim 20$ 倍，在 $-27 \sim -22 \ ℃$ 低温下尚有一
定的柔性，是一种较理想的防渗材料，但因沥青料源不足，施工技术复杂，推广较慢。

6. 膜料

膜料防渗是用不透水的土工织物（即土工膜）来减小或防止渠道渗漏损失的技术措
施。土工膜是一种薄型、连续、柔软的防渗材料，具有防渗性能好、适应变形能力
强、施工方便、工期短和造价低等优点。但是，土工膜较薄，在施工、运行期易被刺

穿，使得防渗能力大大降低。我国于 20 世纪 60 年代中期将膜料用于渠道防渗，并针对其抗穿刺能力差、与土的摩擦系数小、易老化等缺点，进行了大量试验研究，不断改进材料性能，在衬砌结构形式、垫层和保护层设置以及铺膜接头处理等方面取得了一些好的经验，使膜料在渠道防渗工程中得到广泛应用。目前应用的有 PE、PVC 及其改性膜，PVC 复合防渗布和沥青玻璃丝布油毡等。

膜料防渗分为明铺式和埋铺式两种结构形式。明铺式膜料防渗的优点是渠床糙率小、工程量小、铺设简便，缺点是膜料直接受阳光、大气的作用，容易老化和受外力破坏，使用寿命很短。埋铺式膜料防渗结构包括膜料防渗层、过渡层和保护层，使用寿命长。目前一般都采用埋铺式膜料防渗。

（二）暗渠（管）防渗材料及特点

用于暗渠（管）的防渗材料，不仅要满足防渗输水的要求，同时要承受外部荷载与内部水压力的作用。目前，用于暗渠（管）的防渗材料主要为砌石、石棉水泥、混凝土、钢筋混凝土、塑料等材料。砌石一般砌筑成暗渠，石棉水泥和塑料为管材，混凝土和钢筋混凝土既可现场浇筑，也可预制为管材。

1. 砌石暗渠

砌石暗渠是用块石及水泥砂浆砌筑而成的。它的主要特点是能够就地取材、成本较低、施工简单，其缺点为抗拉、抗渗性能差，阻力大。一般适用于自流无压输水暗渠。

2. 素混凝土暗渠（管）

素混凝土暗渠（管）是用水泥、砂、石按一定比例配合，不加钢筋，预制或现场浇筑而成的，其断面有圆形、城门洞形等，以圆形混凝土管道应用最为广泛。它具有较好的水力性能，水流条件好，可在工厂内预制，施工方便，成本较低；但存在抗拉应力性能差，承受压力水头低。

3. 钢筋混凝土管

钢筋混凝土管可分为预应力钢筋混凝土管和自应力钢筋混凝土管。钢筋混凝土管具有良好的抗渗性和耐久性，连接形式采用橡胶圈密封的承插子母口，施工安装比较简单，因受其材料力学性能和制造工艺的限制，自应力钢筋混凝土管适用于较小的管径，预应力钢筋混凝土管适用于较大的管径。

4. 塑料管

塑料管品种较多，主要有聚氯乙烯管、聚乙烯管、聚苯乙烯管和聚丙烯管等。塑料管具有质量轻，管壁光滑，水头损失小，有一定的强度，耐腐蚀性好，挠性好，连接敷设容易等优点；缺点是外露易老化，具有敏感的热膨胀性能，成本较高。因此，一般适用于较小的管径。

第二节　灌溉水利用系数

灌溉水利用系数是反映某一区域内灌溉工程质量、灌溉技术水平和灌溉用水管理水平的一项综合性指标，是评价农业水资源利用、指导节水灌溉和大中型灌区续建配套及节水改造健康发展的重要指标，也是灌区灌溉水量宏观调控的重要依据。研究分析灌溉水利用系数变化规律与影响因素，探讨投入少、见效快的灌溉水利用系数的测算方法，是灌区灌溉管理的重要内容之一，对提高灌溉水的利用率、发展节水灌溉、保证灌溉农业的可持续发展均有积极的意义。

灌区灌溉水利用系数是衡量灌区从水源引水到田间作物吸收利用过程中灌溉水利用程度的重要指标。灌区类型、灌区规模、渠道级别、渠道防渗措施、土壤质地及降雨量、地下水埋深、灌区地理位置及灌区管理水平、灌溉技术、作物种植结构，甚至农户用水的积极性等都直接或间接地影响着灌溉水的利用程度，在一定自然环境与工程配套条件下，特定灌区的灌溉水利用系数会随着灌区引水量变化上下波动。目前，我国农业灌溉用水量占总用水量的60%以上，灌溉方法仍以渠系引水地面灌溉为主，灌溉方式粗放，灌区目前平均灌溉水利用系数较低，农业节水潜力很大。我国《节水灌溉技术规范》（GB/T 50363—2006）中灌溉水利用系数要求大型灌区的不应低于0.50，中型灌区的灌溉水利用系数不应低于0.60，小型灌区的灌溉水利用系数不应低于0.70，井灌区的灌溉水利用系数不应低于0.80，喷灌区的灌溉水利用系数不应低于0.80，微喷灌区的灌溉水利用系数不应低于0.85，滴灌区的灌溉水利用系数不应低于0.90。水利发展"十二五"规划明确要求"十二五"期间农田灌溉水有效利用系数提高到0.55以上。

一、基本概念

灌溉水利用系数是实际灌入农田的有效水量和渠首引入水量的比值，亦指在一次灌水期间可被农作物利用的净水量与水源渠首处总引进水量的比值。灌溉水从水源引入到田间过程中的水量损失可分解成渠系输水损失和田间灌水损失两部分，相应地灌溉水利用系数可分解为渠系水利用系数和田间水利用系数两部分。

渠系水利用系数反映了从渠首到末级渠道的各级输配水渠道的输水损失，表示了整个渠系的水利用率，其值等于各级渠道水利用系数的乘积；渠道水利用系数等于该渠道的净流量与毛流量的比值，也可以表示为该渠道同时期放入下一级渠道的流量（水量）之和与该级渠道首端进入的流量（水量）的比值，它代表着某一段或某一级渠道的输水效能和工程质量，反映一条渠道的水量损失情况或同一级渠道水量损失的平均情况；衡量田间工程质量和灌水技术水平的指标——田间水利用系数是实际灌入田间的有效水量（对旱作农田，指蓄存于土壤计划湿润层中的灌溉水量；对水田则指蓄存在格田内的灌溉水量）与末级固定渠道放水量的比值。

二、影响灌溉水利用系数的主要因素

渠道水的水量损失主要包括渗水损失、漏水损失及水面蒸发损失。在这三种输水损失中，渗水损失最大，漏水损失次之，水面蒸发损失最小。

渗水损失包括各级输水渠道通过渠底、边坡土壤渗漏的水量和田间土壤深层渗漏的水量；漏水损失包括由于地质条件、生物作用或施工不良而形成漏缝或裂隙损失的水量，或因管理不善引起的田面流失及泄水损失、工程失修引起的建筑物漏水等原因造成的水量损失，漏水损失是应该在施工管理中加以避免的；蒸发损失指渠道水面蒸发的水量，影响因素复杂且一般占渠道水总损失水量的5%以下，故生产实际中常忽略不计。

灌区退水损失也会影响灌溉水利用系数，但一般认为灌区退水损失取决于灌区工程质量和用水管理水平，可以通过加强灌区管理工作予以限制，故在计算渠道水量损失时也不予考虑。

渠道水的损失直接影响灌溉水的利用程度，因此灌溉水利用系数的影响因素从灌溉水量损失方面来考虑主要有灌区规模、渠道级别、土壤质地及地下水埋深、灌区地理位置、防渗措施、灌区类型及灌水技术等。

（1）灌区规模的影响。灌区规模指灌区各级渠道的数量、长度以及渠道的输水流量。一般来讲，大型灌区灌溉面积大，各级渠道的数量和长度必然增多，在输配水的过程中渗漏损失大，其有效利用系数就小；反之，灌区小，渠道数量少，长度短，输水损失小，其利用系数就大。

（2）渠道级别的影响。灌区的干、支、斗等各级渠道的断面大小、长度、闸门完好率、土壤、地形、水文地质、防渗衬砌等级以及管理养护水平的差异都会直接影响到渗漏损失的大小。

（3）不同地区的影响。不同地区的地形地貌不同，水文地质条件不同，对灌溉水利用系数的影响也不同。土层瘠薄、砂质土壤多、透水性强、不易蓄水的地区，渠道渗漏损失较大，灌溉水利用系数就较低；而土层覆盖较厚、黏性土壤多、地下水位比较浅、地势较平坦的地区，渠道渗漏损失较小，灌溉水的利用系数也就较高。同时，不同地区或同一地区不同年份的水文气象条件不同，其对灌溉水利用系数的影响也不同。因此，较大范围地区的灌溉水利用系数应由该范围内不同灌区、不同代表年的灌溉水利用系数进行加权平均求得。

（4）不同防渗措施的影响。不同防渗措施的渠道水利用系数相差较大。渠道不同的防渗标准直接影响着渠系水利用系数与灌溉水利用系数。

（5）不同灌区类型的影响。灌溉工程一般有蓄水工程、引水工程以及提水工程等类型。一般情况下，引水工程的管理条件比蓄水工程差，工程质量也较差，而提水工程由于引水成本高，渠道防渗衬砌一般较好，用水管理制度也较健全，所以提水工程的渠系水利用系数普遍比蓄水工程及引水工程灌区高；因为填方渠道土壤颗粒较松散，造成输水损失大，所以输水渠道中填方渠道比挖方渠道的渠道水利用系数要小；另外，灌区面积越集中，灌溉水利用系数越大，灌区面积分散、成长条状的，输水渠道必然较长，沿途输水损失也就加大，渠系水利用系数相应就小。

（6）不同灌水技术的影响。随着灌水技术的发展与完善，喷灌、滴灌、膜上灌及波涌灌等新的灌溉技术的应用，同一灌区的灌溉水利用系数也在不断变化，只有把灌溉水利用系数的测量作为一项日常工作，才能真实地了解灌溉水利用程度，科学地指导灌区发展与改造。

灌区各种农艺节水技术和管理节水技术（如节水抗旱品种、培肥改土、覆盖保墒、节水农业制度、化学节水等）水平也会影响到灌区灌溉水利用系数。

三、灌溉水利用系数的测算方法

(一) 经验系数法

灌溉水的水量损失可分解为渠系输水损失和田间灌水损失两部分。相应地，灌溉水利用系数可分解为渠系水利用系数和田间水利用系数两部分。灌溉水利用系数的经验系数法可以归结为如何合理估算渠道水利用系数、渠系水利用系数和田间水利用系数。通过总结已成灌区的水量实测资料，可以得到各条渠道的毛流量和净流量以及灌入农田的有效水量等基本资料，经分析计算可以得出反映灌区水量损失情况的灌溉水利用系数。

渠道水利用系数、渠系水利用系数、田间水利用系数和灌溉水利用系数相应的计算介绍如下。

1. 渠道水利用系数

渠道水利用系数是灌区提高灌溉水利用率的基础。采用投入少、见效快的渠道水利用系数的测定与估算方法，准确地估算渠道输水损失，是目前急需研究的问题之一。

渠道不同的防渗标准直接影响着渠道水利用系数。我国正在进行的大型灌区的续建配套和节水改造工程都是以渠道防渗为主要工程手段进行的，渠道防渗效果又是通过渠道水利用系数体现的，渠道水利用系数可以直观反映渠道防渗节水效果，是渠道节水计算的重要依据。渠道水利用系数可采用经验公式法估算或采用传统测定方法测定。

某渠道的净流量与毛流量的比值称为该渠道水的利用系数，用符号 η_c 表示。

$$\eta_c = \frac{Q_n}{Q_g} \tag{4-10}$$

式中　Q_n——渠道的净流量，m^3/s；

　　　Q_g——渠道的毛流量，m^3/s。

对任一渠道而言，从水源或上级渠道引入的流量就是它的毛流量，分配给下级各条渠道流量的总和就是它的净流量。

2. 渠系水利用系数

灌溉渠系的净流量与毛流量的比值称为渠系水利用系数，用符号 η_s 表示。农渠向田间供水的流量就是灌溉渠系的净流量，干渠或总干渠从水源引水的流量就是渠系的毛流量。渠系水利用系数的数值等于各级渠道水利用系数的乘积。

$$\eta_s = \frac{W_{农渠净}}{W_{干渠毛}} = \eta_干\,\eta_支\,\eta_斗\,\eta_农 \tag{4-11}$$

渠系水利用系数反映整个渠系的水量损失情况。它不仅反映出灌区的自然条件和工程技术状况，还反映出灌区的管理水平。我国自流灌区的渠系水利用系数见表 4-1。一般情况下，由于衬砌条件不同，提水灌区的渠系水利用系数稍高于自流灌区的。

表 4-1　我国自流灌区渠系水利用系数

灌溉面积（万亩）	< 1.0	1.0 ~ 10.0	10 ~ 30	30 ~ 100	> 100
渠系水利用系数 η_s	0.85 ~ 0.75	0.75 ~ 0.70	0.70 ~ 0.65	0.60	0.55

3. 田间水利用系数

田间水利用系数是衡量田间工程状况和灌水技术水平的重要指标。田间水利用系数是实际灌入田间的有效水量和末级固定渠道放水量的比值，用符号 η_f 表示。

$$\eta_f = \frac{W_{田净}}{W_{农净}} \tag{4-12}$$

式中 $W_{田净}$——实际灌入田间的有效水量，m^3；

$W_{农净}$——农渠供给田间的水量，m^3。

在田间工程完善、灌水技术良好的条件下，旱作农田的田间水利用系数可以达到 0.9，水稻田的田间水利用系数可达到 0.95。生产实际中田间水利用系数的确定有以下途径。

1）根据设计灌水定额计算

根据设计灌水定额计算的公式为

$$\eta_f = \frac{A_j m_{计}}{W_t} \tag{4-13}$$

式中 A_j——末级固定渠道内实际灌溉面积，亩；

$m_{计}$——设计净灌水定额，$m^3/$亩；

W_t——末级固定渠道放出进入田间的水量，m^3。

充分灌溉为在作物生育期完全按作物高产需要水量灌溉。充分灌溉时可根据作物主要根系活动层确定不同作物不同生育期的计划湿润层深度，据此校核设计净灌水定额；稻区田间水利用系数可取 0.95 以上；非充分灌溉为在作物生育期按生长需要实施灌溉，其判别应根据作物需水量和有效降雨量、土壤水分消耗、灌溉定额等参数确定。非充分灌溉条件下的设计净灌水定额可取实际平均毛灌水量的 90% ~ 95%，即非充分灌溉条件下的田间水利用系数可取为 0.9 ~ 0.95，亏缺量大时取上限，亏缺量小时取下限。

2）根据实测净灌水定额计算

在灌区中选择有代表性的地块，通过实测灌水前后（2 d 左右）土壤含水量的变化计算净灌水定额，即可算出某次灌水田间水利用系数为

$$\eta_f = 6.67(\beta_2 - \beta_1)\gamma H A_j / W_t \tag{4-14}$$

式中 β_1、β_2——灌水前后作物计划湿润层的土壤含水量（以干土重的百分数表示，%）；

γ——土壤干容重，g/cm^3；

H——作物计划湿润层深度，m；

其余符号意义同前。

4. 灌溉水利用系数

灌溉水利用系数是实际灌入农田的有效水量和渠首引入水量的比值，用符号 η_0 表示。它是评价渠系工作状况、灌水技术水平和灌区管理水平的综合指标，可按下式计算

$$\eta_0 = \frac{A m_n}{W_g} \tag{4-15}$$

或　　　　　　　　　　　$\eta_0 = \eta_s\eta_f = \eta_干 \eta_支 \eta_斗 \eta_农 \eta_f$

式中　A——某次灌水全灌区的灌溉面积，hm^2；

　　　　m_n——净灌水定额，m^3/hm^2；

　　　　W_g——某次灌水渠首引入的总水量，m^3；

　　　　$\eta_干$、$\eta_支$、$\eta_斗$、$\eta_农$、η_f——干、支、斗、农及田间水利用系数。

η_0、η_s、η_f 的数值与灌区大小、渠床土质和防渗措施、渠道长度、田间工程状况、灌水技术水平以及管理工作水平等因素有关。在引用别的灌区的经验数据时，应注意这些条件要相近。

（二）经验公式法

利用经验公式法估算渠道水利用系数可以归结为如何正确估算渠道的输水损失。

在灌溉工程规划、设计阶段，常用经验公式或经验系数估算渠道输水损失水量。估算输水损失常用的经验公式为

$$\sigma = \frac{A}{Q_n^m} \tag{4-16}$$

式中　σ——每千米渠道的输水损失（以渠道净流量的百分数计，%）；

　　　　A——渠床土壤透水系数；

　　　　m——渠床土壤透水指数；

　　　　Q_n——渠道净流量，m^3/s。

土壤透水性参数 A 和 m 应根据实测资料分析确定，或借用邻近相似灌区的资料。在缺乏实测资料的情况下，可采用表 4-2 中的数值。

表 4-2　土壤透水参数

渠床土壤	透水性	A	m
黏土	弱	0.7	0.3
重壤土	中弱	1.3	0.35
中壤土	中	1.9	0.4
轻壤土	中强	2.65	0.45
砂壤土	强	3.4	0.5

渠道输水损失流量按下式计算

$$Q_1 = \frac{\sigma}{100}LQ_n \tag{4-17}$$

式中　Q_1——渠道输水损失流量，m^3/s；

　　　　L——渠道长度，km；

　　　　其余符号意义同前。

用式（4-17）计算出来的输水损失流量是在不受地下水顶托影响条件下的损失。若灌区地下水位较高，渠道渗漏受地下水壅阻影响，实际渗漏水量比计算结果要小。在这种情况下，就要给以上计算结果乘以表 4-3 所给的修正系数加以修正，即

$$Q'_1 = \gamma Q_1 \tag{4-18}$$

式中　Q'_1——有地下水顶托影响的渠道损失流量，m^3/s；

　　　γ——地下水顶托修正系数；

　　　Q_1——自由渗流条件下的渠道损失流量，m^3/s。

表4-3　地下水顶托修正系数 γ

渠道流量 (m^3/s)	地下水埋深（m）					
	< 3	3	5	7.5	10	15
0.3	0.82	—	—	—	—	—
1.0	0.63	0.79	—	—	—	—
3.0	0.50	0.63	0.82	—	—	—
10.0	0.41	0.50	0.65	0.79	0.91	—
20.0	0.36	0.45	0.57	0.71	0.82	—
30.0	0.35	0.42	0.54	0.66	0.77	0.94
50.0	0.32	0.37	0.49	0.60	0.69	0.84
100.0	0.28	0.33	0.42	0.52	0.58	0.73

上述自由渗流或顶托渗流条件下的损失水量都是根据渠床天然土壤透水性计算出来的。若拟采取渠道衬砌护面防渗措施，则应观测研究不同防渗措施的防渗效果，以采取防渗措施后的渗漏损失量作为确定设计流量的根据。目前，渠道防渗衬砌的材料主要有砌石、水泥土、沥青混凝土、混凝土、复合土工膜料等，其中混凝土材料占有很大的比重。根据国内外的实测结果，与普通土渠比较，一般渠灌区的干、支、斗、农渠采用混凝土衬砌能减少渗漏损失量的70%～75%，采用塑料薄膜衬砌能减少渗漏损失量的80%左右；对大型灌区渠道防渗，可使渠系水利用系数提高0.2～0.4，减少渠道渗漏损失量的50%～90%。总体来讲，渠系水利用系数随着渠系防渗率的增加而增加。若无试验资料，可给上述计算结果乘以表4-4给出的经验折减系数，即

$$Q''_1 = \beta Q_1 \tag{4-19}$$

或　　　　　　　　　　　$$Q''_1 = \beta Q'_1 \tag{4-20}$$

式中　Q''_1——采取防渗措施后的渗漏损失流量，m^3/s；

　　　β——采取防渗措施后渠床渗漏水量的折减系数（见表4-4）；

　　　其余符号意义同前。

在已成灌区的管理运用中，渠道输水损失水量也可通过实测确定。

（三）实测法

渠道水利用系数实测方法包括静水测试法和动水测试法。

静水测试法是选择一段具有代表性的、长30～50 m的渠段，两端堵死，渠道中间设置水位标志，然后向渠中充水，观测该渠段内水位下降过程，根据水位变化计算出损失水量和渠道水利用系数。

表 4-4　渗水量折减系数 β

防渗措施	β	说明
渠槽翻松夯实（厚度大于 0.5 m）	0.3 ~ 0.2	
渠槽原状土夯实（影响厚度 0.4 m）	0.7 ~ 0.5	
灰土夯实（或三合土夯实）	0.15 ~ 0.1	
混凝土护面	0.15 ~ 0.05	透水性很强的土壤，挂淤和
黏土护面	0.4 ~ 0.2	夯实能使渗水量显著减少，可
沥青材料护面	0.1 ~ 0.05	采取较小的 β 值
浆砌石护面	0.2 ~ 0.1	
塑料薄膜	0.1 ~ 0.05	

　　静水测试法所采用的是渠道渗漏水量测量法，是测量渠道渗漏量精度较高的方法之一。静水法应用广泛，可以测试、推算出各种类型渠道的渠道水利用系数。静水测试法可测得渠道从初渗到稳渗的全过程；可进行变水位渠道渗漏量观测，得到渠道渗漏强度与水深关系式，推算灌区一个灌季或全年的渠系（渠道）的渗漏损失；也可检验渠道防渗效果，对施工质量进行评价；对各种防渗方案进行分析对比，如果测试渠道代表性满足要求，也可用来推算灌区渠系水利用系数。

　　静水法测试渠道达到稳定的时间比较长，一条渠道的测试需要数天时间。另外，由于静水法测试需要将渠道围堵起来，渠道断面越大工程量越大，所需施工及观测人员较多，工作量比较大。

　　动水测试法是在渠道正常输水时，通过测试流量来推求渠道水利用系数的一种方法。

　　动水测试法应根据灌区渠道布设情况，选择长度满足测试要求的代表性渠段，观测上、下游两断面及断面之间各分水口同一时间的流量，通过量化渠道损失流量，推求渠道水利用系数。其计算式为

$$\eta_c = (Q_{下} + \sum q)/Q_{上} \tag{4-21}$$

式中　η_c——渠道水利用系数；

　　　$Q_{上}$——上断面流量，m^3/s；

　　　$Q_{下}$——下断面流量，m^3/s；

　　　$\sum q$——断面间各分水口流量之和，m^3/s。

　　流量测量可采用量水建筑物或流速仪等。由于流速仪可在渠道行水情况下进行测流，所以不会影响渠道行水与灌溉，但其精度低于静水法。测试时为保持渠道测流断面水流稳定，要求测试渠道有 30 ~ 50 m 的长度。

　　1. 静水测试法

　　采用恒水位下降法观测初渗强度及稳渗强度，以测验水位为基础，使加水后水位和加水前水位的平均值等于测验水位。测试中观测渠道水位从加水后水位降低到加水前水位所需要的时间，而在这段时间内渗漏的水量即为加水后水位与加水前水位的差值，由此可以计算出单位时间、单位湿周渠道的渗漏水量，即渗漏强度。

1）测试渠道的选择

测验前应选择具有代表性、渠段顺直、断面规则的 30～50 m 长的渠道测验段；测试地应同时具备水源（水库、山塘及水池等）、电源、交通条件。静水法测验为停水测验法，且测验时需连续观测，要求具备暂时停水的测验段。实际测试中可尽量利用渠道过水间歇期间进行。对新建或改建渠道，可在正式交付使用前进行测试。

2）测试渠段工程布设

清除渠道内的淤积物、杂物及草木等；保持渠道断面、纵坡及边坡规则、平整、均匀一致；确保渠堤顶部排水良好，防止雨水流入测验段；可采取措施封堵渠道内的漏水洞穴及分水口。

修建横隔堤应稳固、严密止水，务必要求不变形、不渗水、不漏水。邻测验段一侧表面应竖直。对于砌石、混凝土等防渗渠道，横隔堤应切断防渗层，插入土基 20～40 cm，并与防渗层间作止水连接。对于土渠，横隔堤应插入渠底和边坡土层 30～50 cm，横隔堤与土层的接缝用黏土填塞夯实。横隔堤顶应高于测验水位 10～15 cm。

当渠道现状过水水深接近设计水深时，测试水深取设计水深值；当现状过水水深与设计水深有差别时，测试水深取现状过水水深值。

对纵坡大于 1/100 的渠道和引洪灌溉的宽浅式渠道测验段，测试水深要接近实际过水水深，测验段长度还应满足式（4-22）的要求，即

$$\frac{2(h_2 - h_1)}{h_2 + h_1} \times 100\% \leqslant 10\% \tag{4-22}$$

式中　h_1、h_2——测验段首段与末段水深，m。

横隔堤可采用双砖墙内铺塑膜，中间夯填土作夹层。夹层厚度按不发生渗漏变形的允许水头坡降确定，不应小于 1.0 m；渗漏平衡区外侧隔堤可用黏土夯筑，高度应高于最高测验水位。每个渗漏平衡区的长度不应小于 5 倍测验渠段水深；横隔堤的砌筑方法应因地制宜，可采用当地惯用的挡水方法，关键是要稳定、不渗水、经济且施工方便。

测验段示意图见图 4-1。

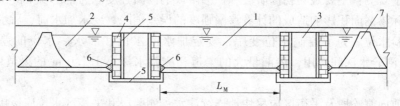

1—渗漏测验段；2—渗漏平衡区；3—横隔堤；4—砖墙；5—塑膜；6—止水；7—外侧隔堤

图 4-1　测验段示意图

3）观测仪器及安装

设置的水位测量、降雨、蒸发观测设备应符合下列要求：

在测验段两端及中间，应分别设置水位测尺、测针或其他水位测量仪器。水位测尺最小刻度以 mm 计，并应校核无误。

测验段两端的水尺，应紧靠横隔堤垂直安设。测验段中间的水尺，垂直安设。水尺的底座和固定物应稳固，保证测验期间水尺不下沉、不移位、不摆动。中间水尺起始零

刻度与渠道底部齐平。水尺读数宜用经纬仪或水准仪观测。

测针设置在测试段中间断面，与水尺配合使用。有风浪时测针应外罩防浪筒，采用直径不小于 30 cm、设有透水孔、无底的筒做成。测针装在渠道横档上，要求渠道横档不变形。旁设跳板，便于观测测针读数。

观测降雨量可用口径 20 cm 的自记雨量计或雨量器。自记雨量计按仪器说明书要求安设，雨量器应安设牢固、器口水平、离地面高 70 cm。降雨观测场应和渠道测验段放在一起，或放在与测验段受雨条件相似的地方。

观测水面蒸发量宜采用改进后的 E－601 型蒸发器，也可用口径 80 cm、带套盆的蒸发器，或口径 20 cm 的蒸发皿。蒸发器（皿）宜安置在测验段或渗漏平衡区漂浮水面的木筏上。

4）测试前的准备工作

记录测试渠道基本情况包括渠道名称、防渗类型、渠床土壤质地、地下水埋深、设计流量、实际流量、设计水深、实际水深等，并对测试段周边情况进行描述。

静水法测验需要准确地计算各测验水位下测验段的平均长度、宽度、湿周以及面积，因此测验段断面尽量规则，以便于测量，保证测验精度。

对于断面规则的渠道，沿测试段均匀布设 5 个断面，测量渠底宽、渠口宽、渠深、左右边坡系数等几个参数。长度读数精确到 mm；对于断面不规则的渠道，沿测试段均匀布设 11 个断面，以中间断面渠底高程为准，沿渠深每 20 cm 量测渠道宽度，直到渠面。长度参数精确到 mm。检验横隔堤，向两个渗漏平衡区注水至接近测验水位，应无漏水、沉陷及裂缝；检验加水系统，根据渗漏平衡区的最大渗漏强度，估计测验段的渗漏强度。加水系统的供水能力，应大于测验段最大渗漏强度的 1.5 倍。

5）观测及记录

降雨量观测：记录降雨起止时间（min）、降雨量（mm）。

蒸发量观测：记录起止时间（min）、蒸发量（mm）。

渗漏量观测：主要观测初渗阶段和稳渗阶段的渗漏强度。为把水位下降引起的湿周变化对实际渗漏面积影响造成的计算渗漏强度的误差消除，要求加水前、后水位的平均值等于测验水位。为了控制水位变幅，规定加水前水位和加水后水位的差值，可在 5%～10% 测验水深间选用，渗漏量大的渠道和测验水深小于 1.0 m 的渠道可取大值；反之，取小值。

观测前向测验段及平衡区应尽快地连续注水。测验段和平衡区水位应该接近，目的是使测验段渗漏成为平面渗漏问题，与渠道输水时渗漏情况相同。向土渠测验段注水时，应防止渠面冲刷。注水水位到加水后水位时，立即记录时间，开始观测。记录渠道水位降低到加水前水位的数值和时间。时间记录精度为 min，水尺记录精度为 mm。若测试段配有测针，水位观测以测针为准，中间水尺与测针配合使用，起初判和校核作用，两端水尺读数作为校核；若测试段未配测针，水位观测以中间水尺为准，两端水尺读数作为校核。一次恒水位观测，时段的长短变化取决于渠道渗漏情况，它可以是几个小时，也可以是十几分钟。每一次观测完后应重复进行恒水位试验，直到渠道渗漏达到稳定。恒水位测验时，连续进行 10 次以上观测，当渠道水位从加水后水位降低到加水前水位所用时间的最大、最小值差满足式（4-23）时，方可认为渗漏稳定，测验完成。

$$\frac{T_{\max} - T_{\min}}{\overline{T}} \leqslant 10\% \tag{4-23}$$

式中　$T_{\max}$——连续 10 次测验的最长时间，min；

　　　$T_{\min}$——连续 10 次测验的最短时间，min；

　　　$\overline{T}$——连续 10 次测验的平均时间，min。

如果前后测试所用的时间比较接近（其差值小于 5%），可再继续 2~3 次重复，如果时间变化很小，也可以判定渠道渗漏达到了稳定，测验可以结束。测验结束后应对测试中遇到的问题及情况予以记录说明。

6）渠道水利用系数计算

测试时段单位长度渠道水体的变化量 ΔW（L/m）为

$$\Delta W = B \cdot \Delta h \tag{4-24}$$

式中　B——测试段的水面宽度，m；

　　　Δh——加水前、后水位的差值，mm。

渗漏强度 Q（L/（$m^2 \cdot h$）），可按下式计算

$$Q = (\Delta W + P - E)/(\chi \cdot \Delta T) \tag{4-25}$$

式中　P——单位长度的降雨量，L/m；

　　　E——单位长度的蒸发量，L/m；

　　　χ——测试段渠道湿周，m；

　　　ΔT——观测时段，h。

每千米渠长的渠道水利用系数 η_c 为

$$\eta_c = 1 - \frac{\left(1 - \dfrac{A_2}{A_1}\right) \cdot 1\,000}{v \cdot \Delta T} \tag{4-26}$$

式中　η_c——每千米渠长的渠道水利用系数；

　　　A_2——加水前渠道断面面积，m^2；

　　　A_1——加水后渠道断面面积，m^2；

　　　v——测试水深对应的渠道水流流速，m/s，$v = C\sqrt{Ri}$，其中，C 为谢才系数，R 为渠道断面水力半径，i 为渠底平均比降；

　　　ΔT——渠道水位从加水后水位降至加水前水位所需要的时间，s。

2. 动水测试法

1）动水测试法概述

动水测试法是通过测试正常运行渠道流量来推求渠道水利用系数的一种方法，即根据渠道布置情况，选择长度满足测试要求的代表性渠段，观测上、下游两断面及断面之间各分水口同一时间的流量，通过量化渠道损失流量，推求渠道水利用系数。

流量测量主要采用流速仪。若渠道比较小，可采用袖珍便携型流速仪、人工手持流速仪等；若渠宽较宽、渠深较深，可采用悬挂式流速仪。流速仪测流是在渠道行水情况

下进行的，不影响灌溉，但精度低于静水测试法。测试渠道要求有一定长度，渠道测流断面水流稳定。

2）测试渠段选择及准备工作

测试前应了解渠道的完好情况，分水口和涵管的位置、数量、淤积及障碍物等情况。进行渠道清淤、清障、清除杂草、封堵分水口及涵管，修补破损部位，打通出水通道等。

根据渠道沿线的水文地质条件，选择有代表性的渠段，中间无支流，为了保证测试精度，测试段断面形式、衬砌材料等力求一致；典型渠段的长度应满足以下要求：流量小于 1 m^3/s 时，渠道长度不应小于 1 km；流量为 1 ~ 10 m^3/s 时，渠道长度不应小于 3 km；流量为 10 ~ 30 m^3/s 时，渠道长度不应小于 5 km；流量大于 30 m^3/s 时，渠道长度不小于 10 km。

为了减少影响测试精度的因素，测试段内各分水口尽可能封堵。若分水口不能封闭，应同时测试各分水口流量；非灌溉期测量时必须保证测试段以下排水通畅，不能因测试时间推移或障碍物而使水流回溯。

观测上、下游两个断面同时段的流量及断面之间各分水口同一时间的流量，其差值即为损失水量。

3）测试断面选择及准备工作

测试断面应选择在渠段的顺直段，其直线段长度应不小于 10 倍渠宽。水流均匀，无旋涡和回流；为保证水流流态和流速分布稳定，断面上、下游附近不应有分水口分流。

测试断面应与水流方向垂直。断面形状应规则，以矩形或梯形为主，以利断面测量。边壁及渠底均不允许有较大的凹凸不平现象，必要时，预先用水泥砂浆整平。对于土渠，测试断面尽可能选择在上、下游非土渠段；或者预先砌置具有固定边界的测试断面，砌置段长度不应小于 1 倍渠宽，断面形状与土渠相近并与土渠平顺连接。

采用人工手持测杆和流速仪测试时，必须配备跳板（测桥）。跳板宜用平直的木板，当渠道上已有架设好的混凝土预制桥面板，而且该位置也符合其他测流条件时，则可选择为测试断面，省工、省时且稳定。

4）量测仪器

量测仪器包括流速仪、流速仪计数器、测杆、钢卷尺、钢直尺、秒表、塑料水桶。

5）流量测试

流量由过水面积与流速相乘取得，由于流速分布的不均匀性，故必须进行多点测试。各测点可以采用一台流速仪，不同时刻逐点观测。测线及测点布设与流量计算见本书第八章相关内容。获得上下游断面流量、分水口流量及渠段封堵不严的渗漏量，即可计算该段渠道水利用系数。

以上实测方法存在的主要问题有：

（1）测定工作量大。灌区的固定渠道一般有干、支、斗、农 4 级，大型灌区级数更多，而每一个级别的渠道又有多条，特别是斗、农渠数量更多，计算某级渠道的加权平均渠道水利用系数时，测定工作量很大。灌溉地块自然条件和田间工程也存在差异，要取得较准确的田间水利用系数，需要选择众多的典型区进行测定。可见，无论是渠系水利用系数，还是田间水利用系数，测定工作量都很大。

（2）测试条件要求严格，难以保证。对于灌区来讲，要在面广渠多的灌溉用水情况下，停止供水来进行静水测试是难以做到的。一般采用动水测试法测定渠道水利用系数，采用动水测试法需要有稳定的流量，中间无支流，下一级渠首分水点的观测时间必须和水的流程时间相适应。这些必要条件难以保证。

（3）要求掌握测试技术的人员较多。大多数灌区不常进行灌溉水利用系数测算，测流设备较少，掌握测流技术的人员也较少。对于灌区来讲，进行一次全面的灌溉水利用系数测量，需要大量的人员掌握测试技术，这对许多灌区来说是难以达到的。

（4）灌溉水利用系数的代表性较差。灌区不同水文年或不同时期的来水和用水情况不同，渠首引进的水量和流量亦不同，灌区的实灌面积也不同。因此，严格来讲，灌区灌溉水利用系数每次灌水都不同，如果只用灌区某次测定计算的灌溉水利用系数代替所有情况，缺乏代表性。

如果灌区有较完善的灌溉资料，也可以采用首尾测定法确定灌区灌溉水利用系数。

（四）首尾测定法

直接测定灌区渠首引进的水量和最终存储到作物计划湿润层的水量（即净灌水定额），从而求得灌溉水利用系数的方法称为首尾测定法。该方法减少了测定工作量，克服了传统测定方法工作量大等难点，适用于各种布置形式的渠系，由于首尾法不测定灌溉水输配过程中和灌水过程中的损失，因此不能分别反映渠系输水损失和田间水利用情况，仅用于单纯确定灌区的灌溉水利用系数。

在灌区中根据自然条件、作物种类的不同，选择典型灌溉地块，测定灌区每次灌水时，渠首引进的水量和作物净灌水定额以及实灌面积，用下式计算第 j 次灌水的灌溉水利用系数 η_j，即

$$\eta_j = \left(\sum_{i=1}^{n} m_i A_i \right) / W_j \qquad (4\text{-}27)$$

式中　m_i——第 i 种作物的净灌水定额；

　　　A_i——第 i 种作物的实灌面积；

　　　W_j——第 j 次灌水渠首总引水量；

　　　n——灌区作物种植种类。

求出灌区每次灌水的灌溉水利用系数后，利用每次渠首总引水量进行加权平均求得灌区该年的灌溉水利用系数 η_a，即

$$\eta_a = \left(\sum_{j=1}^{m} \eta_j W_j \right) / W_a \qquad (4\text{-}28)$$

式中　W_a——灌区渠首年总引水量；

　　　m——灌区全年灌溉次数。

另外，可用灌区年度灌溉净用水总量推求灌区灌溉水利用系数。灌区年度灌溉净用水总量等于灌区内该年度所有种植作物的总灌溉定额之和。可以在灌区中选择典型区，通过灌溉试验确定各种作物的总灌溉定额。

通过测定灌区渠首年度总引水量、各种作物的实灌面积，即可用下式计算灌区该年度的灌溉水利用系数 η_a，即

$$\eta_a = \left(\sum_{i=1}^{n} M_i A_i \right) / W_a \qquad (4-29)$$

式中　M_i——灌区某种作物的灌溉定额；

其余符号意义同前。

利用首尾法确定灌溉水利用系数，灌区应加强对灌区实际引水量、灌溉面积、灌水次数、灌水定额以及灌区作物种植面积、净灌水量等进行统计（测定）分析，有条件的灌区应尽量采用实测值代替调查值或计算值，以提高分析成果精度。目前，需要注意以下两个问题。

1. 加强灌区基础资料的测试、收集与统计分析等工作

建立在估算基础上的各种作物的净灌溉需水量，需要大量气象资料、实测土壤水分资料以及田间用水资料支撑，该项工作要持续有效地进行，必须加强各灌区基础资料的测试、收集与统计分析等工作；为配合数据库建设，对灌区没有气象资料测定条件的，应由上级主管部门协调气象部门解决。

2. 应尽量采用实测值代替调查值或计算值

由于目前各灌区渠首引水量、末级渠道（斗口）各灌季输水量均有详细的统计资料，建议以后采用首尾法确定灌溉水利用系数时充分利用现有统计资料，增加灌区干、支渠系水利用系数的统计与分析，以便与首尾测定法测算结果进行比较。

第五章　渠道量水的水力学基础知识

第一节　流速、流量与水量的概念

一、过水断面

过水断面是指与水流方向垂直的横断面，以符号 A 表示，单位为 m^2 或 cm^2。在长而顺直的渠道中，因为水流流线是相互平行的直线，所以过水断面是一个平面。

（一）湿周

在任何形状的过水断面上，水流与固体边界接触的周长称为湿周，以 χ 表示，单位为 m 或 cm。湿周具有长度的量纲。

（二）水力半径

过水断面面积 A 与湿周 χ 的比值称为水力半径，以 R 表示，单位为 m 或 cm。它是反映过水断面形状尺寸的一个重要水力要素。

二、流速

单位时间内流体在流动方向上所流经的距离称为流速，以 v 表示，其单位为 m/s 或 cm/s。一般来说，过水断面上各点的流速 v 不相等。在工程计算中为简便起见，流体的流速通常指整个截面上的平均流速。

（一）断面平均流速

断面平均流速是一种设想的流速，即假定渠道中同一断面上各点的流速大小均等于 v，方向与实际流动方向相同，即液体质点都以同一个速度 v 运动。

（二）质点流速

质点流速是描述液体质点在某瞬时的运动方向和运动快慢的矢量。其方向与质点轨迹的切线方向一致。

三、流量

单位时间内通过某一过水断面液体的体积称为流量，以符号 Q 表示，其单位为 m^3/s 或 L/s。流量的大小常用来表示渠道或量水建筑物的过水能力。

四、流量、流速与过水断面的关系

由水力学知，流量、流速与过水断面的关系可用下式表示

$$Q = Av \tag{5-1}$$

或

$$v = \frac{Q}{A}$$

式中　Q——流量，m^3/s 或 L/s；

　　　A——过水断面面积，m^2 或 cm^2；

　　　v——过水断面的流速，m/s 或 cm/s。

五、水量

在一段时间内流过管道或明渠横截面的流体体积称为水量。

水量是以所使用的总体积来进行测量的，即某时段通过的平均流量乘以相应时段的时间就是该时段的总水量。许多量水设备自身有得出总水量的功能，因而所用水量可以从两次不同时间的水量读数差反映出来，但为了便于灌溉操作及管理，大部分量水设备可提供瞬时的流量读数，取两个相邻流量观测时段的平均流量乘以时间得该时段水量，将各时段水量累加则为总水量。

第二节　明渠流速分布规律

一、明渠水流

明渠是一种具有自由表面水流的渠道。根据它的形成可分为天然明渠和人工明渠。

明渠水流是一种具有自由液面的流动，水流表面压强为大气压强，即相对压强为零，因此明渠水流也称无压流。不但天然河道、人工渠道中的水流为明渠水流，而且只要管道、隧洞中的水流未充满整个断面，水面与外界大气充分接触，此时水面上的各点压强均为大气压强，其水流也属明渠水流。明渠水流根据其运动要素是否随时间变化分为恒定流与非恒定流；根据其运动要素是否随流程变化，分为均匀流与非均匀流。在明渠非均匀流中，根据水流过水断面的面积和流速沿程变化的程度，还可分为渐变流和急变流。

在水利工程中经常遇到这类流动问题，例如开挖溢洪道或泄洪洞需要有一定的输水能力，以宣泄多余的洪水；为引水灌溉或发电而修建的渠道或无压隧洞，需要确定合理的断面尺寸等。这些问题的解决都需要掌握明渠水流的运动规律，应用明渠均匀流的水力计算方法。明渠水流与有压管道中的恒定流不同，其过水断面水力要素（过水断面面积、湿周、水力半径）随水位变化而改变，即水面不受固体边界的约束。另外，由于明渠中沿流程的地形、土质及工程衬砌、管理养护等方面存在差别，对天然河道还有河床植被的差异，这就使得某些渠槽的糙率不仅沿程有所变化，而且也随水深变化。因此，明渠中的水力计算要比有压管流复杂得多。

实践证明，明渠水流都属于紊流，而且常常是接近和处于阻力平方区的紊流。

（一）明渠流动的特点和分类

1. 明渠流动的特点

（1）明渠流动属于无压流，它具有自由表面，沿程各断面的表面压强都等于零，重力和惯性力对流动起主导作用。

（2）明渠底坡的改变对流速和水深有直接影响，而有压管流，只要管道形状、尺寸一定，管线坡度变化对流速和过流断面面积没有影响。

（3）明渠局部边界的变化都会造成水深在很长的流程上发生变化，因此明渠存在均匀流和非均匀流。而有压管流中，局部边界变化的影响范围很短，只需计入局部水头损失，按均匀流计算。

2. 明渠的分类

沿渠道中心线所作的铅垂面与渠底的交线称为底坡线（称为底坡），用 i 表示。该垂面与水面的交线称为水面线。人工渠道（见图 5-1（a））的渠底可看做平面；天然河道（见图 5-1（b））的河底是起伏不平的，但总趋势是沿程下降。底坡 i 可用下式表示

$$i = \frac{\nabla_1 - \nabla_2}{l} = \sin\theta \tag{5-2}$$

式中，∇_1、∇_2 为 l 渠段两断面水位，底坡 i 反映了渠底的纵向倾斜程度。渠底与水平面的夹角为 θ，一般 $\theta < 6°$，$i \approx \sin\theta$，$i > 0$，渠底沿程下降，称为顺坡（见图 5-2（a））；$i = 0$，渠底水平，称为平坡；$i < 0$，渠底沿程上升，称为逆坡（见图 5-2（b））。

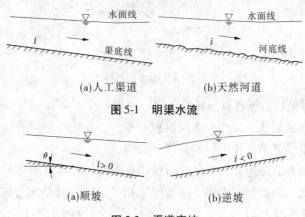

(a)人工渠道　　　　　　(b)天然河道

图 5-1　明渠水流

(a)顺坡　　　　　　(b)逆坡

图 5-2　渠道底坡

渠道根据几何特性分为棱柱体渠道和非棱柱体渠道。

在工程实际中，由于地形地质条件改变，或由于水流运动的需要，明渠需要改变其断面形状或转弯，断面形状和大小、底坡、表面粗糙情况等沿程不变又无弯曲的渠道称为棱柱形渠道。只要有一个条件改变，就属于非棱柱形渠道（见图 5-3）。

（二）明渠均匀流

在 $i > 0$ 的棱柱体渠道中，若无局部障碍物，则所有的流线都是互相平行的直线，这种流动称为均匀流。明渠均匀流的条件是使水流沿程减少的位能等于沿程水头损失，而水流的动能保持沿程不变。

如图 5-4 所示，在棱柱体渠道中，取一长为 ΔL 的流段来研究。在该流段上有 $p_1 = p_2$，$v_1 = v_2$，沿流动方向的力为 $\sum F = P_1 - P_2 + G\sin\theta - F_f = 0$，所以 $G\sin\theta = F_f$，即重力在流动方向的分量与摩擦阻力相平衡。

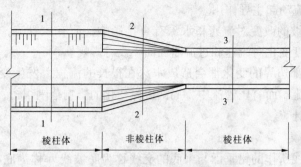

图 5-3　棱柱体、非棱柱体渠道

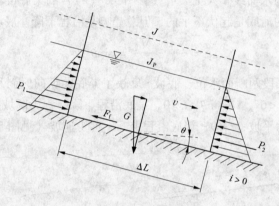

图 5-4　明渠均匀流

由上可知，明渠均匀流有以下特征：

（1）过水断面的形状、尺寸、水深沿程不变。

（2）所有的流线都是互相平行的直线。

（3）过水断面上的流速分布、平均流速沿程不变，因而动能修正系数也沿程不变。

（4）总水头线、测压管水头线、底坡线互相平行，也就是水力坡度、测压管坡度、渠底坡度彼此相等，即 $J = J_P = i$。

（三）明渠非均匀流

明渠中由于渠道横断面的几何形状或尺寸、粗糙度或底坡沿程改变，或在明渠中修建人工建筑物（闸、桥梁、涵洞）等都会改变水流的均匀状态，造成水深和流速等水力要素沿程改变，从而产生非均匀流动。人工渠道或天然河道中的水流大多数都属于非均匀流，因此研究明渠恒定非均匀流对解决生产实际问题有重要意义。

明渠非均匀流是指渠道中过水断面水力要素沿程发生变化的水流，其特点是明渠的底坡线、水面线、总水头线彼此互不平行，故水力坡度 J、水面坡度 J_z、渠底坡度 i 互不相等，即 $J \neq J_z \neq i$。因明渠非均匀流水深是沿程变化的，为了与均匀流区别，将明渠均匀流水深称为正常水深，并以 h_0 表示。

在明渠非均匀流中，若流线是接近于相互平行的直线，或流线间夹角很小、流线的曲率半径很大，这种水流称为明渠恒定非均匀渐变流，反之为明渠恒定非均匀急变流。

在实际工程中，若在明渠中筑坝取水、架设公路桥和铁路桥桥墩、设置涵洞和设立跌水建筑物等，都将改变水流的运动状态，变成流速、水深和过水面积沿流程变化的非均匀流动。如果水深沿程增加，产生壅水，形成减速流；如果水深沿程减小，将产生降水，形成加速流。

1. 明渠流态

明渠因有和大气相接触的自由表面，故与有压流不同，具有独特的水流流态。一般明渠水流有三种流态，即缓流、临界流和急流。

为了解三种流态的实质，观测一个简单试验。在静水中沿铅垂方向丢下一块石子，水面将产生一个微小波动，这个波动以石子落水点为中心，以一定的速度 v_w 向四周传播，在水面上的波形将是一连串的同心圆，如图 5-5 所示。

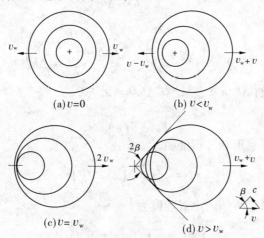

图 5-5 微幅干扰波的传播

水流流态的判别：

当 $v < v_w$ 时，干扰波能向上传播，也能向下传播，水流为缓流。

当 $v = v_w$ 时，干扰波不能向上传播，上游形成驻点，干扰波为驻波，水流为临界流。

当 $v > v_w$ 时，干扰波不能向上传播，只能向下传播，水流为急流。

下面我们用能量原理来推导干扰波的相对波速的计算公式。

如图 5-6 所示，在平底矩形棱柱形渠道中，假设渠中水深为 h，设开始时渠道中水流处于静止状态，用一竖直平板以一定速度向左拨动一下，在平板左侧将激起一个干扰微波。微波波高为 Δh，微波以波速 v_w 向左移动，观测者若以速度 v_w 随波前进，将看到微波是静止不动的，而远处的水流则以速度 v_w 向右移动。

对上述观测者所在运动坐标系来说，假设忽略摩擦阻力不计，以水平渠底为基准面，有

$$h + \frac{\alpha_1 v_w^2}{2g} = h + \Delta h + \frac{\alpha_2 v_2^2}{2g} \tag{5-3}$$

对水流两相距很近的 1—1 和 2—2 断面列能量方程，有

$$hv_w = (h + \Delta h)v_2$$

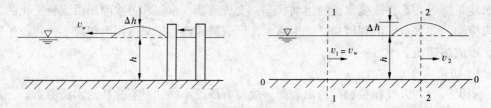

图 5-6　微幅干扰波的传播速度

由连续性方程，有

$$v_2 = \frac{hv_{\mathrm{w}}}{h + \Delta h}$$

代入能量方程，有

$$v_{\mathrm{w}}^2 = 2g\left(\Delta h + \frac{v_2^2}{2g}\right) = 2g\Delta h + \left(\frac{hv_{\mathrm{w}}}{h + \Delta h}\right)^2 \tag{5-4}$$

对波高较小的微波$\left(\Delta h/h < \dfrac{1}{20}\right)$，有 $\Delta h/h \approx 0$，则

$$v_{\mathrm{w}} = \sqrt{gh} \tag{5-5}$$

如果渠道断面为任意形状，可证明

$$v_{\mathrm{w}} = \sqrt{g\bar{h}} \quad \left(\bar{h} = \frac{A}{B}\right) \tag{5-6}$$

因此，实际水流微波传播的绝对速度为

$$v'_{\mathrm{w}} = v \pm v_{\mathrm{w}} = v \pm \sqrt{g\bar{h}} \tag{5-7}$$

对临界流来说，弗劳德数（Fr）正好等于 1，因此可用它来判别明渠水流的流态：

当 $Fr < 1$ 时，水流为缓流；

当 $Fr = 1$ 时，水流为临界流；

当 $Fr > 1$ 时，水流为急流。

若用量纲来分析，F_1 代表惯性力，G 代表重力，则

$$\frac{[F_1]}{[G]} = \frac{[ma]}{[mg]} = \frac{\left[\rho L^3 \dfrac{L}{T^2}\right]}{[\rho L^3 g]} = \frac{\left[\dfrac{L^2}{T^2}\right]}{[gL]} = \left[\frac{v^2}{gL}\right]$$

$$\left(\frac{[F_1]}{[G]}\right)^{1/2} = \left[\frac{v}{\sqrt{gL}}\right] \tag{5-8}$$

可见，惯性力与重力之比开平方的量纲式与弗劳德数的相同，说明弗劳德数的力学意义是代表水流的惯性力和重力的对比关系。当 $Fr = 1$ 时，说明惯性力与重力作用相等，水流为临界流；当 $Fr > 1$ 时，说明惯性力作用大于重力作用，惯性力起主导作用，水流处于急流状态；当 $Fr < 1$ 时，惯性力作用小于重力作用，重力起主导作用，水流处于缓流状态。

2. 断面比能、比能曲线

明渠内某断面单位质量液体对水平基准面 0—0（见图 5-7）所具有的总机械能可用下式表示

$$E = z_0 + h + \frac{\alpha v^2}{2g} \qquad (5\text{-}9)$$

如果把基准面选在渠底，则单位质量液体对新基准面0—0所具有的总机械能为

$$E_s = h + \frac{\alpha v^2}{2g} \qquad (5\text{-}10)$$

式中　E_s——断面比能或断面单位能量。

与单位重量液体的机械能 E 不同，断面比能 E_s 是自断面最低点的基准面计算的，其值沿程可能增加，也可能减小，只有在均匀流中才会沿程不变。而单位重量液体的机械能 E 是各断面水流相对于同一基准面的机械能，其值必然沿程减小。E_s 可写成

$$E_s = h + \frac{\alpha Q^2}{2gA^2} \qquad (5\text{-}11)$$

当流量 Q 和渠道断面的形状及尺寸一定时，断面比能仅是水深的函数，$E_s = f(h)$，按此函数可以绘出断面比能随水深变化的关系曲线。该曲线称为断面比能曲线，如图5-8所示。

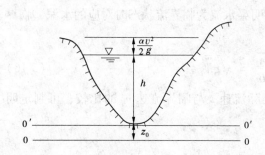

图5-7　断面单位能量　　　　　　　　　图5-8　比能曲线

对式（5-11）求导，得

$$\frac{\mathrm{d}E_s}{\mathrm{d}h} = 1 - \frac{\alpha v^2}{gh} = 1 - Fr^2 \qquad (5\text{-}12)$$

说明明渠水流的断面比能随水深的变化规律取决于断面上的弗劳德数。即

对于缓流，$Fr < 1$，则$\dfrac{\mathrm{d}E_s}{\mathrm{d}h} > 0$，断面比能随水深增加而增加；

对于急流，$Fr > 1$，则$\dfrac{\mathrm{d}E_s}{\mathrm{d}h} < 0$，断面比能随水深增加而减少；

对于临界流，$Fr = 1$，则$\dfrac{\mathrm{d}E_s}{\mathrm{d}h} = 0$，相当于比能曲线上下两支的分界点，断面比能最小。

3. 临界水深

在渠道断面形状、尺寸和流量一定的条件下，相应于断面比能最小的水深称为临界水深，以 h_c 表示。显然，临界水深应满足的条件为

$$\frac{\mathrm{d}E_s}{\mathrm{d}h} = 1 - \frac{\alpha Q^2 B}{gA^3} = 0 \qquad (5\text{-}13)$$

一般相应于临界水深时的水力要素均注以下标 c，式（5-13）可写为

$$\frac{\alpha Q^2}{g} = \frac{A_c^3}{B_c} \tag{5-14}$$

式（5-13）和式（5-14）称为临界流方程。

求解临界水深时，先假设水深 h，求出对应的 A^3/B，如果等于已知数 $\alpha Q^2/g$，则假定的 h 即为所要求的临界水深；否则，另设 h 值重新计算，直至两者相等。也可绘制 $h \sim A^3/B$ 关系曲线（见图 5-9），在该图的 A^3/B 轴上量取 $\alpha Q^2/g$ 的长度，由此引铅垂线与曲线相交于 k 点，k 点所对应的 h 值即为所求的临界水深 h_c。

当渠道断面为矩形时，可直接求解得

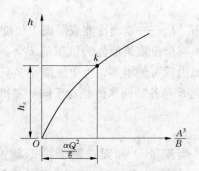

图 5-9　临界水深 h_c 的求解

$$h_c = \sqrt[3]{\frac{\alpha Q^2}{g b^2}} = \sqrt[3]{\frac{\alpha q^2}{g}} \tag{5-15}$$

由临界水深的定义可知，临界水深就是明渠水流为临界流状态时对应的水深，临界水深对应的断面平均流速称为临界流速。

$$v_c = \sqrt{g \frac{A}{B}} = \sqrt{g \bar{h}} \tag{5-16}$$

通过实际水深与临界水深的比较，或实际流速 v 与临界流速 v_c 的比较，可判定明渠水流的实际流态。

$h > h_c$，$v < v_c$，$Fr < 1$，水流为缓流；

$h = h_c$，$v = v_c$，$Fr = 1$，水流为临界流；

$h < h_c$，$v > v_c$，$Fr > 1$，水流为急流。

（四）恒定流的连续性方程式

因为水体不可压缩，并且在整个渠道系统内没有损失，在流动范围内流动面积改变时，流速也相应改变，但流量保持不变。即在恒定流条件下，通过各断面的流量是相等的。

用公式表示为

$$Q = A_1 v_1 = A_2 v_2 = \cdots = A_n v_n \tag{5-17}$$

连续性方程，实质上是质量守恒定律在水流运动中的另一种表达方式。

（五）恒定流的能量方程式

图 5-10 表示实际渠道中的水流。水流为恒定流，通过渠道的流量为 Q，现取断面 1—1 和 2—2，以 0—0 为基准面。水流在各断面上的机械能是守恒的，但是由于实际液体具有黏滞性，在流动过程中会产生摩擦阻力，液体运动要克服摩擦阻力就要消耗一定的能量，这一部分能量称为水头损失。根据能量守恒定理可得

$$z_1 + \frac{p_1}{\gamma} + \frac{\alpha_1 v_1^2}{2g} = z_2 + \frac{p_2}{\gamma} + \frac{\alpha_2 v_2^2}{2g} + h'_w \tag{5-18}$$

式中　$z_1 + \dfrac{p_1}{\gamma}$、$z_2 + \dfrac{p_2}{\gamma}$——势能；

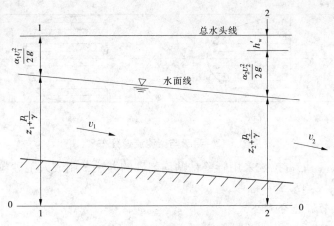

图 5-10 渠道内的能量守恒

$$\frac{\alpha_1 v_1^2}{2g}、\frac{\alpha_2 v_2^2}{2g}——动能$$

h'_w——水头损失。

恒定流的能量方程是水力学中最常见的基本方程之一。

二、断面流速分布

明渠过流断面上各点的流速一般不相等，而呈现出一种不均匀的分布。总体上表现为远离边界处流速较大、靠近边界处流速较小的连续分布。其流速分布如图 5-11 所示。

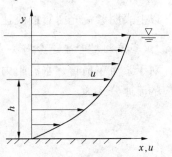

图 5-11 明渠流速分布

明渠中紊流流速的分布规律，目前可借鉴管道的流速分布规律。根据理论分析和试验结果，圆管流速分布有多种表达式，其中最常用的是流速的对数分布和流速的指数分布。

(一) 流速的对数分布

流速的对数分布是根据动量传递理论与混掺长度理论得出的。

$$u = \frac{u_*}{k}\ln y + C \tag{5-19}$$

上式为紊流流速的对数分布。

将卡门常数 $k = 0.4$ 代入上式得

$$u = 5.75 u_* \lg y + C \tag{5-20}$$

紊流流速的对数分布要比层流的抛物线分布均匀得多，如图 5-12 所示。这是因为紊流质点互相混掺造成了流速分布均匀化。

流速分布直接影响到能量方程中的动能修正系数。流速分布越不均匀，动能修正系数越大。由层流的流速分布公式，已导出圆管均匀层流的动能修正系数 $\alpha = 2$。而圆管均匀紊流时的动能修正系数一般为 $1.05 \sim 1.1$。

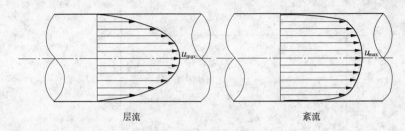

图 5-12　层流与紊流流速分布

对于光滑圆管，尼古拉兹采用管壁粘贴均匀砂的办法，制成人工砂粒粗糙管进行试验，得出 $k = 0.4$，$C = 5.5$。

1. 紊流光滑管流速分布公式

紊流光滑管流速分布公式为

$$u = u_* \left(5.75 \lg \frac{u_* y}{v} + 5.5 \right) \tag{5-21}$$

或

$$\frac{u}{u_*} = 5.75 \lg \frac{u_* y}{v} + 5.5 \tag{5-22}$$

以上表明紊流光滑管的流速仅与雷诺数 $\dfrac{u_* y}{v}$ 有关。

2. 紊流粗糙管流速分布公式

对于紊流粗糙管，水流阻力和流速主要取决于壁面粗糙度。尼古拉兹通过试验得到相应的流速公式为

$$u = u_* \left(5.75 \lg \frac{y}{\Delta} + 8.5 \right) \tag{5-23}$$

或

$$\frac{u}{u_*} = 5.75 \lg \frac{y}{\Delta} + 8.5 \tag{5-24}$$

以上表明，紊流粗糙管的流速仅与粗糙度 $\dfrac{y}{\Delta}$ 有关。

（二）流速的指数分布

除对数形式的流速分布公式外，还有直接由试验数据拟合的指数形式的流速分布公式，较为简单和常用。

根据尼古拉兹对光滑管试验资料（$4 \times 10^3 \leqslant Re \leqslant 3.2 \times 10^6$）的分析，圆管紊流的流速分布可用以下指数形式表示，即

$$\frac{u}{u_{max}} = \left(\frac{y}{r_0} \right)^{\frac{1}{n}} \tag{5-25}$$

式中 n 与雷诺数有关，见表 5-1。

表 5-1　指数 n 与雷诺数 Re 的关系

Re	4.0×10^3	2.3×10^4	1.1×10^5	1.1×10^6	2.0×10^6	3.2×10^6
n	6.0	6.6	7.0	8.8	10	10

有了流速分布公式，就可以进一步推求流量和断面平均流速 v，对于二元明渠则可

以推求其垂线平均流速。

【例 5-1】 图 5-13 为二元明渠的流速分布。试用流速的对数分布公式推求明渠均匀流流速分布曲线上与断面平均流速相等点的位置。

解： 将式（5-23）变为自然对数公式，即

$$u = u_* \left(2.5\ln\frac{y}{\Delta} + 8.5 \right)$$

单位宽度渠道所通过的流量 q 为

$$q = \int_0^h u\mathrm{d}y = u_* \left(2.5\int_0^h \ln\frac{y}{\Delta}\mathrm{d}y + 8.5\int_0^h \mathrm{d}y \right)$$

断面平均流速为

$$v = \frac{q}{h} = u_* \left(5.75\lg\frac{h}{\Delta} + 6 \right)$$

即

$$\frac{v}{u_*} = 5.75\lg\frac{h}{\Delta} + 6 \qquad (5\text{-}26)$$

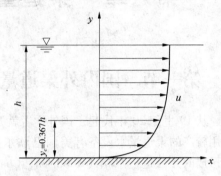

图 5-13 二元明渠流速分布

利用条件，即 $u = v$ 时，$y = y_c$，代入式（5-24），得

$$\frac{v}{u_*} = 5.75\lg\frac{y_c}{\Delta} + 8.5$$

利用与式（5-26）相等的关系，得

$$5.75\lg\frac{y_c}{\Delta} + 8.5 = 5.75\lg\frac{h}{\Delta} + 6$$

所以 $\lg\dfrac{h}{y_c} = 0.435$，即 $\dfrac{h}{y_c} = 2.72$，$y_c = 0.367h$。

由此说明，流速分布曲线上某一点的流速与断面平均流速相等的位置位于水面以下 $0.633\,h$ 处，这为我们利用流速仪测量河渠断面平均流速提供了理论依据。在水文测验规范中规定用一点法测垂线平均流速时，其测点相对水深要求取在 $0.6\,h$ 处，就是这个道理。

第六章　渠道量水设备与量水技术

第一节　国内外渠道量水技术设备研究现状与进展

　　从 19 世纪 20 年代起，国外学者就开始灌区量水技术和设备的研究。目前，国际上应用较广的渠道量水设备有美国巴歇尔量水槽（Parshall，1920）以及对该量水槽改进后形成的无喉道量水槽（Robinson，Chamberlain，1960）。巴歇尔量水槽是国内外灌区明渠流量测量中使用最广泛的量水设施之一。其水头损失不大、壅水高度小、不易淤积、测量精度高，且不受泥沙和行近流速的影响，测流范围大；但结构和施工复杂、造价高。淹没流时流量计算烦琐，且当淹没度大于 0.9 时，流量计算的精确度大大降低。虽然定型化程度较高，但仍缺乏灵活性，使用时只能选取最接近要求的标准型号。无喉段量水槽最大的优点在于结构简单，没有喉道且槽底水平，建筑装配方便。在淹没流情况下，由于在上游观测水深比在喉道处观测水深时水面波动小，故量水精度更高，宜在大中型渠道且壅水不严重的条件下使用。其后还有柱形量水槽（Hager，1985），半圆柱形简易量水槽（Samani. Z.，Magallanez，2000），卡发基（Khafagi）量水槽，RBC（Replogle-Bos-Clemens）量水槽，美国 Soil conservation service 提出的 H 形量水槽，华盛顿州立大学提出的 WSC 量水槽，以及墩形棱柱体量水槽，梯形渠道、矩形渠道长喉道量水槽，这些量水槽一般只适用于梯形或矩形渠道量水。

　　U 形渠道是 20 世纪 70 年代我国首创的渠道断面形式，具有接近于水力最佳断面、过流能力大、输沙能力强、抗外力性能好、渠口窄、占地少等优点，在我国灌区得到广泛推广应用。对 U 形渠道量水问题，国际上研究较少，仅有国际标准化组织推荐的 U 形长喉道量水槽，该量水槽仅适用于底弧为半圆的标准 U 形渠道，对国内大量应用的侧墙直线段外倾的非标准 U 形渠道难以适用。我国灌区从 20 世纪 70 年代开始推广应用 U 形渠道，目前大中型灌区斗渠以下的配水渠道已基本采用 U 形渠道。因此，国内在针对 U 形渠道量水问题方面进行了大量研究，主要有原西北农业大学朱凤书（1987）等提出的 U 形渠道抛物线形无喉道量水槽，原水利部西北水利科学研究所尚民勇（1989）提出的 U 形渠道长喉道量水槽，西安理工大学张志昌（1992）提出的 U 形渠道有坎缺口式和直壁式量水槽，这些量水槽均已在灌区推广应用。但 U 形渠道直壁式量水槽和长喉道量水槽使用中水头损失大、阻水严重，导致渠道行水不能达到设计流量。抛物线形量水槽使用范围有限（底坡大于 1/1 500 和小于 1/300）。目前，较新出现的还有 U 形渠道机翼形量水槽等。

　　量水自动化、智能化是灌区量水的一个发展方向。近年来，国内外一些研究机构开发了与量水槽配用的智能化超声波明渠流量计，可自动量测水位、流量和累积水量。如南通市水利局和扬州大学研制的由长喉道量水槽、水位传感器、流量积算仪组成的自计式长喉道量水计，江苏省沙河灌区水利科学研究所研制的分流式量水计，内蒙古自治区河套灌区与水利部南京水利水文自动化研究所研制的平原灌区田间渠道量水系统，河南省水利厅研制的豫水 ZBL-1 型便携式量水器，原西北农业大学韩克敏（1997）研制的 DGW-1 型流量计等。但突出存在的问题是，通常此类二次仪表价格较高，可与之选配的量水设备不多，在野外长期使用时的电源及数据传输问题尚未很好解决。

我国自 20 世纪 50 年代就开始了灌区量水技术的研究和应用，其间走过了曲折的道路。1985 年 7 月，国务院发布《水利工程水费核订、计收和管理办法》后，灌区量水引起了广泛重视。同年 9 月，原水利电力部农田水利司委托江苏省水利厅筹备和举办了全国灌区量水技术交流会，总结了 1949 年以来灌区量水工作的经验教训，对当时国内外比较先进的 33 件量水设备进行了考察和评议，提出了今后研制、推广灌区量水设备和技术的指导思想、原则要求，推动了灌区量水工作的深入发展。

"九五"期间，国家将"灌区量水新技术研究"作为攻关内容之一。经过几年的研究，在灌区量水技术方面已取得了一些新进展，研制了一批实用的仪器设备，特别是随着计算机技术的迅速发展，自动化计量成为灌区量水设备与量水技术新的发展趋势。

截至目前，国内已投入使用的灌区量水设备达 100 多种，如各种量水堰、量水槽、量水槛、量水计、流量计以及喷嘴、套管、配水器等。从量水方法上分，有水工建筑物量水、特设量水设备量水；从设备原理上分，有力学式、电学式、声学式、热学式、光学式、原子能式等；从设备结构上分，有容积式、叶轮式、差压式、变面积式、动量式、冲量式、电磁式、超声波式。

灌区在更新改造过程中，干、支渠道有时也选用 U 形断面，这类渠道量水一般采用面积—流速仪法。灌区目前对 U 形渠道测流仍延用梯形断面测流方法，而梯形渠道与 U 形渠道的过水断面形状相差很大，这样的测流结果无理论依据，又未经试验检验，其测流精度难以保障。U 形渠道的流速仪断面测流问题至今未能解决，相关的研究内容很少，更缺乏系统全面的理论研究。西北农林科技大学教授吕宏兴（2000）为此研究提出了 U 形渠道断面测流方法，已在部分灌区应用。

目前，渠道量水技术应用中还存在诸多问题。流速断面法、示踪法、浓度法等流速测流法由于其测量过程烦琐、费时多，难以满足灌溉量水要求；分流式测流如农用分流计，虽然结构较为简单、测流直观、壅水高度较小，但因水表易淤积，不利于多泥沙渠道应用；堰类量水建筑物，如薄壁堰、宽顶堰、简易量水槛、平坦 V 形堰，一般要求抬高底坎，易造成淤积；孔类量水装置，如测流孔板、喷嘴等则要求有压出流且孔口较小，易引起非溶解物，如泥沙、浮水、杂草等的淤积或堵塞；各种用于渠道量水的仪器设备，如闸门定流量自控机、浮子式堰闸流量计、超声波流量计，虽然易用，但其技术较为复杂、价格昂贵、在田间野外不便保护，难以大面积推广应用，仅在少数大型渠道开始试用；量水槽类量水建筑物是通过缩窄断面使其实现临界流来测流的，它具有水位跌差小、壅水高度小、不易淤积、容易建造、量水精度较高等优点，适合多泥沙灌溉渠道应用。

巴歇尔（Parshall）量水槽、矩形无喉段量水槽 Skogerboe（1972）用于梯形和矩形渠道量水。但由于其临界淹没度较小（0.6~0.8），在缓坡渠道上易产生淹没流，测量精度差，且水头测量断面的弗劳德数较大，水位波动对测流精度有显著影响。同时，上述两种量水槽均为折线形槽，用于 U 形渠道等曲线形渠道时仍存在着与过渡段连接不善等问题，量水误差较大。在我国的 U 形渠道测流工作的起步阶段，就有人借用巴歇尔测流槽和无喉段测流槽进行测流，为克服上述两种量水槽在 U 形渠道上应用时存在的与渠槽不匹配，水面波动大，测流精度差等问题，在测流槽的上、下游另加一段很长的梯形或矩形渠道以使水流平稳过渡，这样既不经济，也增加了施工难度，限制了其在 U 形渠道测流中的推广应用。

根据我国灌区特点，1987 年原西北农业大学水利系结合泾惠渠灌区斗渠以下 U 形渠道的测流问题，提出了平底抛物线形量水槽。这种量水槽是在原抛物线形薄壁堰的基础上加两端扭曲面过渡段组成，它同长喉道测流槽相比，测流槽长度短、用料少、施工难度小、不易淤积、壅水高度小、与 U 形渠道水流平顺连接，是一种较为优良的 U 形渠道量水槽，但存在着流量计算公式较为烦琐的问题。为此，1999 年西北农林科技大学又提出了一种简化的流量系数计算方法，克服了上述问题。

1987 年，原陕西机械学院提出了 U 形渠道直壁式量水槽，这种量水槽是由喉道段及两端过渡段组成，喉道底部又分为两种形式，即弓形底（原渠底）和三角底。前者底部施工较简单，后者提高了小流量的测流精度。U 形渠道直壁式量水堰的优点是体型简单、不改变渠底比降、施工较易、不易淤积、测流精度较高、测流范围较大，但这种量水槽喉道较长，弓形底量水在很小流量时，由于不受堰的控制失去了量水能力。为此，1992 年原陕西机械学院又提出了有坎缺口式测流槽和 U 形渠道直壁式测流槽。前者是将 U 形渠道直壁式量水堰的喉道底部简化为有坎缺口式，后者是将椭圆曲线过渡段改成直线段，并通过试验率定了流量系数，提出了水力设计方法。

1990 年，水利部西北水利科学研究所对 ISO 推荐的 U 形渠道圆形底长喉道量水槽进行了研究，探讨了其在非标准 U 形渠道的适用性，表明其可以用于各种标准和非标准 U 形渠道，并提出了相应的设计方法和流量计算公式。

1989 年，陕西省交口抽渭灌溉管理局提出了适用于 U 形渠道的三角剖面堰，它是通过在渠底设置三角堰的方法测流的，它不需缩小渠道宽度，过流能力较大，且水流平顺；但由于要抬高堰底，易淤积，结构也较为复杂，限制了它的应用。

1992 年，江苏省沙河灌区水利科学研究所研制成功了文丘里量水槽，它是一种双水位量水槽，由于堰底与渠道齐平，不易壅积，且过流能力大，适用于缓坡渠道的测流，近年来河套灌区对其加以改进，在该灌区得到了初步推广应用。

对于灌区大量存在的小 U 形渠道，由于通水过流时间短，采用固定式量水槽投资仍较大，为此人们研究并提出了各种移动式量水装置。1993 年，原陕西机械学院提出了 U 形渠道便携式测流槽，它由短喉道段和两端短过渡段组成，喉道段上部为矩形，下部为三角形，称为三角底，三角底的夹角为 120°。该测流槽体积较小、制作较简单，适用范围为渠道直径 $D \leqslant 60$ cm 的小型 U 形渠道，但仍存在着重量较大、移动测流时不便携带的缺点。

2003 年，西北农林科技大学又提出了一种机翼形量水槽，它仿真机翼形状，结构简单，有良好的流体力学特征，具有临界淹没度高（$\sigma = 0.9$）、不淤积、壅水高度小、测流误差小、施工简便、造价低廉等特点。

第二节　渠道量水设施

一、渠道量水设施的分类

渠道量水设施按量水建筑物的结构形式与水流特点，一般可分为量水堰、量水槽和特种量水设备三大类。

灌区量水设备的分类如下：

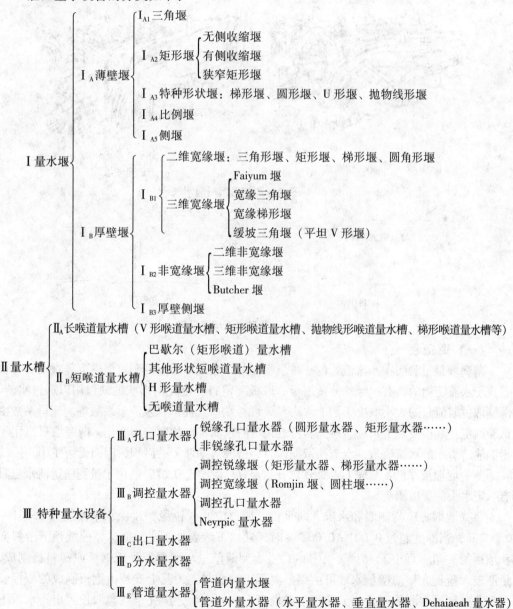

二、量水堰

量水堰有薄壁堰、平顶堰、复合断面堰和曲线堰。薄壁堰又有矩形、三角形（30°、60°、90°）、梯形、凹口矩形和复合形等，具有结构简单、量水精度高、流量计算简单等优点，但仅能用于清水，薄壁堰水流如图 6-1 所示。薄壁堰自由流与淹没流如图 6-2 所示。平顶堰又称量水槛，其上游进口有直角形、斜坡形和圆弧形。复合断面量水堰又有三角剖面堰和平坦 V 形堰，这种堰型能适应大小流量的变化，小流量有较高的量测精度。曲线堰又称曲线形实用堰，主要修建在水利枢纽的泄水工程上，施工要求较高，灌溉渠道量水较少采用。

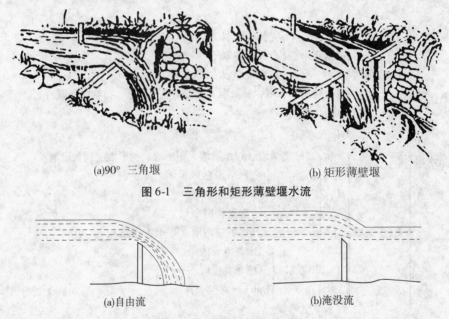

(a)90° 三角堰　　　　　　　　　　(b) 矩形薄壁堰

图 6-1　三角形和矩形薄壁堰水流

(a)自由流　　　　　　　　　　　(b)淹没流

图 6-2　薄壁堰自由流与淹没流

（一）薄壁堰

薄壁堰是量测明渠水流流量的一种量水设备。在矩形断面的顺直渠道上竖直安装一块垂直于水流流向的具有锐缘的薄壁堰板，堰板上留有一定几何形状的缺口用以通过水流，薄壁堰过堰流量的大小取决于堰上水头 h、堰板缺口几何形状及流量系数等。流量系数由试验确定，其值受堰上水头、堰高和行近渠道的水流特性的影响而变化。薄壁堰只适用于量测输送清水的水流流量，水流挟带泥沙时会造成薄壁堰上游淤积，因而无法使用。

薄壁堰堰板厚度 δ 与堰上水头 H 之比（δ/H）应小于 0.67，适用于量测输送清水且具有一定水头的渠道测流。

薄壁堰堰板应与侧墙和水流方向垂直。堰口应制成锐缘，锐缘水平厚度为 0.001 ~ 0.002 m，当厚度超过 0.001 ~ 0.002 m 时，缺口下缘要加工成斜面，并使堰顶下游斜面和堰顶的夹角不宜小于 45 °（见图 6-3）。小型薄壁量水堰堰板可用钢板或塑料板制成，量测较大流量大型薄壁量水堰可由钢筋混凝土制成基座，其上安装由钢板制成的堰板。

薄壁堰通水测流时，水流通过薄壁堰板形成的水舌，应完全挑离堰顶射出。水舌下表面应与大气接触、通气良好，全宽矩形薄壁堰为保证水舌稳定应在堰后侧壁上设通气管。下游最高水位应低于堰顶0.1 m，堰上水头应大于0.03 m。

水头测量断面应设置在距堰口上游3～6倍堰顶最大水头处。薄壁量水堰水尺零点高程与堰顶高程相同，水尺零点高程通过水准仪测量确定。当堰顶宽（b）与行近渠宽（B）之比$b/B \geqslant 0.5$时，行近渠槽的长度至少应为槽宽的10倍；当$b/B < 0.5$时，可适当缩短。行近渠槽应保持断面统一整齐、顺直。

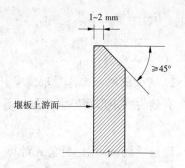

图 6-3　薄壁堰堰口锐缘加工图

（二）薄壁堰的主要类型

薄壁堰可分为矩形堰、三角形堰、梯形堰和比例堰几种类型，如图6-4所示。

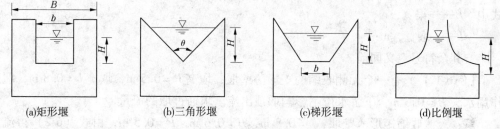

(a)矩形堰　　　　(b)三角形堰　　　　(c)梯形堰　　　　(d)比例堰

图 6-4　薄壁堰堰形

（三）矩形薄壁堰

矩形薄壁堰分为无侧收缩和有侧收缩两类。当堰顶宽度（b）与行近渠宽（B）等宽时，称为无侧收缩矩形薄壁堰；堰顶宽度小于行近渠宽时，为有侧收缩的矩形薄壁堰。堰口最小宽度$b \geqslant 0.15$ m，如图6-5所示。

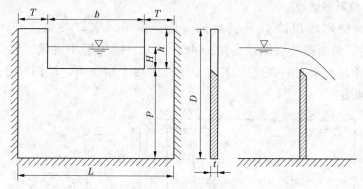

图 6-5　矩形薄壁堰示意图

1. 无侧收缩全宽矩形薄壁堰流量计算公式

无侧收缩全宽矩形薄壁堰流量计算公式

$$Q = mb \sqrt{2g} H^{1.5} \tag{6-1}$$

流量系数m用雷卜克公式计算为

$$m = 0.407 + 0.053\ 3H/P \quad (0 < H/P < 6) \tag{6-2}$$

式中　H——堰上水头，m；

　　　P——堰高，m；

　　　b——堰宽，m。

2. 有侧收缩矩形薄壁堰流量计算公式

有侧收缩矩形薄壁堰流量计算公式为

$$Q = m_0 b \sqrt{2g} H^{1.5} \tag{6-3}$$

流量系数 m_0 用巴赞公式计算

$$m_0 = \left(0.405 + \frac{0.002\,7}{H} - 0.03 \times \frac{B-b}{B} \right) \times$$

$$\left[1 + 0.55 \times \left(\frac{H}{H+P} \right)^2 \left(\frac{b}{B} \right)^2 \right] \quad (P \geq 0.5H,\ b > 0.15\ \text{m},\ P > 0.10\ \text{m}) \tag{6-4}$$

式中　B——渠宽，m；

　　　b——堰宽，m；

　　　其余符号意义同前。

【例6-1】　有一个无侧收缩的矩形薄壁堰，堰高 $P = 0.5$ m，堰宽 $b = 0.8$ m，堰顶作用水头 $H = 0.6$ m，下游水位不影响堰顶出流。求通过堰的流量 Q。

解：无侧收缩矩形薄壁堰：$b = 0.8$ m，$H = 0.6$ m，$P = 0.5$ m，由式（6-2）得流量系数为

$$m = 0.407 + 0.053\,3 H/P = 0.407 + 0.053\,3 \times 0.6/0.5 = 0.47$$

由式（6-1）得流量为

$$Q = mb \sqrt{2g} H^{1.5} = 0.47 \times 0.8 \times \sqrt{2g} \times 0.6^{1.5} = 0.77\,(\text{m}^3/\text{s})$$

（四）三角形薄壁堰

三角形薄壁堰堰顶缺口呈三角形，角顶向下，堰口夹角为 90°、60°、45°、30°。常用的三角形薄壁堰堰顶夹角为 45°、90°，适用于小流量。堰口与两侧渠坡的距离 T 及角顶与渠底的高度 P 不应小于最大堰上水头 H，结构尺寸应符合图 6-6及表 6-1 的规定。

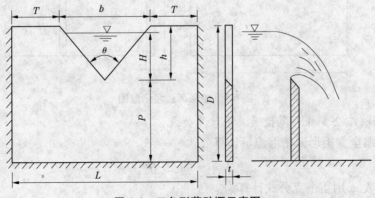

图 6-6　三角形薄壁堰示意图

表 6-1　直角三角形量水堰结构尺寸

序号	渠道流量 Q（L/s）	最大水头 H（cm）	口高 h（cm）	槛高 p（cm）	堰高 D（cm）	边宽 T（cm）	堰宽 L（cm）	堰口宽 b（cm）
1	50～70	30	35	30	65	30	130	70
2	70～100	35	40	35	75	35	150	80
3	100～140	40	45	40	85	40	170	90
4	140～185	45	50	45	95	45	190	100
5	185～240	50	55	50	105	50	210	110
6	240～300	55	60	55	115	55	230	120
7	300～375	60	65	60	125	60	250	130

三角形薄壁堰的流量计算公式介绍如下。

1. 自由流流量计算公式

自由流流量计算公式为

$$Q = (8/15)\mu \sqrt{2g}\tan(\theta/2)H^{2.5} \tag{6-5}$$

式中　Q——流量，m^3/s；

　　　H——堰上水头，m；

　　　θ——三角堰堰顶夹角，(°)；

　　　μ——流量系数。

当 $\theta = 90°$（直角三角堰），其尺寸应符合表 6-1 的规定，且最小堰上水头大于 0.06 m 时，$\mu = 0.593$，则流量可用式（6-6）计算

$$Q = 1.343H^{2.47} \quad 或 \quad Q = 1.4H^{2.5} \tag{6-6}$$

2. 淹没流流量计算公式

淹没流三角堰限于田间量水，对于直角三角堰，有

$$Q = 1.4\sigma H^{2.5} \tag{6-7}$$

$$\sigma = \sqrt{0.756 - \left(\frac{H_{下}}{H} - 0.13\right)^2} + 0.145 \tag{6-8}$$

式中　σ——淹没系数；

　　　$H_{下}$——下游水尺读数，m；

　　　H——上游水尺读数，m。

【例6-2】　有一三角形薄壁堰，堰口夹角 $\theta = 90°$，夹角顶点高程为 0.6 m，溢流时上游水位为 0.82 m，下游水位为 0.4 m。求流量。

解：因其是直角三角形薄壁堰，所以由式（6-6）得流量为

$$Q = 1.4H^{2.5} = 1.4 \times (0.82 - 0.6)^{2.5} = 0.032(m^3/s)$$

（五）梯形薄壁堰

梯形薄壁堰结构为上宽下窄的梯形缺口，堰口侧边比应为 1:4（横:竖）。

堰口尺寸要求：$B \leqslant 1.5$ m，$b = B + h/2$，$h = B/3 + 0.05$ m，$T = B/3$，$P \geqslant B/3$。$D = P + h + 0.05$ m，$L = b + 2T + 0.16$ m，见图 6-7。

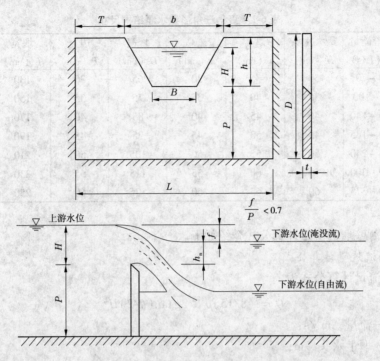

图 6-7 梯形薄壁堰及其水流形态示意图

梯形薄壁堰几何尺寸根据渠道及流量大小可按表 6-2 确定。

梯形薄壁堰流量计算分自由流和淹没流分别计算。

1. 自由流流量公式

自由流流量公式为

$$Q = 1.86BH^{1.5} \tag{6-9}$$

公式适用范围：$0.25\ \text{m} \leqslant B \leqslant 1.5\ \text{m}$，$0.083\ \text{m} \leqslant H \leqslant 0.5\ \text{m}$，$0.083\ \text{m} \leqslant P \leqslant 0.5\ \text{m}$。

表 6-2 梯形薄壁堰几何尺寸关系

堰口底宽 B (cm)	堰口顶宽 b (cm)	堰上水头 H (cm)	口高 h (cm)	边宽 T (cm)	槛高 P (cm)	堰高 D (cm)	堰宽 L (cm)	流量范围 (L/s)
25	31.6	8.3	13.3	8.3	8.3	21.6	48.2	2 ~ 12
50	60.8	16.6	21.6	16.6	16.6	38.2	94.0	10 ~ 63
75	90.0	25.0	30.0	25.0	25.0	55.0	140.0	30 ~ 178
100	119.1	33.3	38.3	33.3	33.3	71.6	185.7	61 ~ 365
125	148.3	41.6	46.6	41.6	41.6	88.2	231.5	102 ~ 640
150	177.5	50.0	55.0	50.0	50.0	105.0	277.5	165 ~ 1 009

2. 淹没流流量公式

淹没流流量公式为

$$Q = 1.86\sigma_n BH^{1.5} \tag{6-10}$$

$$\sigma_{n} = \sqrt{1.23 - (h_{n}/H)} - 0.127 \tag{6-11}$$

式中　Q——流量，m^3/s；

　　　H——堰上水头，m；

　　　B——堰口底宽，m；

　　　σ_{n}——淹没系数；

　　　h_{n}——下游水面高出堰槛的水深，m。

【例 6-3】　梯形堰堰口底宽 $B = 1.2$ m，堰槛高 $P = 0.4$ m，上游堰上水头 $H = 0.4$ m，下游堰上水头 $h_{n} = 0.32$ m，行近流速为 0.2 m/s。求过堰流量。

解：上、下游水位差与堰槛高度之比为

$$\frac{f}{P} = \frac{0.4 - 0.32}{0.4} = 0.2 < 0.7$$

故过堰水流为淹没流，由式（6-11）得淹没系数 σ_{n} 为

$$\sigma_{n} = \sqrt{1.23 - (h_{n}/H)} - 0.127 = \sqrt{1.23 - (0.32/0.4)} - 0.127 = 0.53$$

由式（6-10）得

$$Q = 1.86\sigma_{n}BH^{1.5} = 1.86 \times 0.53 \times 1.2 \times 0.4^{1.5} = 0.3(m^3/s)$$

三、渠道量水槽

量水槽是一种由明渠收缩段构成的量水设备。收缩段的作用是使水流通过量水槽时形成临界流，并具有不受下游水流条件影响的单一水位流量关系。收缩段既可以通过束窄横向宽度实现，又可以用束窄渠道宽度和抬高槽底板高度相结合的方式形成。量水槽根据渠道形式，通用的有用于梯形或矩形渠道的巴歇尔量水槽、无喉道量水槽、孙奈利量水槽、U 形渠道抛物线形喉口式量水槽、P－B 量水槽、长喉道量水槽、直壁式量水槽等。

（一）巴歇尔量水槽

根据临界水深理论设计的量水槽多是长喉道量水槽，1920 年美国巴歇尔将长喉道改成短喉道，在特定尺寸下，通过试验给出了 22 个标准设计尺寸和相应的流量计算公式，可供设计巴歇尔量水槽时选择。巴歇尔量水槽是田间渠道中应用较广泛的一种量水设备。它量水精度高、观测方便，但结构复杂、造价较高。一般用混凝土、石料或木板等材料制成。

巴歇尔量水槽由短直喉道、上游收缩段和下游扩散段组成，收缩段槽底水平，喉道段槽底向下游倾斜，扩散段槽底为逆坡，临界流产生在靠近喉道上游收缩断面的下游附近，如图 6-8 所示。巴歇尔量水槽各部分结构尺寸在喉道宽度小时，分常数项和函数项。其结构尺寸及符号如图 6-9 所示。

在量水槽中，A、B、C、D 值随喉口宽

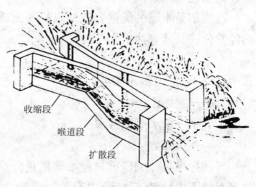

收缩段
喉道段
扩散段

图 6-8　巴歇尔量水槽

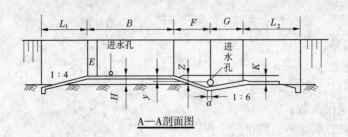

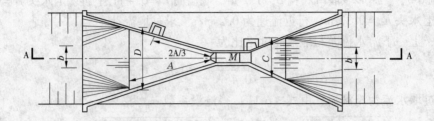

图 6-9　巴歇尔量水槽结构图

度 W 而变，其关系为：$A = 0.51W + 1.22$ m，$B = 0.5W + 1.20$ m，$C = W + 0.30$ m，$D = 1.2W + 0.48$ m。其他常数项经试验确定为：一般情况下，$F = 60$ cm、$G = 90$ cm、$K = 8$ cm、$N = 23$ cm、$x = 5$ cm、$y = 8$ cm；E 根据渠道深度而定，高出上游水位 $0.1 \sim 0.2$ m，一般可采用 1.00 m。量水槽上、下游护底长为槽底高 H 的函数，其中，上游护底长 $L_1 = 4H$，下游护底长 $L_2 = (6 \sim 8)H$。

　　同时，由于量水槽内流速较大，喉道中水面的波动亦大，直接在槽中测定水位有困难。因此，在槽壁设置后观测井，安装量测水尺。井底比槽槛要低 $20 \sim 25$ cm，测井与量水槽可用平置的金属管或混凝土管连接，管子的中心线应高出槽底 3 cm，上游水尺位于喉道上游距喉道首端 $2A/3$ 处，下游水尺位于喉道末端以上 5 cm 槽壁处。上、下游水尺零点与槽底高程齐平，观测井无漏水现象，井中经常清理泥沙，井上加盖，避免杂物入内。

　　常见量水槽的技术尺寸如表 6-3 所示。关于巴歇尔量水槽的设计，可参考《灌区配套建筑物设计图册》。

　　巴歇尔量水槽的流量公式是以临界流理论为基础，通过大量的试验数据分析整理出的经验公式。其表达式为

$$Q = Ch_1^n \tag{6-12}$$

式中　C——综合流量系数；

　　　Q——流量，m^3/s；

　　　h_1——量水槽上游水头，m；

　　　n——指数。

　　每种标准尺寸的巴歇尔量水槽流量公式的系数和指数均不相同，另外流量计算公式与量水槽下游水流衔接形式有关，水流为自由流和淹没流时，判别条件和流量公式如下。

表6-3　巴歇尔量水槽标准尺寸

喉口宽度 W (m)	A (m)	$\dfrac{2A}{3}$ (m)	堰口底宽 B (m)	综合流速系数 C	堰高 D (m)	可量测的流量 Q (m³/s)	
						最小	最大
0.250	1.351	0.900	1.325	0.550	0.780	0.006	0.561
0.500	1.479	0.986	1.450	0.800	1.080	0.012	1.159
0.750	1.606	1.070	1.575	1.050	1.380	0.016	1.772
1.000	1.734	1.156	1.700	1.300	1.680	0.021	2.330
1.250	1.861	1.241	1.825	1.550	1.980	0.026	2.920
1.500	1.988	1.326	1.950	1.800	2.280	0.032	3.500
1.750	2.116	1.411	2.075	2.050	2.580	0.037	4.080
2.000	2.243	1.495	2.200	2.300	2.880	0.041	4.660
2.250	2.370	1.580	2.325	2.550	3.180	0.046	5.240
2.500	2.498	1.665	2.450	2.800	3.480	0.051	5.820
2.750	2.625	1.750	2.575	3.050	3.780	0.056	6.410
3.000	2.753	1.835	2.700	3.300	4.080	0.060	6.990

（1）淹没度为 $s = h_2/h_1 < 0.7$ 时，为自由流，流量公式为

$$Q = 0.372W\left(\frac{h_1}{0.305}\right)^{1.569W^{0.026}} \tag{6-13}$$

式中　h_1——上游水尺读数，m；

　　　W——喉道宽度，m；

　　　其余符号意义同前。

当喉道宽度 $W = 0.5 \sim 1.5$ m 时，可用简化公式，按 $W^{0.026} = 1$ 代入公式（6-13）得

$$Q = 2.4Wh_1^{1.569} \tag{6-14}$$

（2）淹没度为 $0.7 < s = h_2/h_1 < 0.95$ 时，为淹没流，此时流量应用公式（6-13）计算得出的自由流流量 Q 减去因淹没引起的流量减小修正值 ΔQ。

$$\Delta Q = 0.0746\left\{\left[\frac{h_1}{\left(\frac{0.928}{s}\right)^{1.8} - 0.747}\right]^{4.57-3.14s} + 0.093S\right\}W^{0.815} \tag{6-15}$$

式中符号意义同前。

巴歇尔量水槽的流量计算比较复杂，实用中可根据量水槽的规格，上、下游水位制成流量表供查用。

巴歇尔量水槽的施工安装应注意下列事项：安装量水槽的平直渠段长应不小于渠道宽度的 8～10 倍；上游长度不得小于渠宽的 2～3 倍，下游长度不得小于渠宽的 4～5 倍；同时，渠段的渠床应规则，无显著的变形现象。安装施工时，基础必须夯实，避免

有沉陷、漏水现象发生。应严格按量水槽结构尺寸准确施工和安装。上、下游水尺应安设在量水槽壁后的观测井内，量水槽进口部分的侧墙要与轴线成 $11°19'$ 的扩散角，出口部分的侧墙与轴线成 $9°28'$ 的扩散角，侧墙高度应高出量水槽上游最高水位 $0.1 \sim 0.2$ m。

【例6-4】 如图 6-10 所示，已知渠道最大流量为 1.5 m³/s，相应的水深为 0.7 m，根据渠道管理上的要求，在安设量水槽后，上游渠道的壅水高度不得大于 0.19 m，求所需的量水槽尺寸及其槽底高度。

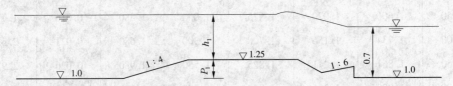

图 6-10　例 6-4 图

解： 先按自由流考虑，初选 $W = 1.25$ m 的巴歇尔槽，查《灌区量水工作手册》（陈炯新等编）第 228 页，得出当 $Q = 1.5$ m³/s 时，相应的上游水头 $h_1 = 0.64$ m。要求 $h_2 / h_1 \leq 0.7$，则 $h_2 = 0.7 \times 0.64 = 0.45$（m）。

为了保证下游渠道通过 1.5 m³/s 的流量，则下游渠道仍应保持水深不小于 0.7 m，上游水深也不得超过 $0.7 + 0.19 = 0.89$（m），这是校核能否成为自由流和决定槽底凸出高度的标准。

由 $h_1 - h_2 = 0.64 - 0.45 = 0.19$（m），知符合壅水高度要求。

槽底凸出高度：$P_1 = 0.7 - 0.45 = 0.25$（m）。

校核上游水深：$h_1 = 0.64 + 0.25 = 0.89$（m）。

下游水深：$h_2 = 0.45 + 0.25 = 0.7$（m），与要求的 0.7 m 水深相同。

这样上游既不超过限制水位，下游又能保证通过渠道的设计流量，故应采用 $W = 1.25$ m 的标准巴歇尔量水槽。

（二）无喉道量水槽

无喉道量水槽是在巴歇尔量水槽的基础上经研究改进的一种量水槽形式，因无喉道长度而得名。其最大优点是结构简单、经济，便于施工。

矩形无喉道量水槽由进口收缩段、矩形喉口、出口扩散段及上、下游水尺组成，上游进口段以 1:3 折角收缩，下游出口段以 1:6 折角扩散，进口和出口宽度相等。标准无喉道量水槽结构见图 6-11，各部分尺寸见表 6-4。

量水槽的上、下游水尺分别设置在距进口和出口 $L/9$ 处，水尺应垂直于槽底，零点与槽底齐平。小型量水槽（喉宽在 0.8 m 以下）水尺可设在侧墙壁上；大型量水槽水尺可在槽外设观测井观测水位。

无喉道量水槽流量计算公式分自由流和淹没流两种情况。

1. 自由流流量计算公式

自由流流量计算公式为

$$Q = C_1 H^{n_1} \tag{6-16}$$

$$C_1 = K_1 W^{1.025} \tag{6-17}$$

式中　Q——过槽流量，m^3/s；

　　　C_1——自由流系数，查用表6-5；

　　　H——槽内上游水深，m；

　　　n_1——自由流指数，查用表6-5；

　　　K_1——自由流槽长系数，查用图6-12；

　　　W——喉宽，m。

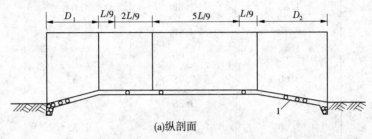

(a)纵剖面

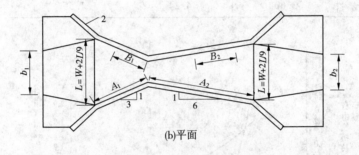

(b)平面

图6-11　无喉道量水槽结构图

表6-4　无喉道量水槽尺寸 （单位：m）

槽型	槽宽	槽长	上游侧墙长度	下游侧墙长度	上游水尺位置	下游水尺位置	进、出口宽度	上游护坦长度	下游护坦长度
$W \times L$	W	L	A_1	A_2	B_1	B_2	b	D_1	D_2
0.3×0.9	0.3	0.9	0.316	0.608	0.211	0.507	0.40	0.60	0.8
0.4×1.35	0.40	1.35	0.474	0.913	0.316	0.760	0.70	0.80	1.20
0.6×1.80	0.60	1.80	0.632	1.217	0.422	1.014	1.00	1.00	1.60
0.8×1.80	0.80	1.80	0.632	1.217	0.422	1.014	1.20	1.20	2.00
1.0×2.70	1.00	2.70	0.950	1.825	0.632	1.521	1.60	1.40	2.40
1.2×2.70	1.20	2.70	0.950	1.825	0.632	1.521	1.80	1.60	2.80
1.4×3.60	1.40	3.60	1.265	2.433	0.843	2.028	2.00	1.80	3.20
1.6×3.60	1.60	3.60	1.265	2.433	0.843	2.028	2.20	2.00	3.60
1.8×3.60	1.80	3.60	1.265	2.433	0.843	2.028	2.40	2.20	4.00
2.0×3.60	2.00	3.60	1.265	2.433	0.843	2.028	2.60	2.40	4.40

表 6-5　无喉道量水槽自由流系数和指数查用表

W（m）	L（m）	C_1	n_1	K_1
0.2	0.9	0.696	1.80	3.65
0.4	1.35	1.042	1.71	2.68
0.6	1.80	1.40	1.64	2.36
0.8	1.80	1.88	1.64	2.36
1.00	2.70	2.16	1.57	2.16
1.20	2.70	2.60	1.57	2.16
1.40	3.60	2.95	1.55	2.09
1.60	3.60	3.38	1.55	2.09
1.80	3.60	3.82	1.55	2.09
2.00	3.60	4.24	1.55	2.09

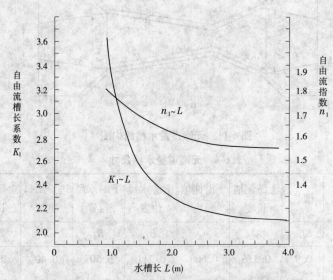

图 6-12　自由流系数 K_1 与指数 n_1 关系曲线

2. 淹没流流量计算公式

淹没流流量计算公式为

$$Q = \frac{C_2 (H - h_{\mathrm{H}})^{n_1}}{(-\log S)^{n_2}} \qquad (6-18)$$

$$C_2 = K_2 W^{1.025} \qquad (6-19)$$

式中　C_2——淹没流系数，查用表 6-6；

　　　h_{H}——槽内下游水深，m；

　　　n_2——淹没流指数，查用表 6-6；

　　　K_2——淹没流槽长系数；

S_t——淹没度，$S_t = h_2/h_1$；

其余符号意义同前。

表 6-6　无喉道量水槽淹没流系数、指数和临界淹没度查用表

W（m）	L（m）	C_2	n_2	K_2	S_t
0.2	0.9	0.397	1.46	2.08	0.65
0.4	1.35	0.79	1.36	1.33	0.70
0.6	1.80	1.17	1.34	1.17	0.75
0.8	1.80	1.57	1.34	1.11	0.80
1.00	2.70	2.03	1.34	1.11	0.80
1.20	2.70	0.598	1.40	1.53	0.70
1.40	3.60	1.06	1.38	1.33	0.70
1.60	3.60	1.41	1.34	1.17	0.85
1.80	3.60	1.80	1.34	1.11	0.80
2.00	3.60	2.25	1.34	1.11	0.80

【例 6-5】　已知某渠道底宽为 0.7 m，要求通过的最大流量为 0.4 m³/s，相应水深为 0.65 m，要在渠道上修建一无喉道量水槽，要求建槽后上游渠道水位壅高不能超过 0.15 m。求量水槽的尺寸和槽底凸出高度。

解：根据渠道断面，初选量水槽尺寸为 0.6 m×1.8 m。由《灌区量水工作手册》（陈炯新等编）表 6-17 中查得当 $Q = 0.4$ m³/s 时，相应的量水槽上游水头 $h_1 = 0.47$ m。

由表 6-6 中查得临界淹没度 $S_t = 0.75$，则 $h_2 = S_t h_1 = 0.75 \times 0.47 = 0.35$（m）。为保证下游通过设计流量，槽底必须凸出，高度为 $P_1 = 0.65 - 0.35 = 0.3$（m），则上游渠道水深 $H = h_1 + P_1 = 0.47 + 0.3 = 0.77$（m）。

校核壅水高度：0.77 - 0.65 = 0.12（m）< 0.15（m），是允许的。

故选用 0.6 m×1.8 m 的量水槽是符合设计要求的，槽底凸出高度 $P_1 = 0.3$ m。量水槽其余尺寸可由表 6-4 查得。

（三）孙奈利量水槽

孙奈利量水槽在平面上，两侧边墙由进口向出口收缩呈梯形布置，横断面为矩形，底面水平。槽体进、出口横断面垂直于渠槽纵轴线。出口末端为跌坎，形成跌水进入下游河渠中。标准孙奈利量水槽结构图见图 6-13。

孙奈利量水槽的几何尺寸是槽出口断面宽度 b 的函数。各部尺寸按下列关系计算：

进口断面宽度	$b_1 = 1.7b$	（6-20）
堰槽长度	$l_1 = 2b$	（6-21）
出口断面宽度范围	$0.3 \leqslant b \leqslant 1.0$	（6-22）
底坎高度	$h_p \geqslant 0.5 h_{max}$	（6-23）
河渠下游衬砌段长度	$l_5 \approx 3 h_{max}$	（6-24）

边墙高度：　　　　　　　　$h_c = h_{max} + (0.15 \sim 0.2)$　　　　　　　（6-25）

式中　b——量水槽出口断面宽度，m；

　　　h_{max}——量水槽上游最大水头，m。

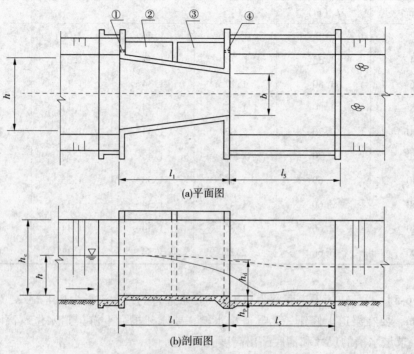

(a)平面图

(b)剖面图

①—静水井③的连通管；②—观测 h（上游水位）的静水井；

③—观测 h_d（下游水位）的静水井；④—静水井③的连通管

图 6-13　孙奈利量水槽结构图

标准孙奈利量水槽尺寸及水头、流量范围如表 6-7 所示。

表 6-7　孙奈利量水槽标准尺寸　　　　　　　　　（单位：m）

序号	b	l_1	b_1	h_p	h_c	l_5	水头范围 h		自由流流量范围 Q（m³/s）	
							min	max	min	max
1	0.3	0.6	0.51	0.40	0.7	1.8	0.14	0.55	0.03	0.25
2	0.4	0.8	0.68	0.50	0.8	1.8	0.14	0.60	0.04	0.40
3	0.5	1.0	0.85	0.65	0.9	2.0	0.15	0.70	0.06	0.63
4	0.60	1.2	1.02	0.80	1.0	2.5	0.20	0.85	0.10	1.00
5	0.75	1.5	1.275	1.00	1.2	3.0	0.22	1.0	0.16	1.60
6	1.0	2.0	1.70	1.20	1.3	3.0	0.24	1.1	0.25	2.50

1. 非淹没流流量计算公式

$$Q = Cb \sqrt{2g} h^{1.5}$$　　　　　　　　　　　　（6-26）

$$C = 0.5 - \frac{0.109}{6.26h + 1} \tag{6-27}$$

式中　Q——流量，m^3/s；

　　　C——流量系数；

　　　h——上游水头，m。

式（6-27）的适用条件：$\sigma = \dfrac{h_{\text{d}}}{h} < 0.2$。

2. 淹没流流量计算公式

$$Q_{\text{s}} = C_{\text{s}} Q \tag{6-28}$$

$$C_{\text{s}} = 1.085\left[1 - \frac{1}{11.7(1 - \sigma) + 1}\right] \tag{6-29}$$

式中　Q_{s}——淹没流流量，m^3/s；

　　　C_s——淹没系数。

式（6-29）的适用条件：$\sigma \geqslant 0.2$。

淹没比 σ 在 $0.2 \sim 0.9$ 范围内，C_{s} 值见表6-8。

表6-8　孙奈利量水槽淹没系数

σ	C_{s}	σ	C_{s}	σ	C_{s}	σ	C_{s}
0.2	0.98	0.58	0.9	0.75	0.81	0.83	0.72
0.26	0.97	0.6	0.89	0.76	0.8	0.85	0.69
0.32	0.96	0.62	0.89	0.77	0.79	0.86	0.67
0.38	0.95	0.65	0.87	0.78	0.78	0.87	0.65
0.42	0.95	0.67	0.86	0.79	0.77	0.88	0.63
0.47	0.93	0.7	0.84	0.8	0.76	0.89	0.61
0.5	0.93	0.72	0.83	0.81	0.75	0.9	0.59
0.55	0.91	0.74	0.82	0.82	0.74		

（四）U 形渠道抛物线形喉口式量水槽

U 形断面衬砌渠道具有水力条件优越、占地少、工程量小、防渗效果好、耐冻胀等优点，自 20 世纪 70 年代以来在我国广大灌区得到了广泛应用。U 形渠道抛物线形喉口式量水槽是针对灌区 U 形渠道量水问题而设计的，经过近十多年来在陕西、甘肃等省部分灌区的推广应用，证明该量水槽可应用于各类标准的或侧墙直线段外倾的非标准 U 形渠道量水，且具有测流精度较高（误差 ≤3%），测流幅度大（$Q_{\max}/Q_{\min} = 266$），壅水少，工程量小，用于输沙渠道时亦有不淤积的特点，量水槽水流现象见图6-14。该技术成果已在 1991 年 1 月由国家科委社会发展科技司、国家科委农村科技司、国家科委科技成果司、水利部科教司、农业部科技司联合召开的"全国农业节水技术评估会"上被评为可大面积推广项目；并于 1998 年分别获陕西省科技进步三等奖和陕西省水利科技进步二等奖。下面介绍该量水槽的选型与设计方法。

1. 量水槽结构形式及选型设计计算公式

抛物线形喉口式量水槽的测流原理是使水流在量水槽抛物线形喉口断面形成收缩，产生临界流，从而在槽前构成稳定的水位流量关系。量水槽的基本结构如图 6-15 所示，由抛物线形喉口断面，上、下游渐变段和水尺组成，喉口断面底部与渠底齐平，为无底坎型。量水槽上、下游由原 U 形渠道断面形状渐变为抛物线形喉口形状，再从抛物线喉口形状渐变为与下游 U 形渠道断面形状吻合。量水槽的主要参数及结构尺寸有喉口断面抛物线方程的形状系数 P，决定喉口断面大小的收缩比 ε，上、下游渐变段长度 L。设计前须确定 U 形渠道底弧半径 r，侧壁直线段外倾角 α 或底弧圆心角 θ，渠道糙率 n 和底坡 i，渠道设计流量 Q 及正常水深 h_0，计算公式分述如下。

图 6-14　U 形渠道抛物线形喉口式量水槽水流现象

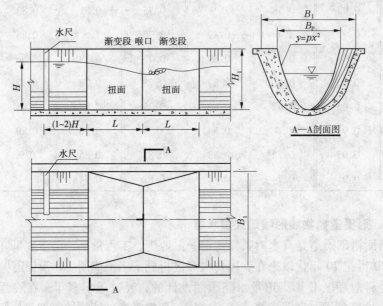

图 6-15　U 形渠道抛物线形喉口式量水槽结构形式

喉口断面抛物线方程为

$$y = px^2 \tag{6-30}$$

抛物线形状系数为

$$P = \frac{16H^3}{9\varepsilon^2 A_t^2} \tag{6-31}$$

抛物线形喉口断面面积为

$$A_P = \frac{4}{3} H \sqrt{\frac{H}{P}} \tag{6-32}$$

渐变段长度（上、下游相等）：$L \geq 3 (B_1 - B_0)$；当计算的 L 小于 30 cm 时，取 30 cm。
喉口断面顶宽为

$$B_P = \sqrt[2]{\frac{H}{P}} \tag{6-33}$$

渠口宽为

$$B_1 = 2 \left[r \sin \frac{\theta}{2} + (H - T) \cot \frac{\theta}{2} \right] \tag{6-34}$$

水头测量断面即水尺距喉口距离为

$$L_1 = L + (1 \sim 2) H \tag{6-35}$$

式中　y, x——以槽底为原点的纵横坐标，m；

$\qquad P$——抛物线的形状系数，m^{-1}；

$\qquad H$——U 形渠道衬砌深度，m；

$\qquad \varepsilon$——量水槽喉口断面收缩比（定义为喉口全断面面积与渠道全断面面积之比），

$\qquad\qquad$ 其值由表 6-9 确定；

$\qquad B_P$——量水槽抛物线形喉口断面顶宽，m；

$\qquad B_1$——U 形渠道渠口宽，m；

$\qquad T$——U 形渠道底弧弓高，m；

$\qquad \theta$——U 形渠道底弧圆心角，（°）；

$\qquad$ 其余符号意义同前。

表 6-9　U 形渠道型号与量水槽喉口收缩比 ε 关系 （$n = 0.015$）

型号比降	D30H40	D40H50	D50H55	D60H60	D70H70	D80H80
1/300	0.65	0.7	0.7	0.7		
1/400	0.6	0.65	0.7	0.7	0.7	
1/500	0.55	0.55	0.6	0.65	0.65	0.65
1/600	0.5	0.5	0.55	0.6	0.6	0.6
1/700	0.45	0.5	0.5	0.55	0.55	0.55
1/800	0.45	0.45	0.5	0.5	0.5	0.55
1/900	0.4	0.4	0.45	0.5	0.5	0.5
1/1 000	0.4	0.4	0.45	0.45	0.45	0.5
1/1 200		0.4	0.4	0.4	0.4	0.45
1/1 300		0.4	0.4	0.4	0.4	0.4
1/1 400			0.4	0.4	0.4	0.4
1/1 500				0.4	0.4	0.4

注：以 D30H40 为例，表示渠道直径 D 为 30 cm，渠道衬砌深度 H 为 40 cm。

标准 U 形渠道量水槽选型时，可根据实测的 U 形渠道断面尺寸（渠深 H、底弧半径 r、底弧中心角 θ）及渠道比降，参照表 6-9 初选喉口断面收缩比 ε。表 6-9 中收缩比 ε 是指糙率 $n = 0.015$ 的渠道，当糙率 $n \leqslant 0.013$ 时，所选 ε 值增加 0.05；当 $n \geqslant 0.017$ 时，ε 值减小 0.05。量水槽下游有跌水或陡坡时，选取的 ε 值与底坡和渠道型号无关，可取 0.6 ~ 0.65。ε 选定后，即可根据式（6-30）~ 式（6-34）确定图 6-15 所示量水槽各部分结构尺寸。

初选的收缩比 ε 值必须使量水槽在通过加大流量时为自由流，即淹没度（量水槽下游渠道正常水深与上游水尺处水深之比）小于 0.88，否则 ε 值应加大 5%，再重新计算量水槽尺寸，检验淹没度，直至满足淹没度要求。量水槽下游水深可根据流量、渠道糙率、过水断面尺寸，按明渠均匀流正常水深计算确定。表 6-9 中未列出的 U 形渠道可比照与该表中相近的渠道型号拟定 ε 值进行量水槽设计。

量水槽施工时，可用胶合板（条件具备者可用塑料板）预先做好喉口断面，放置于欲安装量水槽的 U 形渠道上，然后用水泥砂浆完成上、下游渐变段的施工。

2. 量水槽流量公式

量水槽设计与流量计算均与 U 形渠道过水断面水力要素有关，过水断面如图 6-16 所示，其水力要素如下。

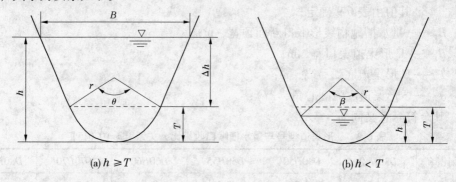

(a) $h \geqslant T$　　　　　　　　　　　　(b) $h < T$

图 6-16　U 形渠道过水断面水深 $h \geqslant T$ 与 $h < T$ 示意图

过水面面积为

$$A = \frac{r^2}{2}\left(\frac{\pi\theta}{180} - \sin\theta\right) + \Delta h\left(2r \cdot \sin\frac{\theta}{2} + \Delta h \cdot \cot\frac{\theta}{2}\right)\cdots \quad (h \geqslant T) \tag{6-36}$$

$$A = \frac{r^2}{2}\left(\frac{\pi\beta}{180} - \sin\beta\right)\cdots \quad (h \leqslant T) \tag{6-37}$$

$$\beta = 2 \cdot \arccos\left(1 - \frac{h}{r}\right) \tag{6-38}$$

量水槽自由流流量计算公式为

$$Q = C_1 \cdot \frac{A^2}{h}\left(1 - \sqrt{1 - C_2 \cdot \frac{h^3}{A^2}}\right) \tag{6-39}$$

式中　A——过水断面面积，m^2；

　　　r——U 形渠道底弧半径，m；

h——量水槽水尺读数，即水尺断面处的水深，m，$\Delta h = h - T$；

θ——U 形渠道底弧圆心角，(°)；

β——$h < T$ 时水面以下底弧圆心角，(°)；

Q——流量，m^3/s；

A——取水尺处过水断面面积，m^2；

C_1，C_2——反映喉口断面特征的系数；

其余符号意义同前。

$$C_1 = \frac{gP^{0.489}\varepsilon^{0.13}}{3.92\alpha_0} \tag{6-40}$$

$$C_2 = \frac{15.364\alpha_0}{gP^{0.987}\varepsilon^{0.26}} \tag{6-41}$$

式中　α_0——动能修正系数，亦可视堰上游水流流速分布情况取为常数 $1.0 \sim 1.08$；

g——重力加速度，$g = 9.8 \text{ m/s}^2$。

3. 量水槽应用条件

量水槽必须在自由流条件下使用，即下游水深与上游水深之比应小于 0.88，上游水深应大于 6 cm。适合安装量水槽的渠道比降为 $1/300 \sim 1/1\,500$，水尺零点与喉口底部高差为 5 mm。量水槽上游弗劳德数 Fr 应小于 0.5。

【例 6-6】　已知一 U 形渠道设计流量为 90 L/s、底弧直径 $D = 0.4$ m、衬砌渠深 $H = 0.5$ m、直线段外倾角 $\alpha = 14°$、渠道比降 $i = 1/1\,100$ 及糙率 $n = 0.015$。试为其设计一个平底抛物线形无喉道量水槽。

解：根据已知参数初步选取 ε 值为 0.35、0.4 和 0.45，计算结果如表 6-10 所示。

表 6-10　量水槽设计计算结果

ε	P (m^{-1})	设计流量 (L/s)	$h_{上}$ (m)	$h_{下}$ (m)	临界淹没度	判定
0.35	41.472	90	0.49	0.39	0.8	符合
0.4	31.752	90	0.46	0.39	0.85	符合
0.45	25.088	90	0.43	0.49	0.91	不符合

表 6-10 中 $h_{上}$ 和 $h_{下}$ 是由流量计算式（6-39）和 U 形渠道水力计算公式试算而得。

通过上述计算可以看出 $\varepsilon = 0.45$ 时渠道在设计流量下出现淹没流；$\varepsilon = 0.4$ 和 0.35 时均能满足自由流和渠道的设计要求。但 $\varepsilon = 0.4$ 时的量水槽比 $\varepsilon = 0.35$ 时的抛物线量水槽设计参数和结构尺寸节省材料。因此，可以选择 $\varepsilon = 0.4$ 确定抛物线量水槽的设计参数和结构尺寸（见表 6-11）。

表 6-11　量水槽尺寸确定结果

直径 D (m)	渠深 H (m)	倾角 α (°)	渠口宽 B (m)	抛物线参数 P (m^{-1})	堰口宽 b (m)	渐变长 $L_1 = L_2$	第一系数 C_1	第二系数 C_2 (m)
0.4	0.5	14	0.562	31.752	0.25	0.9	11.152 5	0.073 0

（五） P－B 量水槽

美国的帕尔默·玻鲁斯于 1936 年研制的 P－B 量水槽适用于圆形管道的流量测量，一般用于测量城市工业排放污水的地下非满流的圆形管道的流量，也可以测量其他圆形管道的流量，其应用坡度在 2/100 以下，上游侧直管段长度应为管径的 10 倍以上，下游不应有负坡和闸阀。P－B 量水槽可用于管道或 U 形渠槽中流量测量，由喉道上游均匀收缩段、横断面为倒梯形的喉道段和喉道下游均匀扩散段组成。不允许出现淹没流。

P－B 量水槽结构形式见图 6-17 及表 6-12。上下游翼墙、上下游底坎均以 1：3 的坡降完成管道边壁与喉道段的连接。

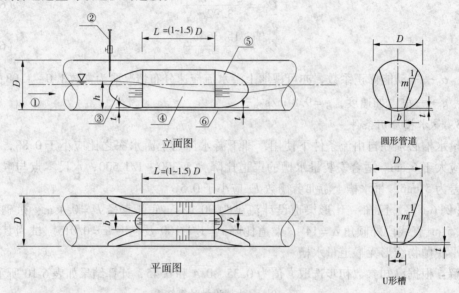

①—流向；②—水位观测断面；③—上游收缩段；④—喉道段；⑤—下游扩散段；⑥—底坎

图 6-17　P－B 量水槽结构图

表 6-12　P－B 量水槽结构形式

管径（mm）	喉道底高 t	喉道底宽 b	喉道边坡系数 m	喉道长度 L
D	$D/20 \sim D/10$	$D/5 \sim D/2$	$3 \sim 3.2$	$1.0D \sim 1.5D$

流量计算公式

$$Q = Ch^n \tag{6-42}$$

式中　Q——过槽流量，L/s；

C——流量系数，由试验率定确定；

h——上游实测水头，m；

n——指数，由试验率定确定。

经过试验率定的两种管径 P－B 量水槽结构尺寸及流量公式如表 6-13 所示。

表6-13　经率定的两种 P－B 量水槽流量系数和指数

管径 （mm）	喉道底坎高 （mm）	喉道底宽 （mm）	喉道边坡	喉道长度 （mm）	C	n	水位—流量 关系式
500	25	166.7	1：3	750	0.056 1	2.044 2	$Q = 0.056\,1h^{2.044\,2}$
340	17	113.3	1：3	510	0.038 6	2.107 9	$Q = 0.038\,6h^{2.107\,9}$

四、其他量水设备简介

（一）长底堰：简易量水槛（改进的平顶堰）

简易量水槛量水设备一般情况下由上游引渠段和渐变段、收缩段（喉道）、下游段（或扩散段）几部分组成。收缩段由一短堰构成。收缩段的断面形式有矩形、梯形（见图6-18）、复合形。

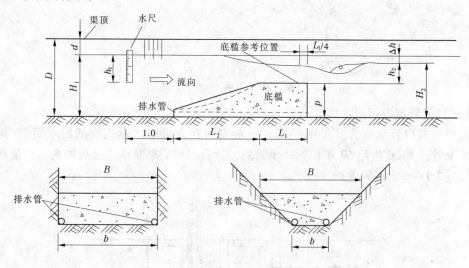

图6-18　矩形、梯形渠道简易量水槛

简易量水槛的主要设计尺寸为量水槛高度和宽度，起断面的两侧槛坡为原渠道边坡。量水槛的高度对灌渠中的水位起控制作用。设置量水槛后，上游形成壅水，要求不过多地阻碍水流，以避免上游水位升高超过渠顶高度，而发生漫溢。

（二）长底堰：平坦 V 形堰

平坦 V 形堰（见图6-19）是在三角形剖面堰的基础上将两种不同横断面形状组合在一起，上部为矩形、下部为 V 形的复合断面发展的一种新型明渠量水建筑物。现常用的有两种剖面，即上游坡坡度均为 1：2，下游坡坡度为 1：5，堰顶呈平缓的 V 形缺口，堰顶中心处高程最低，堰顶逐渐向两侧边墙方向升高，堰顶横向坡度必须不陡于 1：10。优点是能适应不同流量，测流幅度宽，在 V 形堰口以下可精确测定小流量，超过 V 形堰口可测定较大流量。实践证明，在纵坡较缓、推移质泥沙不大的情况下应用，效果优良。

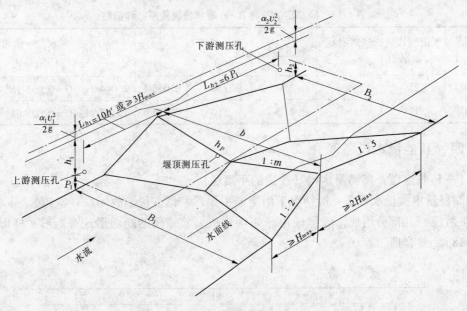

注：h_P 指堰顶测压孔水头。

图 6-19　平坦 V 形堰

（三）流线型进口量水短管

流线型进口量水短管（见图 6-20）一般安装在靠近取水建筑物闸量水短管门前，又称为套管，是 20 世纪 60 年代苏联研制的，具有结构简单紧凑、水头损失小、量水精度较高（2% ~6%）等优点。

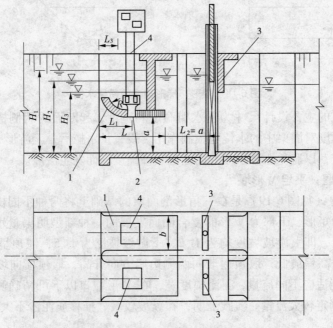

1—量水短管；2—测压管孔；3—闸门；4—测量变换器

图 6-20　流线型进口量水短管

（四）量水喷嘴

灌区渠道上的量水喷嘴（见图6-21）一般采用收敛形锥形喷嘴，过流状态为有压淹没流，管嘴有长方形、正方形和圆形三种，结构上由挡水墙板和管嘴两部分组成。

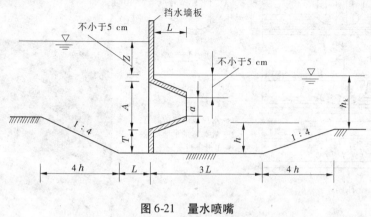

图 6-21 量水喷嘴

第三节 几种新型量水槽简介

通常，明渠量水槽都是在宽顶堰的基础上，根据文丘里（venturi）流量计的测流原理，基于临界流的概念设计发展而成的量水建筑物，在外形和量水原理上有很好的继承性。用工程措施可以造成灌溉渠道横断面上一定程度的科学收缩，相比于收缩段上游具有自由降落水面的水流，在流线型收缩段的水流将会发生局部压力减少，同时流速增加的临界流现象。这样，下游水位在较大范围内的变动不会影响到上游水位，过槽水流就会具有不受下游水流条件影响的单一稳定的水位—流量关系。通过量水槽的流量只与槽前水深和量水槽的几何尺寸有关，即当量水槽结构尺寸一定时，只要量测出量水槽上游水深，便可由水位—流量的单值函数关系，获得相应的过槽流量，从而达到量测流量的目的。这类特设量水装置一般具有水位跌差小、不宜淤积、容易建造、测流精度较高等优点，更适合灌区渠道应用。

现介绍的U形渠道机翼形量水槽、矩形渠道半圆柱形简易量水槽及其改形后得到的闸墩形量水槽都是通过在渠道边壁上修筑槽体所形成的新型量水槽，均为束窄渠道宽度的侧收缩型量水槽。其结构新颖、制作方便、淹没度较高，流量公式简明实用，精度也能满足灌区对量水设备的要求。与其他收缩控制断面两侧为锐缘边角的量水槽不同的是，其流线型内壁对过流没有显著影响，在水中泥沙杂物的摩擦碰撞作用下不易造成测流系统误差。

一、机翼形量水槽

机翼形量水槽是西北农林科技大学水利与建筑工程学院吕宏兴研究的新型量水槽（该量水槽已获国家专利授权，专利号 ZL 200420086285.7），其量水槽外形仿真飞机机翼，具有良好的流体力学特征，满足水流通过顺畅、水头损失小、临界淹没度大和测流精度高的条件，适用于U形渠道量水。量水槽结构及水流现象如图6-22 所示。

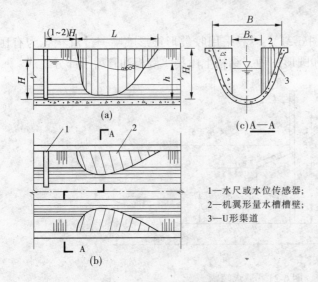

1—水尺或水位传感器；
2—机翼形量水槽槽壁；
3—U形渠道

图6-22　U形渠道机翼形量水槽设计图及量水测流照片

　　机翼形量水槽的槽壁为量水槽关键部位，其外形由仿真飞机机翼形状的曲线方程控制，其中 L 为量水槽槽壁的长度，简称翼长；P 为量水槽槽壁竖直方向的最大厚度，简称翼高。曲线的坐标原点为流线型内壁的上游端点。翼长和翼高是控制机翼形量水槽翼形的两个重要参数。在量水槽设计时，首先选定量水槽断面收缩比和翼长，再利用渠道尺寸的几何关系，计算得到喉口宽度进而得出翼高 P。控制曲线如图6-23所示。

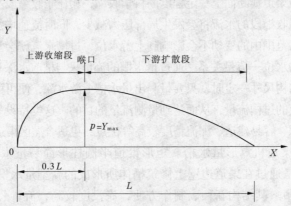

图6-23　机翼形控制曲线

　　通过实际应用和模型试验证明，机翼形量水槽实际应用测流精度满足要求，可以在灌区推广应用。机翼形量水槽与自动监测设备配套良好，流量和水量计量连续性好，测量波动小，对来流的变化灵敏性高，可应用于灌区的自动化管理，促进和提高灌区现代化管理水平。

二、半圆柱形量水槽

　　根据临界流原理建立的半圆柱形量水槽是在渠道两侧修筑直径为 d 的半圆柱体，形成侧收缩，水流通过时产生临界流，从而具有稳定的水位流量关系，其结构如图6-24所示。该量水槽的特点是结构简单，施工方便，且具有一定的量水精度。

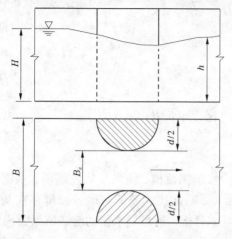

图6-24　矩形渠道半圆柱形量水槽设计图与试验

三、闸墩形量水槽（改形的半圆柱形量水槽）

闸墩形量水槽（见图6-25）是将半圆柱形量水槽的半圆柱形槽改成闸墩形槽，其测流原理与半圆柱形量水槽相同。

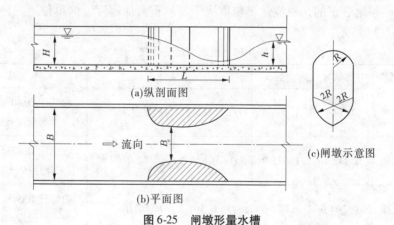

(a)纵剖面图

(c)闸墩示意图

(b)平面图

图6-25　闸墩形量水槽

四、量水槽相关技术指标

（一）收缩比

喉口收缩比定义为喉口面积与渠道面积之比，即

$$\varepsilon = \frac{A_c}{A} \tag{6-43}$$

式中　A——渠道横断面面积，m^2；

　　　A_c——槽壁之间的喉口面积，m^2。

对于矩形渠道，有

$$\varepsilon = \frac{A_c}{A} = \frac{B_c H}{BH} = \frac{B_c}{B} \tag{6-44}$$

式中　　B——渠道宽度，m；

　　　　B_c——喉口宽度，m；

　　　　H——渠深，m。

（二）淹没度

淹没度定义为量水槽下游水深与上游水深之比，即 h/H。

五、量水槽统一流量公式

根据文丘里原理，在渠道上选择适当的渠段修筑测流槽，使之形成收缩段，水流经过收缩断面时，产生临界流，势能减小，动能增加，断面比能差值与通过流量存在某种函数关系，即具有固定的水位流量关系。通过量纲分析，得到量水槽的统一流量公式为

$$Q = a^{1.5} g^{0.5} B_c^{(2.5-1.5n)} H^{1.5n} \tag{6-45}$$

式中　　a——参数，

　　　　n——指数；

　　　　g——重力加速度；

　　　　B_c——喉口宽度；

　　　　H——以喉口渠底为基准的量水槽上游水头。

该公式是量纲和谐的，故流量单位取决于所取重力加速度 g 的单位。三种量水槽公式汇总如表 6-14 所示。

表 6-14　量水槽流量公式

量水槽类型	参数 a	指数 n	流量公式	要求
机翼形量水槽	0.664	1.060 5	$Q = 0.541\,56\sqrt{g}\,B_c^{0.909\,25} H^{1.590\,75}$	收缩比 $0.40 \leqslant \varepsilon \leqslant 0.60$ 淹没度 $\leqslant 0.92$
半圆柱量水槽	0.749 76	1.035 9	$Q = 0.649\,2\sqrt{g}\,B_c^{0.946\,2} H^{1.553\,85}$	收缩比 $0.43 \leqslant \varepsilon \leqslant 0.64$ 淹没度 $\leqslant 0.85$
闸墩形量水槽	0.704 9	1.029 6	$Q = 0.591\,8\sqrt{g}\,B_c^{0.955\,6} H^{1.544\,4}$	收缩比 $0.54 \leqslant \varepsilon \leqslant 0.70$ 淹没度 $\leqslant 0.89$

六、压差式量水闸

上述三种量水槽均可结合小型渠道节制闸等闸门实现联合测流。基于孔板式流量计的测流原理，提出一种宽顶堰平板压差式量水闸门，适合于平原灌区以淹没流为主的工作闸门。该闸门具有水位流量调节与量水两大功能，是一种新型的量水控流建筑物，具有结构简单、测流方便等特点。其结构形式如图 6-26 所示。流量计算采用式 (6-46)。

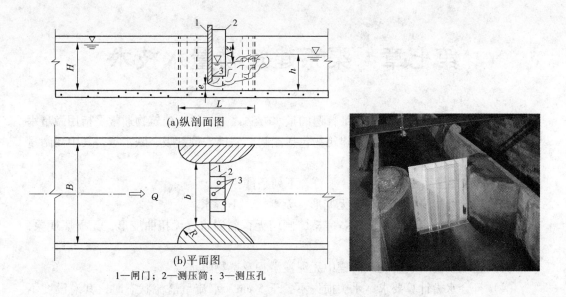

1—闸门；2—测压筒；3—测压孔

图 6-26 压差式量水闸门结构示意图与试验照片

$$Q = \mu'be \sqrt{2g\Delta Z} \qquad (6-46)$$

式中 Q——过闸流量；

μ'——淹没孔流流量系数，$\mu' = 0.689 (e/H)^{0.0392}$，$e/H$ 试验范围为 0.11 ~ 0.47；

b——闸孔宽度；

e——闸孔开度；

g——重力加速度；

ΔZ——淹没流时闸门前后水位差。

第七章　渠系建筑物量水技术

渠系建筑物量水是灌区应用最普遍的量水方法之一。量水建筑物通常是指用做量水的渠系水工建筑物。常用的水工建筑物包括涵闸、渡槽、倒虹吸、跌水等，其中涵闸量水应用比较广泛。

用做量水的渠系水工建筑物，须符合下列条件：

（1）建筑物本身完整无损，无变形，无剥蚀，不漏水。

（2）调节设备良好，启闭设备完整，闸门无歪斜漏水，无扭曲变形，无损坏现象，闸门边缘与闸槽能紧密吻合。

（3）建筑物前后、闸孔或闸槽中无泥沙淤积及杂物阻水。

（4）符合水力计算要求，水头损失不少于 5 cm，水流呈潜流状态时，其潜没度不大于 0.9。

（5）当侧面引水时，水流速度不大于 0.7 m/s，并须平稳地流入建筑物。当正面引水时，水流沿建筑物整个孔口宽度对称地进入建筑物。

（6）利用多孔建筑物量水时，各孔闸门提起高度应尽量一致。

（7）建筑物高度或上面填土封闭高度，须高出最高水位，不允许由上面漫水。

第一节　涵闸量水

一、涵闸量水建筑物分类

用于量水的涵闸，根据建筑物的结构形式，可分为下列五种类型。

第一类：明渠矩形直立式单孔平板闸（见图 7-1、图 7-2）。其按闸底情况不同又分为两组。

第一组：闸底水平，闸后无跌坎，闸后底宽等于入口底宽；

第二组：闸后有跌坎，坎高不超过 0.4 m，闸后底宽等于或大于入口底宽。

第二类：矩形暗涵直立式单孔平板闸（见图 7-3）。

第三类：圆形暗涵单孔平板闸。其按进水口翼墙与闸门形式不同又分为两组（见图 7-4）。

第一组：直立式平板闸门，进口有翼墙；

第二组：斜立式平板闸门，进口无翼墙。

第四类：明渠矩形直立式多孔平板闸（见图 7-5、图 7-6）。其按闸底及闸墩形式分为三组。

第一组：短闸墩，闸底水平，闸后无跌坎；

第二组：短闸墩，闸后有跌坎；

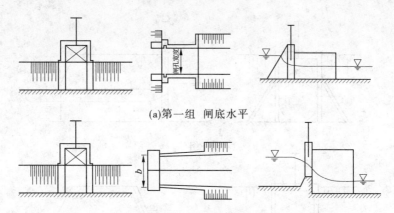

(a)第一组　闸底水平

(b)第二组　闸后有跌坎

图 7-1　明渠矩形直立式单孔平板闸示意图

图 7-2　明渠矩形直立式单孔平板闸

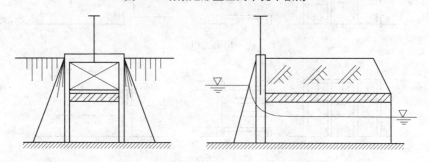

图 7-3　矩形暗涵直立式单孔平板闸示意图

第三组：长闸墩，闸底水平，闸后无跌坎。

第五类：单孔平底弧形闸（见图 7-7、图 7-8）。

二、测量建筑物有关尺寸和高程

用于量水的涵闸建筑物，首先应测量其各部尺寸及高程，包括闸孔宽度和闸槛高程，进口、出口形式等。多孔建筑物要注意各孔的宽度及高程是否一致，每孔的上、下

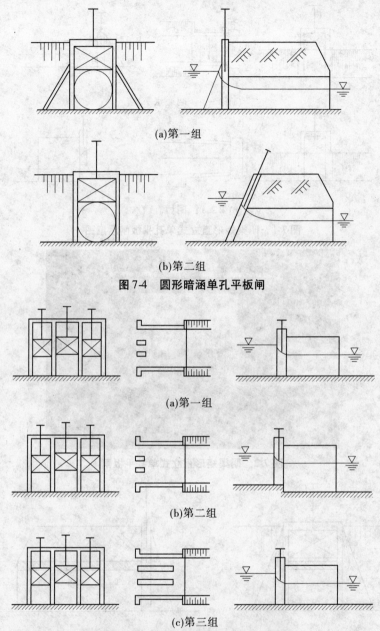

(a)第一组

(b)第二组

图 7-4　圆形暗涵单孔平板闸

(a)第一组

(b)第二组

(c)第三组

图 7-5　明渠矩形直立式多孔平板闸示意图

宽度是否一致，并作相应的处理。

三、安设水尺

水位观测是灌区量水工作的一项基本工作，因此利用水工建筑物量水就必须事先安设好水尺。各种水尺的安设位置如下。

（1）上游水尺：设在上游距离建筑物约为 3 倍闸前最大水深处，若水流从侧面流入建筑物，则设立在上游距离建筑物为 1.5 ~ 2 倍闸前最大水深处。

图 7-6　明渠矩形直立式多孔平板闸门

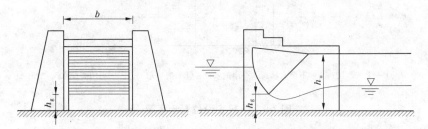

图 7-7　单孔平底弧形闸示意图

图 7-8　单孔平底弧形闸

（2）下游水尺：设在水流出口以下，距离建筑物为单孔口宽的 1.5～2 倍处。

（3）闸前水尺：可直接绘设在闸前侧墙上，水尺距离闸门约等于 1/4 单孔闸宽；入闸水流若不是对称地流入，闸前两侧均须安设水尺，观测时取其平均值。

（4）闸后水尺：可直接绘设在闸后侧墙上，水尺距离闸门约等于 1/4 单孔闸宽，但不得超过 40 cm。

以上四种水尺的零点高程均须与槛高（或叫闸底）在同一水平面上（见图 7-9、

图 7-10）。

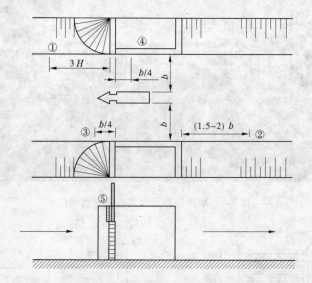

①—上游水尺；②—下游水尺；③—闸前水尺；④—闸后水尺；⑤—启闭高度水尺

图 7-9　水尺安设位置示意图

图 7-10　启闸高度水尺

（5）启闸高度水尺：可直接绘设在闸槽边缘的边墩上，水尺的零点与闸孔完全关闭时的闸门顶部相平，若闸底部有门槽，则水尺的零点应再提高，提高的高度等于门槽的深度。有时将启闸高度水尺设在启闭机的丝杠上，此时应注意丝杠与闸门吊环连接的穿钉与吊环孔径配合适当，不留间隙，否则不能准确反映启闸高度。

四、判别水流形态

通过涵、闸建筑物的水流形态，一般有无闸自由流、无闸潜流、有闸自由流、有闸潜流及有压潜流五种（见图 7-11、图 7-12）。

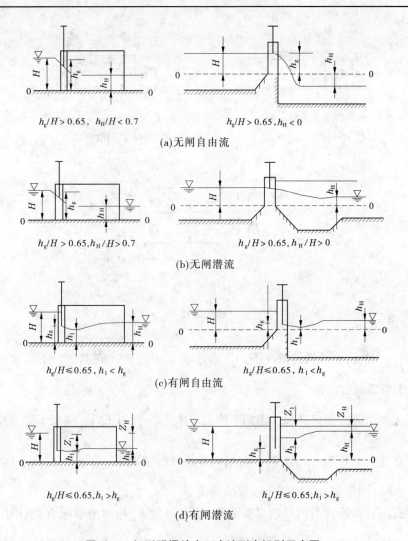

$h_g/H > 0.65$，$h_H/H < 0.7$　　　　　　$h_g/H > 0.65$，$h_H < 0$

(a)无闸自由流

$h_g/H > 0.65$，$h_H/H > 0.7$　　　　　　$h_g/H > 0.65$，$h_H/H > 0$

(b)无闸潜流

$h_g/H \leqslant 0.65$，$h_1 < h_g$　　　　　　$h_g/H \leqslant 0.65$，$h_1 < h_g$

(c)有闸自由流

$h_g/H \leqslant 0.65$，$h_1 > h_g$　　　　　　$h_g/H \leqslant 0.65$，$h_1 > h_g$

(d)有闸潜流

图 7-11　矩形明渠放水口水流形态识别示意图

（1）无闸自由流：闸门升起，其开启高度 h_g 与闸前（上游）水深 H 之比大于 $0.65\left(\dfrac{h_g}{H} > 0.65\right)$，门下缘高于水面；闸后（下游）水深 h_H 与闸前水深 H 之比小于 0.7

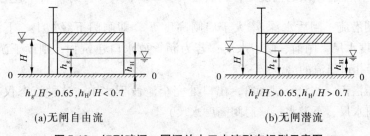

$h_g/H > 0.65$，$h_H/H < 0.7$　　　　　　$h_g/H > 0.65$，$h_H/H > 0.7$

(a)无闸自由流　　　　　　　　　　　(b)无闸潜流

图 7-12　矩形暗涵、圆涵放水口水流形态识别示意图

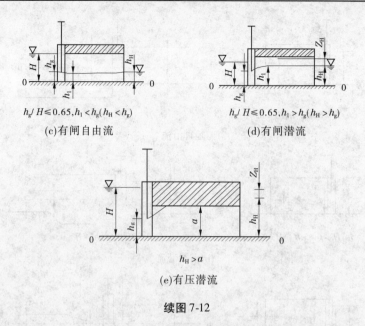

$h_g/H \leq 0.65, h_1 < h_g(h_H < h_g)$

(c)有闸自由流

$h_g/H \leq 0.65, h_1 > h_g(h_H > h_g)$

(d)有闸潜流

$h_H > a$

(e)有压潜流

续图 7-12

$\left(\dfrac{h_H}{H} < 0.7\right)$，在闸后有跌坎的情况下，下游水位低于闸槛（观测上、下游水尺），在水力学中属于堰流的自由流。

（2）无闸潜流：闸门升起，闸门下缘高于水面$\left(\dfrac{h_g}{H} > 0.65\right)$；闸后下游水深$h_H$与闸前水深$H$之比大于$0.7\left(\dfrac{h_H}{H} > 0.7\right)$；在闸后有跌坎的情况下，下游水位高于闸槛（观测上、下游水尺），在水力学中属于堰流的潜流。

（3）有闸自由流（有闸控制自由流）：启闸高度h_g与闸前水深H之比小于或等于$0.65\left(\dfrac{h_g}{H} \leq 0.65\right)$，即水流触及闸门下缘流过；闸后水深$h_1$小于启闸高度$h_g$，而闸门底边未被下游水面淹没（观测启闸高度水尺，闸前、闸后水尺；若为涵管放水口建筑物，最好在闸后设置观测井，以资识别；若无观测井，则读下游水尺），在水力学中属于孔口自由流。在闸后有跌坎的情况下，当满足$\dfrac{h_g}{H} \leq 0.65$，$h_1 < h_g$时，同样适用。

（4）有闸潜流：闸后水深h_1大于启闸高度h_g，即闸门下缘被上、下游水面淹没（观测启闸高度水尺，闸前、闸后水尺；若为涵管放水口建筑物，则读下游水尺），在水力学中属于孔口出流的潜流。

（5）有压潜流：水流充满涵管，出口处完全淹没于水中，这种流态仅在暗涵中发生（观测闸前水尺、下游水尺、启闸高度水尺）。

五、选择流量公式

各种类型涵闸不同流态的流量计算公式如表7-1～表7-3所示。

表 7-1　闸门全开水流形态下涵闸的流量计算公式

涵闸类型		水流形态	
		闸门全开自由流	闸门全开淹没流
第一类 明渠矩形直立式 单孔平板闸	第一组	$Q = mbH \sqrt{2gH}$	$Q = \varphi bh_H \sqrt{2g\,(H - h_H)}$
	第二组	$Q = mbH \sqrt{2gH}$	$Q = \varphi b\sigma H \sqrt{2gH}$
第二类 矩形暗涵直立式单孔平板闸		$Q = mbH \sqrt{2gH}$	$Q = \varphi bh_H \sqrt{2g\,(H - h_H)}$
第三类 圆形暗涵单孔平板闸	第一组	$Q = m\left(\dfrac{1.12H}{r} - 0.25\right) r^2 \sqrt{2gH}$	$Q = \varphi\left(\dfrac{1.8h_H}{r} - 0.25\right)r^2 \times$ $\sqrt{2g\,(H - h_H)}$
	第二组	$Q = m\left(\dfrac{H}{r} - 0.25\right) r^2 \sqrt{2gH}$	$Q = \varphi\left(\dfrac{1.8h_H}{r} - 0.25\right)r^2 \times$ $\sqrt{2g\,(H - h_H)}$
第四类 明渠矩形直立式 多孔平板闸	第一组	$Q = mbH \sqrt{2gH}$	$Q = \varphi bh_H \sqrt{2g\,(H - h_H)}$
	第二组	$Q = mbH \sqrt{2gH}$	$Q = \varphi b\sigma H \sqrt{2gH}$
	第三组	$Q = mbH \sqrt{2gH}$	$Q = \varphi bh_H \sqrt{2g\,(H - h_H)}$
第五类 单孔平底弧形闸		$Q = mbH \sqrt{2gH}$	$Q = \varphi bh_H \sqrt{2g\,(H - h_H)}$

表 7-2　有闸控制水流形态下涵闸的流量计算公式

涵闸类型		水流形态	
		有闸控制自由流	有闸控制淹没流
第一类 明渠矩形直立式 单孔平板闸	第一组	$Q = \mu bh_g \sqrt{2g\,(H - 0.65h_g)}$	$Q = \mu' bh_g \sqrt{2gZ_1}$
	第二组	$Q = \mu bh_g \sqrt{2g\,(H - 0.5h_g)}$	$Q = \mu' bh_g \sqrt{2gZ_1}$
第二类 矩形暗涵直立式 单孔平板闸		$Q = \mu bh_g \sqrt{2g\,(H - 0.65h_g)}$	$Q = \mu'\left(1 + \dfrac{0.65h_g}{H}\right) \times bh_g \sqrt{2gZ_H}$
第三类 圆形暗涵单孔平板闸	第一组	$Q = \mu\left(\dfrac{1.8h_g}{r} - 0.25\right)r^2 \times$ $\sqrt{2g\,(H - 0.7h_g)}$	$Q = \mu'\left(1 + \dfrac{0.65h_g}{H}\right) \times$ $\left(\dfrac{1.8h_g}{r} - 0.25\right)r^2 \sqrt{2gZ_H}$
	第二组	$Q = \mu\left(\dfrac{1.8h_g}{r} - 0.25\right)r^2 \times$ $\sqrt{2g\,(H - 0.65h_g)}$	$Q = \mu'\left(1 + \dfrac{0.65h_g}{H}\right) \times$ $\left(\dfrac{1.8h_g}{r} - 0.25\right)r^2 \sqrt{2gZ_H}$
第四类 明渠矩形直立式 多孔平板闸	第一组	$Q = \mu bh_g \sqrt{2g\,(H - 0.65h_g)}$	$Q = \mu' bh_g \sqrt{2gZ_1}$
	第二组	$Q = \mu bh_g \sqrt{2g\,(H - 0.5h_g)}$	$Q = \mu' bh_g \sqrt{2gZ_1}$
	第三组	$Q = \mu bh_g \sqrt{2g\,(H - 0.65h_g)}$	$Q = \mu' bh_g \sqrt{2gZ_1}$
第五类 单孔平底弧形闸		$Q = \left[0.4\left(\dfrac{h_u - h_g}{R}\right)^2 + 0.5\right] \times$ $bh_g \sqrt{2g\,(H - 0.7h_g)}$	$Q = \left[0.42\left(\dfrac{h_u - h_g}{R}\right)^2 + 0.52\right] \times$ $bh_g \sqrt{2gZ_1}$

表7-3　有压水流形态下涵闸流量计算公式

建筑物类型	水流形态	有压淹没流
第一类 明渠矩形直立式 单孔平板闸	第一组	
	第二组	
第二类 矩形暗涵直立式 单孔平板闸		$Q = m'\sqrt{\dfrac{1}{0.06 + \left(\dfrac{m'h_g}{a}\right)^2 + \left(1 - \dfrac{m'h_g}{a}\right)^2}} \times bh_g \sqrt{2gZ_H}$
第三类 圆形暗涵单孔平板闸	第一组	$Q = m'\left\{1 \div \left[0.06 + \left(0.2 \times \dfrac{1.8h_g - 0.25r}{r}\right)^2 + \left(1 - 0.2 \times \dfrac{1.8h_g - 0.25r}{r}\right)^2\right]\right\}^{\frac{1}{2}} \dfrac{1.8h_g - 0.25r}{r} r^2 \sqrt{2gZ_H}$
	第二组	$Q = m'\left\{1 \div \left[0.06 + \left(0.16 \times \dfrac{1.8h_g - 0.25r}{r}\right)^2 + \left(1 - 0.16 \times \dfrac{1.8h_g - 0.25r}{r}\right)^2\right]\right\}^{\frac{1}{2}} \dfrac{1.8h_g - 0.25r}{r} r^2 \sqrt{2gZ_H}$
第四类 明渠矩形直立式 多孔平板闸	第一组	
	第二组	
	第三组	
第五类 单孔平底弧形闸		

表中公式的符号意义如下：

Q——过闸流量，$\mathrm{m^3/s}$；

H——上游水深或闸前水深，m；

m、φ、μ、μ'、m'——流量系数；

σ——潜没系数；

b——闸、涵孔宽，m；

α——涵洞孔高，m；

Z_H——上下游水位差，m，$Z_H = H - h_H$；

h_H——下游水深，m；

h_g——启闸高度，m；

Z_1——闸前闸后水位差，m，$Z_1 = H - h_1$，h_1 为闸后水深，m；

r——圆管的内半径，m；

R——扇形闸门半径，m；

h_u——扇形闸门转动轴心距闸床高度，m；

g——重力加速度，$g = 9.81 \mathrm{\ m/s^2}$。

六、流量系数

表7-1～表7-3中所列各种流量公式，有不同的流量系数，各个流量系数的数值因涵、闸建筑物进口形式（即翼墙形式）的不同有所差异。一般来说，翼墙可分为渐变翼墙、非渐变平翼墙、八字翼墙及平行翼墙四种类型（见图7-13）。

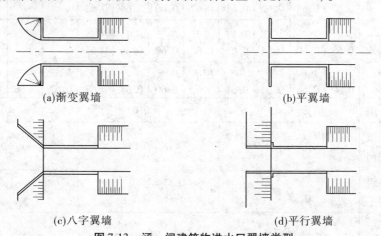

(a)渐变翼墙　　　　　　　　　　　　(b)平翼墙

(c)八字翼墙　　　　　　　　　　　　(d)平行翼墙

图7-13　涵、闸建筑物进水口翼墙类型

流量系数一般须实测率定。若无实测资料，可暂选用表7-4、表7-5中的参考数值。

表7-4　不同水流形态及不同翼墙类型涵闸的流量系数

建筑物		闸门全开自由流				闸门全开淹没流			
		扭面翼墙	平翼墙	八字翼墙	平行侧翼墙	扭面翼墙	平翼墙	八字翼墙	平行侧翼墙
第一类明渠矩形直立式单孔平板闸	第一组	$m=0.325$	$m=0.310$	$m=0.330$	$m=0.295$	$\varphi=0.850$	$\varphi=0.825$	$\varphi=0.860$	$\varphi=0.795$
	第二组	$m=0.380$	$m=0.365$	$m=0.390$	$m=0.355$	$m=0.380$	$m=0.365$	$m=0.390$	$m=0.355$
第二类矩形暗涵直立式单孔平板闸		$m=0.325$	$m=0.310$	$m=0.330$	$m=0.295$	$\varphi=0.850$	$\varphi=0.825$	$\varphi=0.860$	$\varphi=0.795$
第三类圆形暗涵单孔平板闸	第一组	$m=0.55$				$\varphi=0.90$			
	第二组	$m=0.52$				$\varphi=0.80$			
第四类明渠矩形直立式多孔平板闸	第一组	$m=0.33$				$\varphi=0.86$			
	第二组	$m=0.325$				$m=0.390$			
	第三组	$m=0.295$				$\varphi=0.795$			
第五类单孔平底弧形闸		$m=0.33$				$\varphi=0.86$			

第一类第二组和第四类第二组建筑物，在无闸潜流条件下的潜没系数 σ 随 $\dfrac{h_{\mathrm{H}}}{H}$ 而变，可暂选用表7-6中参考值，最好采取实测值。

表7-5　不同水流形态及不同翼墙类型闸涵的流量系数

建筑物		有闸控制自由流				有闸控制淹没流				有压淹没流			
		扭面翼墙	平翼墙	八字翼墙	平行侧翼墙	渐变翼墙	平翼墙	八字翼墙	平行侧翼墙	渐变翼墙	平翼墙	八字翼墙	平行侧翼墙
第一类明渠矩形单孔放水口	第一组	$\mu=0.60$	$\mu=0.58$	$\mu=0.62$	$\mu=0.61$	$\mu'=0.62$	$\mu'=0.60$	$\mu'=0.64$	$\mu'=0.63$				
	第二组（有跌坎）	$\mu=0.63$	$\mu=0.60$	$\mu=0.64$	$\mu=0.65$	$\mu'=0.63$	$\mu'=0.60$	$\mu'=0.64$	$\mu'=0.65$				
第二类暗涵矩形放水口		$\mu=0.60$	$\mu=0.58$	$\mu=0.62$	$\mu=0.61$	$\mu'=0.62$	$\mu'=0.60$	$\mu'=0.64$	$\mu'=0.63$	$\mu'=0.62$	$\mu'=0.60$	$\mu'=0.64$	$\mu'=0.63$
第三类暗涵圆形管放水口	第一组	$\mu=0.63$				$\mu'=0.63$				$m'=0.63$			
	第二组（斜闸门）	$\mu=0.51$				$\mu'=0.51$				$m'=0.51$			
第四类明渠矩形直立式多孔平板闸	第一组（闸底平）	$\mu=0.64$				$\mu'=0.64$							
	第二组（有跌坎）	$\mu=0.615$				$\mu'=0.630$							
	第三组（长闸墩）	$\mu=0.58$				$\mu'=0.60$							

表7-6　闸、涵建筑物无闸淹没流淹没系数

$\dfrac{h_H}{H}$	σ	$\dfrac{h_H}{H}$	σ	$\dfrac{h_H}{H}$	σ
0.00	1.000	0.81	0.767	0.935	0.514
0.10	0.990	0.82	0.755	0.940	0.484
0.20	0.980	0.83	0.742	0.945	0.473
0.30	0.970	0.84	0.728	0.950	0.450
0.40	0.956	0.85	0.713	0.955	0.427
0.45	0.947	0.86	0.698	0.960	0.403
0.50	0.937	0.87	0.681	0.965	0.375
0.55	0.925	0.88	0.662	0.970	0.344
0.60	0.907	0.89	0.642	0.975	0.318
0.65	0.885	0.90	0.621	0.980	0.267
0.70	0.856	0.905	0.608	0.985	0.225
0.72	0.843	0.910	0.595	0.990	0.175
0.74	0.828	0.915	0.580	0.995	0.115
0.76	0.813	0.920	0.565	1.00	0.00
0.78	0.800	0.925	0.549		
0.80	0.778	0.930	0.532		

七、推流方法

利用涵闸量水时，在确定了类型、流态、流量公式及流量系数之后，即可以绘制出水位流量关系表或曲线图，根据水尺读数，由关系表或曲线图上求出相应流量数值。

八、建筑物流量系数的率定

（一）行近流速对流量计算的影响

利用渠系建筑物量水在选定了流量公式后，其量水精度的关键是流量系数。在实际工作中，采用水力学中流量系数的理论值推流往往与实际流量不符。这主要由于水力学中流量公式推导时考虑的是有效水头 H_0，而流量测验时则只考虑实测水头 H，两者的关系为

$$H_0 = H + \frac{\alpha v_0^2}{2g} \tag{7-1}$$

式中　H_0——有效水头，m；

　　　H——实测水头，m，水尺设在堰前断面；

　　　v_0——行近流速，m/s，即堰前断面平均流速；

　　　α——动能系数，当流速均匀时近似为 1.0。

以渠道的行近流速在 0.5～2.0 m/s 为例，计算所产生的流速水头见表7-7。

表7-7　行近流速与流速水头的数值关系

行近流速（m/s）	0.5	0.8	1.0	1.5	2.0
流速水头（m）	0.013	0.033	0.051	0.115	0.204

流速水头在水尺上是观测不到的，但实际上对过闸流量起着作用。由表7-7 中的数据可以看出，当流速为 1.0 m/s 时，相应流速水头为 0.051 m，如果此时实测水头 H = 1.5 m，则引起的水头相对误差为 3.33%，若为无闸控制流态，则流量的相对误差为 $\frac{3}{2} \times 3.33\% = 5\%$（可以证明，无闸控制流态流量的相对误差为水深相对误差的 3/2 倍）。显然是不可忽略的。

（二）流量系数的率定方法

建筑物流量系数的率定方法，一般采用流速仪法率定。即在建筑物上（或下）游 50～200 m 范围内水流稳定的平直渠段上设置流速仪测流断面。在用流速仪测流的同时，根据不同水流形态观测与堰闸过水流量有关的相应项目。对于无闸自由流，只需观测上游水位；无闸潜流需观测上游水位和下游水位；有闸控制流态，则需观测闸前水位、闸后水位和启闸高度等。

率定工作需在渠道流量稳定时进行，避免因水位大起大落而影响测流精度。水位观测应在流速仪施测的始末各观读一次，若变化不大，可取其平均值作为相应水位。

（三）率定资料的分析

在判别流态，选择适当的流量公式后，根据实测流量及相应水位，推求实测的流量系数。

实践证明，流量系数是随上、下游水位，启闸高度等因素变化而变化的。不同流态的流量系数有不同的相关因素，因此在率定时需对流量系数的相关因素进行判断选择。

不同流态的涵闸流量公式和流量系数的相关因素见表7-8。在率定时可据此作相应处理。

表 7-8　堰闸出流的流量公式及流量系数相关因素

水流形态	流量公式	相关因素	拟合线型
无闸自由流	$Q = mBH \sqrt{2gH}$	$H \sim m$	幂函数
无闸潜流	(a)　$Q = m'Bh_H \sqrt{2gZ_H}$ (b)　$b = m'BH \sqrt{2gH}$	$(Z/H) \sim m'$	幂函数
有闸自由流	(a)　$Q = \mu Bh_g \sqrt{2gH}$ (b)　$Q = \mu Bh_g \sqrt{2g(H - \varepsilon h_g)}$	$(h_g/H) \sim \mu$	指数函数
有闸潜流	(a)　$Q = \mu'Bh_g \sqrt{2gH}$ (b)　$Q = \mu'bh_g \sqrt{2gZ_1}$	$(Z_1/H) \sim \mu'$ $(h_g/Z) \sim \mu'$	指数函数

表中公式的符号意义如下：

Q——过闸流量，m^3/s；

H——上游水深或闸前水深，m；

B——堰闸宽度，m；

Z_H——上、下游水位差，m，$Z_H = H - h_H$；

h_H——下游水深，m；

h_g——提闸高度，m；

Z_1——闸前、闸后水位差，m，$Z_1 = H - h_1$；

m、m'、μ、μ'——流量系数；

g——重力加速度，$g = 9.81 \ m/s^2$；

ε——垂向收缩系数，平底闸：$\varepsilon = 0.65$，闸后有跌坎：$\varepsilon = 0.5$。

分析率定资料时，根据不同情况，一般采用分级处理法和流量系数曲线法两种。

1. 分级处理法

灌溉渠系中有些涵闸建筑物由于用水计划的要求，过水流量总保持在某一两个水位级，不易测得全水位级的率定资料。这种情况可以采用流量系数分级处理法。水位变幅在 $0.10 \sim 0.30$ m 时，可视为同一水位级，将同一水位级的流量系数率定数据通过格布拉斯（Grbbus）法则检验后，舍弃异常点据，求其算术平均值，作为这一级水位的流量系数率定值。应用其推流时，须注意不同水位级要采用相应的流量系数率定值。

关于水位分级，应根据具体情况，通过点绘散点图来分析确定。

2. 流量系数曲线法

在积累了足够的各级水位的率定资料后（一般在 30 测次以上），将实测流量和相应水深代入已选定的流量公式中，计算该涵闸的实际流量系数，绘制出流量系数曲线，或用回归分析法分析出流量系数与相关因素的关系式。将分析出的关系式或曲线进行误差回检计算分析，精度合格后即可用于推流。流量系数率定误差分析的限值控制标准见表7-9。

表 7-9　流量系数率定分析误差限值

累积频率95%的误差（f_{95}）	累积频率75%的误差（f_{75}）	系统误差（f_x）
±5%	±3%	±0.5%

九、涵闸量水流量公式的逐步图解法

在用于量水的建筑物中，经常遇到有些涵闸（特别是枢纽工程）的进口形式、翼墙形式、水流形态以及水尺位置等条件与水力学理论要求的应用条件差异较大，流量系数与相关因素的关系紊乱，呈非单一函数形式。这种情况下不能直接利用水力学理论流量公式去推求。这就需要重新分析涵闸流量与水头的相关关系。对于这种情况，可根据实测资料，采用逐步图解法分析建立涵闸流量的经验公式。

逐步图解法是以水力学流量公式为基础，从统计学观点出发，并根据逐步回归分析方法的思路，对各水利因素综合考虑，逐步消除公式各自变量对因变量（Q）的影响，建立新的流量公式。以有闸自由流为例，说明其分析方法。有闸自由流的水力学流量公式为

$$Q = MBh_g\sqrt{H} \tag{7-2}$$

式中　M——流量系数，$M = \mu\sqrt{2g}$；

其余符号意义同前。

式（7-2）中，闸宽 B 为常数，流量 Q（因变量）的大小随提闸高度 h_g（自变量）的 1 次幂和上游水头 H（自变量）的 1/2 次幂而变。由于实际情况下的水尺位置、行近流速、进口形式、闸墩和底坎几何尺寸等水力要素和边界条件可能与水力学理论上要求的不一致，在多种控制因素的影响下，流量 Q 与提闸高度 h_g 和闸前水头 H 的函数关系可能发生变化。根据这一思路，先选取实测资料中与因变量（Q）有关的一个自变量（H），在双对数纸上点绘相关图 $H \sim (Q/Bh_g)$，消除它（H）对因变量（Q）的影响后，得到 H^{β_1}；再点绘第二个自变量（h_g）与 Q 的相关图 $h_g \sim (Q/BH^{\beta_1})$，消除它（$h_g$）对因变量（$Q$）的影响，得到 $h_g^{\alpha_1}$，并据以验证第一个自变量（H）与因变量（Q）的相关关系。这样经过反复验证，直至得到新的公式满足精度要求。

$$Q = M_0 Bh_g^\alpha H^\beta$$

式中　M_0——消除影响因素后的流量系数；

　　　α、β——消除影响因素后的指数。

石津灌区利用此方法建立了总干渠紫城节制闸、四干渠白宋庄节制闸等几个较大测站的闸门量水经验公式。经实测验证，经验公式的量水精度较高，平均误差在 ±2% 以内。

第二节　渡槽量水

一、渡槽的结构

渡槽的结构一般有木结构、钢筋混凝土结构和拱桥式结构。渡槽断面一般为矩形或U 形（见图 7-14 ~ 图 7-16）。

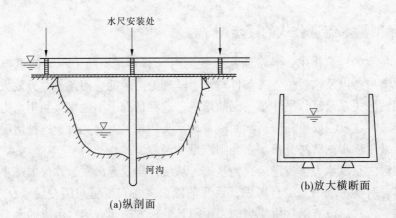

图 7-14　矩形断面渡槽示意图

图 7-15　U 形渡槽

图 7-16　矩形渡槽

用以量水的渡槽，其长度需大于 20 倍最大水深，即在槽内足以形成明渠均匀流。量水时在渡槽进口、出口和中间槽壁上各设水尺，水尺零点与该处的槽底平齐，目的是求水面比降和平均水深。

渡槽下游不应有引起槽中壅水或降水的建筑物。测流断面面积及湿周应为渡槽中部、进口、出口断面的平均值。

二、流量公式

（一）流量经验公式

流量经验公式由实测资料分析确定，即

$$Q = \xi H^n \tag{7-3}$$

式中　Q——流量，m^3/s；

　　　H——上游水头，m；

ξ——待定系数，可根据实测资料率定；

n——待定指数，可根据实测资料率定。

（二）水力学流量计算公式

当渡槽的槽身总长度大于进口前渠道水深的 20 倍时，槽中流量可按均匀流公式计算

$$Q = AC\sqrt{Ri} \tag{7-4}$$

式中　Q——流量，m^3/s；

A——槽身过水断面面积，m^2；

R——水力半径，m；

i——渠道坡降；

C——明渠谢才系数，$C =(1/n)\ R^{1/6}$；

n——糙率，其值与槽身建筑材料有关。

利用渡槽量水时的测验精度，主要取决于比降和糙率。因此，水尺读数的准确性是至关重要的。在确定糙率时，一般需要率定，即用实测流量反求糙率值。在无实测资料时，可以根据渡槽建筑材料参考选用以下数值：光滑木板，$n = 0.012$；混凝土，$n = 0.014$；砖石砌体，$n = 0.015$。

当槽身的总长度小于 20 倍渠道最大水深时，应按堰流流量公式计算槽中流量。

三、推流方法

对于某一渡槽，已知其断面尺寸、比降和糙率，可根据流量计算公式，编制上游水位与流量的关系图表，实求流量时，可根据上游水位从表中查得流量。

第三节　倒虹吸量水

一、倒虹吸的结构

倒虹吸是渠道与河谷、道路等相交时，使两侧渠道相连通的一种压力输水建筑物。倒虹吸管依进、出口形式分为竖井式和斜坡式两种（见图 7-17 ~ 图 7-19），其断面呈圆形或方形，依流量大小分为双管或单管布置。

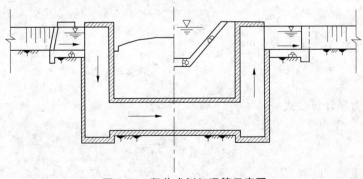

图 7-17　竖井式倒虹吸管示意图

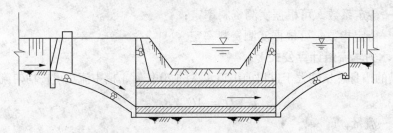

图 7-18　斜坡式倒虹吸管示意图

图 7-19　沿地面露天敷设的倒虹吸

利用倒虹吸量水时，管的进口处应设置拦污栅，并应注意随时清除栅前污物，以提高水尺读数的精确度。水尺位置安装在倒虹吸建筑物上、下游距进、出水口约 4 倍渠道正常水深处，上、下游水尺零点与进口处底缘高程一致。

二、流量公式

（一）经验公式

流量经验公式由实测资料分析确定，用上、下游水位差作为相关因素，建立水位差与流量关系式，即

$$Q = CZ^n \tag{7-5}$$

式中　Q——流量，$\mathrm{m^3/s}$；

　　　Z——上、下游水位差，m；

　　　C——待率定系数；

　　　n——待率定指数。

（二）水力学计算公式

流量计算公式为

$$Q = \mu A \sqrt{2gZ} \tag{7-6}$$

式中　Q——流量，$\mathrm{m^3/s}$；

　　　Z——上、下游水位差，m；

A——过水断面面积，m^2；

μ——流量系数。

μ 与水头损失（包括拦污栅、进口、出口、摩擦、弯曲及各处局部损失）有关，应通过实测求得；若无实测资料，可参考下式计算

$$\mu = \frac{1}{\sqrt{\lambda L/d + \sum \zeta}} \tag{7-7}$$

式中 λ——管内沿程损失系数，$\lambda = 8g/C^2$，$C = R^{1/6}/n$，混凝土管道 $\lambda = 0.022$，C 为谢才系数，R 为水力半径，m，n 为糙率，可由《水力学手册》查出；

L——管道长度，m；

d——管道内径，m，当倒虹吸管为方形横断面时，以 $4R$ 代替 d 值；

ζ——局部阻力损失系数，包括拦污栅、进口、出口、弯道等水头损失，可由表 7-10 查出。

表 7-10　倒虹吸局部阻力损失系数

抗阻名称	抗阻系数
1. 拦污栅	$\zeta_1 = 0.11 \sim 0.16$
2. 进水口	
管口未呈圆形	$\zeta_2 = 0.50$
管口略呈圆形	$\zeta_2 = 0.20 \sim 0.25$
管口呈圆形	$\zeta_2 = 0.05 \sim 0.10$
3. 弯曲管呈平滑圆形	
当 $R > 2d$ 时	$\zeta_3 = 0.50$
在最佳比值 $R = (3 \sim 7) d$ 时	$\zeta_3 = 0.30$
4. 出水口	
从导管通水面时	$\zeta_4 = 1.00$

三、推流方法

已知流量系数，可编制上、下游水位差与流量关系图表，实求流量时，可根据上、下游水位差直接从表中查得流量。

第四节　跌水量水

一、跌水类型

跌水是连接高、低渠道使水产生自由跌落，集中降低高程调整渠道纵坡的建筑物，一般陡坡上口也属于这一类型。跌水一般用块石或混凝土砌筑。

跌水分单口跌水与多口跌水，跌水口的形式有矩形、梯形与台堰式，见图 7-20、图 7-21。

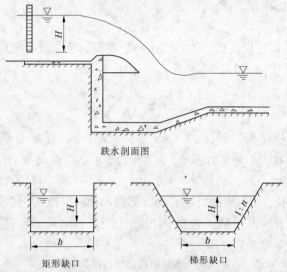

跌水剖面图

矩形缺口　　　　　　　　梯形缺口

图 7-20　明渠跌水口示意图

图 7-21　矩形单口跌水

二、流量公式

(一) 矩形和台堰式跌水口的流量公式

当进口底与上游渠底齐平或台堰顺水流方向宽度大于 2 倍堰上水头时，可用宽顶堰公式计算；当台堰顺水流方向宽度为 0.67~2 倍堰上水头时，按实用堰公式计算。

自由流宽顶堰流量计算公式为

$$Q = m\varepsilon b_c (2g)^{1/2} H_0^{3/2} \tag{7-8}$$

$$Q = M b_c H_0^{3/2} \tag{7-9}$$

式中　Q——流量，$\mathrm{m^3/s}$；

$\quad\quad H_0$——计入流速水头的堰上水头，m；

$\quad\quad b_c$——缺口底宽，m；

$\quad\quad m$——流量系数；

$\quad\quad \varepsilon$——侧收缩系数；

$\quad\quad M$——第二流量系数，与连接渐变段形式和堰上水头及缺口宽度有关，其数值应由实测得出，无实测资料时，可按表7-11中公式计算。

表7-11 矩形和台堰式跌水口流量系数

渐变段形式	M	使用范围
扭曲面	$2.1 \sim 0.08 b_c / H_0$	$L = (2 \sim 10) H_0$，$b_c / H_0 = 1.5 \sim 4.5$
八字墙	$2.08 \sim 0.075 b_c / H_0$	$L = (2 \sim 10) H_0$，$b_c / H_0 = 1.5 \sim 4.5$
横隔墙	$1.78 \sim 0.035 b_c / H_0$	$b_c / H_0 = 1.0 \sim 4.5$

注：L 为渐变段长度。

（二）梯形跌水口的流量公式

自由流流量计算公式为

$$Q = M b_{平均} H^{3/2} \tag{7-10}$$

$$b_{平均} = b_c + 0.8 n_c H \tag{7-11}$$

式中 $b_{平均}$——缺口平均宽度，m；

$\quad\quad H$——堰上水头，m；

$\quad\quad n_c$——缺口边坡系数。

$\quad\quad M$——流量系数，与连接渐变段形式和堰上水头及缺口宽度有关，其数值应由实测得出，无实测资料时可按表7-12中公式计算。

表7-12 梯形跌水流量系数

渐变段形式	M	使用范围
扭曲面	$2.25 \sim 0.15 b_{平均} / H$	$L > 3 H_{max}$，$m = 1 \sim 2$，$n_c = 0.25 \sim 1.00$
八字墙	$2.15 \sim 0.15 b_{平均} / H$	$L > 2.5 H_{max}$，$m = 1 \sim 2$，$n_c = 0.4 \sim 0.9$
横隔墙	$A \sim 0.15 b_{平均} / H$	$m = 1 \sim 2$，$n_c = 0.4 \sim 0.9$ 当 $n_c = 0.9$ 时，$m = 2$，$A = 2.18$ 当 $n_c = 0.4$ 时，$m = 1$，$A = 2.08$

注：m 为上游渠道边坡系数。A 为过水断面面积，当 n_c 与 m 值介于二者之间时，A 值可用内插法求得。

多缺口跌水流量可用式（7-10）、式（7-11）计算。公式中的流量系数 M 值应由实测得出，无实测资料时可用下式计算

$$M = \frac{M_1 + (n - 1) M_2}{n} \tag{7-12}$$

式中 n——缺口数量；

$\quad\quad M_1$、M_2——边孔和中孔按其边界条件计算出的流量系数。

（三）流量经验公式

流量经验公式由实测资料分析确定，形式同式（7-3）。

水尺应安设在距跌水口边缘 $3 \sim 4$ 倍渠道正常水深处，水尺零点高程应与跌水口底坎高程一致。

三、推流方法

根据实测率定的流量系数，绘制水位流量关系表或曲线图，量水时，根据观测水尺的读数由水位流量关系表或图求得相应流量。

利用渠道上的跌水量水，应将水尺安设在建筑物上游 3 ~ 4 倍渠道正常水深处，水尺零点与跌水底坎相平。

第五节　利用涵闸量水的实例

一、利用涵闸量水的基础工作

（1）检查建筑物及设备情况。建筑物应完整无损，无变形，无剥蚀，不漏水；调节设备良好，启闭设备完整，闸门无歪斜漏水，无扭曲变形，无损坏现象，闸门边缘与闸槽能紧密吻合；建筑物前后、闸孔或闸槽中无泥沙淤积及杂物阻水。

（2）安装水尺。各种水尺的安设位置应符合要求，当因水流波动较大，造成闸前水尺或闸后水尺不能正常观测水位时，可用上游水尺代替闸前水尺，用下游水尺代替闸后水尺。这种情况下流量公式中的流量系数必须通过实测率定。

安设水尺须注意以下问题：

①水尺刻度应清晰易读，刻划准确。若水尺不是绘设在闸墙上而是设在打入地下的靠桩上，要求桩基牢固，保持稳定。闸墙水尺见图 7-22。

图 7-22　直立式平板闸闸前水尺

②水尺位置因故不能安装水尺或安装后不能满足观测要求时，水尺可适当向远离闸门方向移动。移动后的水尺零点仍须与闸槛高程在同一水平面上。

③若水尺（上、下游水尺）设在倾斜岸坡上，可把垂直刻度转为斜坡上的刻度，按斜坡刻度长等于垂直刻度长乘以 $1/\sin\alpha$（其中 α 是倾斜的角度）进行换算。

④对于上、下游和闸前闸后水尺，也可用连通管的方法将水引入岸边，做成观测井，在井内设水尺，或安装自记水位计记录水位。

二、判别流态

通过涵、闸建筑物的流态，一般为无闸自由流、无闸潜流、有闸自由流、有闸潜流及有压潜流五种，可根据淹没度 h_{H}/H 进行判别。

具体内容见本章第一节"四、判别水流形态"。

三、选择流量公式

各种类型涵闸不同流态的流量计算公式见表 7-1 ～ 表 7-3。可根据涵闸类型和流态进行选择。

四、确定流量系数

表 7-1 ～ 表 7-3 所列各种流量公式中，有不同的流量系数，各个流量系数的数值因涵、闸建筑物进口形式（即翼墙形式）的不同有所差异。流量系数一般须实测率定。若无实测资料，可暂选用表 7-4、表 7-5 中的参考数值。

河北省石津灌区采用分级处理法分析了部分水闸的流量系数实测率定值，与流量系数的理论参考值比较，相对误差在 ±0.8% ～ ±26.7% 范围内，见表 7-13。观测试验表明，率定流量系数对提高建筑物量水精度有重要意义。

表 7-13 建筑物流量系数的理论参考值与率定值比较

建筑物名称	流态	$m_{理}$	$m_{实}$	相对误差
总干紫城节制闸	无闸自由流	0.325	0.386	−18.8%
一干霍庄节制闸	有闸自由流	0.615	0.646	−5.0%
一干五分干进水闸	有闸潜流	0.640	0.630	+1.6%
一干小杨庄节制闸	有闸自由流	0.615	0.600	+2.4%
一干六分干进水闸	有闸潜流	0.640	0.610	+4.7%
一干张庄节制闸	有闸自由流	0.615	0.620	−0.8%
总干白滩节制闸	无闸自由流	0.330	0.418	−26.7%
总干军齐节制闸	有闸自由流	0.615	0.595	+3.3%
总干东郎节制闸	无闸自由流	0.325	0.369	−13.5%
一干七分干进水闸	有闸潜流	0.640	0.630	+1.6%
三干四分干进水闸	有闸潜流	0.640	0.752	−17.5%

五、推流方法

利用涵闸量水，在确定了类型、流态、流量公式及流量系数之后，即可以绘制出水位、流量关系表或曲线图，根据启闸高度水尺及闸前、闸后水尺读数，由关系表或曲线图上求出相应流量。

六、流量系数率定分析实例

（一）实例 1 石津灌区总干渠紫城节制闸

紫城节制闸位于石津总干渠紫城枢纽，为 5 孔平面直立式钢闸门，闸孔总宽度为 15 m，闸后跌坎，落差 2 m。某年春灌期间进行流量系数率定试验，获得有效实测资料

59 次，实测流量范围为 29.99 ~ 89.59 m³/s。实测资料均为有闸自由流流态，根据表 7-1 ~ 表 7-3，选择流量公式为 $Q = \mu B h_g \sqrt{2gH}$。

将 59 次实测资料利用石津灌区管理局开发的"测流数据分析系统"软件分析出的闸门量水系数公式为

$$\mu = 0.480\,3e^{0.053\,8/h_g/H} \tag{7-13}$$

即该闸的流量公式为

$$Q = 0.480\,3e^{0.053\,8/h_g/H}Bh_g\sqrt{2gH}$$

式中 e = 2.718 281 8…，其余符号意义同前。

公式在应用范围的误差回检结果为：累积频率 95% 的误差为 ±3.09%，累积频率 75% 的误差为 ±2.14%，平均误差为 ±1.48%，系统误差为 0.01%。经实际应用推流精度较高。

紫城节制闸流量系数率定分析界面见图 7-23。

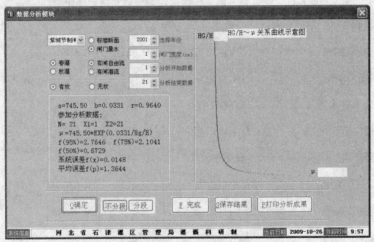

图 7-23 紫城节制闸流量系数率定分析界面

（二）实例 2 石津灌区总干渠和乐寺节制闸

和乐寺节制闸位于石津总干渠下游，为 3 孔平面直立式钢闸门，闸后带跌坎。某年春灌有效实测资料 43 次，实测流量范围为 0.9 ~ 19.468 m³/s。实测资料为有闸自由流流态，根据表 7-1 选择流量公式为 $Q = \mu B h_g \sqrt{2g\,(H - \varepsilon h_g)}$。

利用 43 次实测资料进行分析得出流量系数公式为

$$\mu = 0.588\,5e^{0.003\,8/h_g/H} \tag{7-14}$$

即该闸的流量公式为

$$Q = 0.588\,5e^{0.003\,8/h_g/H}Bh_g\sqrt{2g(H - \varepsilon h_g)}$$

该公式的各项回检结果为：累积频率 95% 的误差为 ±3.81%，累积频率 75% 的误差为 ±2.77%，平均误差为 ±1.88%，系统误差为 0.03%。实际应用中效果较好。

和乐寺节制闸流量系数率定分析界面见图 7-24。

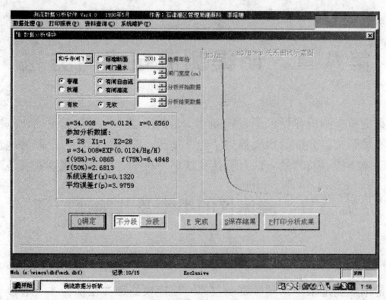

图 7-24　和乐寺节制闸流量系数率定分析界面

第八章　明渠测流技术与方法

灌区明渠流量实测应在保证测量精度和安全的前提下，针对流量变化范围、水流状况、水中泥沙和杂物、允许的水头损失、经济适用等具体情况，因地制宜地选用或配合使用不同的测流方法。其测量方法有流速仪法、浮标法、量水建筑物法及溶液法等。

第一节　流速仪的类型及其测速原理

一、流速仪的种类和性能

流速仪是用来测定水流运动频率的仪器。流速仪的种类很多，主要有以下几种：

（1）转子式流速仪。是一种具有一个转子的流速仪。其转子绕着水流方向的垂直轴或水平轴转动，其转速与周围流体的局部流速呈单值对应关系。

（2）超声波流速仪。是利用超声波在水流中的传播特征来测定一组或多组换能器同水层的平均流速的仪器。超声波流速仪测流速是左右岸间同一水层的平均线速度，具有宽水域、测流时间短、精度高等优点，但成本高，要求水中泥沙和杂物少等缺点。

（3）电磁流速仪。是利用电磁感应原理，根据流体切割磁场所产生的感应电势与流体速度呈正比的关系而制成的仪器。

（4）光学流速仪。是利用光学原理使测速旋转部分和水流速度同步而测出相应的水流速度的仪器。

（5）电波流速仪。是一种向水面发射与接收无线电波，利用其频率变化与流体速度呈正比的关系而制成的仪器。

（6）便携式流速仪。是一种专为水文监测、农业灌溉、市政给水排水、工业污水等行业流速测量的一种测量仪表，具有体积小，造型轻巧，结构紧凑、精密，携带、使用方便等特点，适用于小河流、灌排渠道、水利调查以及环保部门的污水监测、渗水流量测量。

（7）宽口明渠遥控测流系统。

我国常用的流速仪是转子式流速仪，包括旋桨式流速仪、旋杯式流速仪、旋叶式流速仪等，其中旋桨式流速仪是我国应用最广泛的一种仪器，它具备性能优良、适应性强、测速范围广、误差小等优点。

电磁流速仪、光学流速仪、电波流速仪等三类流速仪目前我国运用甚少，其性能不再一一介绍。这里重点介绍采用转子式流速仪开发的宽口明渠遥控测流系统新技术。

宽口明渠遥控测流系统主要应用于饮水（灌区）明渠实时自动量水，亦非常适用于因河流筑坝而改从渠道过流的测流环境。设备采用流速面积法测流原理，具有测流精度和可靠性高、造价低、易维护、适应性强等优势，由于几架流速仪同时下水，大大缩短了测流时间，提高了测流精度。同时，该系统利用 GPRS 作为通信手段实现了远程自动监测、自动计算处理数据，极大地减轻了测量工作人员的劳动强度和工作量，从而可加大测量的次数，获得流量的准确数据。

下面以 IQW－Ⅱ型宽口明渠遥控测流系统为例，介绍宽口明渠遥控测流系统。

（一）系统方案和功能特点

1. 系统总体方案

采用无线数据传输方式，可编程控制器采集、GPRS 传输，计算机准确地监控处理明渠的水位、流速、流量等实时监测信息，达到无人值守，减少人工投入，历史数据存储实时、准确的目的。

2. 系统功能

本系统集计算机、通信、控制于一体，实现自动或者手动采集数据和处理、自动控制、自动计量、自动监测、故障报警等多项功能。它是一个方便快捷的遥控测流系统，能通过安装在渠道上的测量控制终端自动准确地采集流速、水位及流量等数据，进行合理分析处理和历史存储。

3. 系统特点

（1）该系统采用流速仪测量渠道流量的方法是将整个过水断面分成若干部分，图 8-1 所示是将断面分成 n 个部分（$n=8$），每个部分的面积以 a_i 来表示，相应于这部分面积的平均流速以 v_i 来表示，这样每部分的流量为

$$q_i = a_i \cdot v_i$$

整个断面的流量为各部分流量的总和，即

$$q = a_1 \cdot v_1 + a_2 \cdot v_2 + a_3 \cdot v_3 + a_4 \cdot v_4 + \cdots + a_n \cdot v_n$$

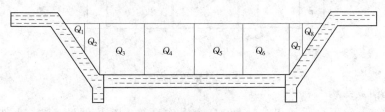

图 8-1　渠道过水断面

上述测量渠道流量的方法，叫面积流速测流法，其主要工作就是布设测流垂线（如图 8-1 中的垂线）和测流垂线上测流点流速的测量。此方法是根据国家标准《河流流量测验规范》（GB 5017—93）来设计的。

（2）利用中国移动或中国联通的 GPRS/GSM 网络覆盖面广、稳定性可靠、费用低廉。若该地区没有中国移动或中国联通的 GPRS/GSM 信号，可用无线数传水位监测系统代替。

（3）系统软件结构合理、操作简便、人机界面友好，能够对采集的数据自动整理存档并生成数据库，自动生成各种报表、过程曲线图、柱状图，供用户查询和上报。

（4）数据多重存储，保证历史数据的完整、可靠。

（5）利用互联网技术，在任何能够上网的地方都可以对实时数据和数据库数据进行查询、调用，并完成对仪器的控制。

（6）系统智能化程度高。系统具有自动事件报警功能，如监测发现水位、流速、流量、系统故障等异常情况，系统要对仪器运行状况进行诊断，全自动智能声光报警，向预设对象报警，自动告警记录，以便进行合理调控。

（二）系统构架

1. 系统结构图

系统结构如图 8-2 所示。

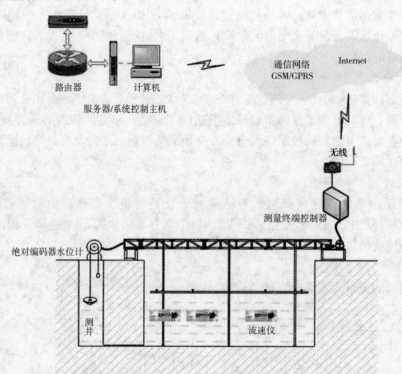

图 8-2　系统结构图

2. 系统组成结构

（1）系统开发平台采用 Windows XP 为操作系统。系统硬件：测量控制终端采用 MCS–51 系列单片机，PLC 可编程控制器。系统软件：测量控制终端采用汇编语言、自动控制图形语言（梯形图），系统控制中心采用 Visual Basic 语言。

（2）系统由硬件系统和软件系统组成。硬件系统由网络代理服务器和测量控制终端设备组成，测量控制终端设备根据网络代理服务器通过 GPRS 无线网络传输过来的控制信息进行数据采集。软件系统由监控模块和数据管理模块两部分组成，其中，监控模块主要完成水位、流速、流量的实时监测和数据的自动采集，并根据相关数据启动报警系统；数据管理模块的主要功能是存储各种数据，对数据进行录入、删除、修改、存储、检索、排序和统计等管理，并可根据相关数据生成各种报表。

3. 硬件系统

硬件系统由 GPRS 数据传输终端、可编程控制器、变频调速器、电机及传动执行装置、绝对值编码的光电水位计、流速仪高程监视光码盘、免清洗且可长时间在水下工作的流速仪等部分组成。

测量控制终端平时处于采集水位、仪器高程等工作状态下。当接收到系统控制主机发送的指令后，立即执行相应的操作。

1）主要功能

（1）采集水位、仪器高程、设备工作状态等。接收到系统控制主机召测水位、仪器高程的命令后，向系统控制主机发送水位、仪器高程、设备工作状态等数据。

（2）接收到系统控制主机参数修改命令及参数后，立即对相应参数单元进行修改，且向系统控制主机发送相应参数单元修改后的数据。

（3）接收到系统控制主机启动测量的命令后，向系统控制主机发送执行命令的应答信号且启动测量操作。

2）测量操作过程

首先启动变频调速器工作，然后根据设置的测点参数，将仪器从归零位置移动到第1流速测点的位置上，向系统控制主机发送仪器位置等数据；稍停片刻（3～5 s），待水流正常后，再启动流速仪进行测量。测量时测量控制终端设备采集各个流速仪的信号数及记录各个流速仪测流的历时时间，测量控制终端设备每隔3 s向系统控制主机发送一次测量数据，当设定的历时时间已到且判定已取完各个流速仪测量数据后，测量控制终端向系统控制主机发送测量所得到的各个流速仪的信号数和测流历时时间、测点位置等数据。在未完成规定的测点数时，测量控制终端将控制仪器移动到下一测点位置，且重复以上发送仪器位置等数据，稍停片刻再启动流速仪进行测量、采集、发送测量结果等动作过程。完成规定的测点数后，测量控制终端控制仪器移出水面，停至仪器归零位置。

结束整个测量过程后，测量控制终端中可编程控制器输出控制信号，切断变频调速器电源，电机制动使其停止运转。测量控制终端向系统控制主机发送水位、仪器高程、设备工作状态等数据。

3）保护

（1）当仪器下降到离渠底底部5 cm或到归位高程时，由软件中设置的软极限控制停车。

（2）当因仪器高程设置不正确等造成上升超出归位高程或下降到离渠底底部5 cm时，安装行程开关保证停车。

（3）控制台面板上还设有急刹开关，可在前两重保护均失效时，手动强制停车。

（4）行程开关动作后的解除：选择"上升"或"下降"、"低速"、"手动"，使仪器向上或向下运动，脱离行程开关后停车。

（5）安全（人身、设备）接地保护。

二、流速仪的测速原理

旋桨式流速仪由旋转转件、身架部件和尾翼三部分组成。其中，旋转部件包括感应部分、支承系统和传讯机构三个主要部件，旋桨绕着与水流方向平行的轴转动，其转速与周围流体的局部流速呈单值对应关系。身架部件为支承仪器工作和悬吊设备相连的部件。尾翼安置在身架上，它的作用是使仪器保持平衡和正对水流。

其测速原理为：当水流推动桨叶旋转时，由于桨叶迎水面与桨叶的背面形成压力差产生旋转，旋转一周发出信号，当知道一定的时间内产生的信号个数，将该数据带入流速公式，可计算出点流速。

试验证明，流速 v 与转速有一定函数关系，即

$$v = fN + C \tag{8-1}$$

通过数学推导，可得出流速公式

$$v = \frac{KAX}{T} + C \tag{8-2}$$

式中　f——旋桨转速系数，由生产厂家率定；

　　　N——旋桨转速，由实测所得；

　　　v——流速，m/s；

　　　K——水力螺距；

　　　A——转速比；

　　　X——实测信号个数；

　　　T——测流时间，s；

　　　C——摩阻系数，cm/s。

对应国际标准时则为

$$v = \frac{bAX}{T} + a \tag{8-3}$$

K 对应国际标准为 b，C 对应国际标准为 a。

转子式流速仪的工作原理与旋桨式流速仪基本相同，其他形式的流速仪不再一一详述。

第二节　流速仪测流的基本方法

根据精度要求不同及操作繁简不同，利用流速仪测流通常采用的方法有精测法、常测法和简测法。

一、精测法

精测法是在较多的垂线和测点上用精密的方法测速，以研究各级水位下测流断面的水力条件、流速分布等特点，为以后的精简测流工作提供依据。

新设的测流断面，只要条件允许，在最初 1～2 年中，应用精测法测到尽可能高的水位，并测得 30 次以上均匀分布于各级水位的精测法流量资料，以便进行由精测法转化为常测法、简测法的分析工作。

精简分析成果经有关机关批准后，精测法除在超出精简分析的水位变幅时应用外，在已改用常、简测法的水位变幅内，通常只作校核测量之用。一般要求每年在高、中、低水位各校核一次。

二、常测法

常测法是在保证一定精度的前提下，经过精简分析，或直接用较少的垂线、测点测速。

（1）有精测资料的时期或测站，以精测资料为基础，进行精简测速垂线和测点的分析，如果精简后算得流量与精测流量相比，其误差值符合表 8-1 的规定，即可用精简后较少的垂线、测点测速，并作为经常性的测流方法。

表 8-1　常测法的误差界限

累积频率达75%以上的误差	累积频率达95%以上的误差	系统性误差
不超过 ±3%	不超过 ±5%	不超过 ±1%，当超过时需作改正

（2）没有条件使用精简法测流的时期或测站，可采用垂线、测点分开进行精简的方法（即用若干多线少点资料作精简垂线分析，用若干单线多点资料作精简测点分析），只要线、点分别精简后的综合误差符合表 8-1 的规定，也可在精简后的垂线、测点测速，并可视为经常性的测流方法。

当按上述规定进行仍有困难时，允许不经过精简分析，直接用较少的垂线、测点，作为经常性的测流方法。但应尽可能用各种途径检验这种测流方法的精度。

三、简测法

简测法是为适应特殊水情，在保证一定精度前提下，经过精简分析用尽可能少的垂线、测点测速。

（1）有精测资料的时期或测站，当选用尽可能少的垂线、测点算出的流速平均值（即单位流速），与精测法断面平均流速作相关分析，精度符合表 8-2 的规定时，这些垂线、测点可作简测法使用。

表 8-2　简测法的误差界限

以精测法资料作精简		以常测法资料作精简	
累积频率达75%以上的误差	累积频率达95%以上的误差	累积频率达75%以上的误差	累积频率达95%以上的误差
不超过 ±5%	不超过 ±10%	不超过 ±4%	不超过 ±8%

（2）没有精测资料的时期或测站，可用常测法资料进行上述分析，当精度符合表 8-2 的规定时，亦可作为简测法使用。

第三节　流速仪测流的工作内容

测流工作尽管方法繁多，但内容上基本一致，现以流速仪测流工作为例进行介绍。

（1）准备工作。测流前除对仪器测具进行检查准备外，还应对水情和本测次的要求有所了解，以便正确决定测验方法和相应措施，从而做到方法正确、测验及时、精度可靠。

（2）水位观测。除测流开始和终了观测外，在水位涨落急剧时，应根据计算相应水位的需要增加测次。

（3）水道断面测量。包括各测线及两岸水边起点距的测量，各垂线水深的测量。当悬索偏角大于10°时，要测量悬索偏角。

（4）流速测量。在各垂线上测量所需的各点流速，当流向断面垂直线的偏角大于10°时，应测量流向。

（5）现场检查。测验时对水深、流速纵横向分布逐线逐点作合理性检查，这是保证成果精度的重要一环。

（6）计算、整理。测量成果要现场计算，及时整理，并作综合合理性检查，评定精度。

一、断面测量

（一）测流断面的选择

对任何一个渠道、河道用流速仪法测流量，都要正确选择测量断面。断面选择好坏将直接影响到测量精度。一般应注意以下几点：

（1）渠道（河床）平坦整齐。

（2）渠道（河床）冲淤变化不大。

（3）渠道（河道）顺直。顺直长度不应小于最大水面宽的3～5倍，前方不宜有跌坎、弯道、较大障碍物，如桥涵等。

（4）不宜有明显的紊流。

（5）对较窄的渠道，测流断面应设置在至少3 m以上的直段上。

（二）大断面测量

大断面测量包括各测线及两岸水边起点距的测量，各垂线水深的测量。新设站的流速仪测流断面应进行大断面测量。

1. 大断面测量的次数

（1）新设站的基本水尺断面、流速仪测流断面、浮标中断面、比降断面均应进行大断面测量。

（2）测流断面稳定的站，每年灌前复测一次；不稳定的站除每年灌前、灌后施测外，在每次较大放水后加测。

2. 大断面测量的范围

（1）大断面测量包括水下部分的水道断面测量和岸上部分的水准测量。岸上部分应测到历年最高水位0.5～1.0 m。

（2）测量前，应清除断面上的杂草等障碍物。有条件时，最好能在岸上地形转折点处打入编号的木桩，以便每次在固定位置测量。

（三）起点距的测量

1. 起点距测量的规定

大断面和水道断面的起点距，均以高水时的断面桩（一般为左岸桩）作为起算的零点。两岸断面桩之间的总距离，两次测量的不符值应不超过 1/500。

2. 起点距测量的方法

起点距测量的方法较多，有断面索观读法、经纬仪交会法、平板仪或小平板仪交会法、六分仪交会法及直接量距法等。渠道测站常用的是断面索观读法和直接量距法。

1）断面索观读法

水面不宽、有条件架设断面索时，可用索上的量距标志直接测读出各个桩点或垂线的起点距。

2）直接量距法

未灌溉期能涉水测量时，可用钢尺或皮卷尺等直接丈量断面起点距。丈量时应注意使钢尺或皮卷尺在两条垂线间保持水平。

（四）水深的测量

1. 测线水深的布设

（1）测深垂线的位置，应能控制渠底变化的转折点，主槽部分一般应较滩地为密。

（2）大断面测量水下部分的最少测深垂线数目如表8-3所示。

表8-3　大断面测量水下部分的最少测深垂线数目

水面宽（m）		< 5	5	50	100
最少测深垂线数	窄深渠道	5	6	10	12
	宽浅渠道			12	15

注：水面宽与平均水深的比值小于100时为窄深渠道，大于100时为宽浅渠道。

2. 水深测量的方法

1）用测深杆测深

（1）水深、流速较小时，一般用测深杆测深。

（2）测深时测杆应垂直读数。

2）用测深锤测深

（1）水深、流速较大时，若无测流缆道或水文绞车等测深设备，可用系有测深的测深锤测深。测绳长度和铁锤重量视水深、流速的大小确定，测绳记数标志的零点应与锤底相齐。

（2）测深时应在测绳垂直的瞬间读数。

3）用铅鱼测深

（1）有测流缆道或水文绞车等测深设备时，一般可用悬吊在缆道或绞车上的铅鱼测深。铅鱼重量和钢丝悬索直径视水深、流速的大小及过河、起重设备的荷重能力而定。

（2）测读水深的方法有直接读数法（同测深锤读数法）；游尺读数法，在绞车悬臂上装游尺标志，并在悬索的整米处系计数标志；计数器读数法，用绞车上装置的四位或五位十进计数器读数。

（3）用缆道的测站，一般在铅鱼上装设水面、河底讯号器，配合使用水深指示器、测流控制仪等仪器，在室内直接测读水深。

（五）垂线布设

流速测点的分布要求如下：

（1）测速垂线的布设宜均匀分布，并应能控制断面地形和流速沿渠宽分布的主要转折点，无大补大割。主槽垂线应较河滩为密。对测流断面内大于总流量1%的独股水流、串沟，应布设测速垂线。

（2）随水位级的不同，断面形状或流速横向分布有较明显变化的，可分高、中、低水位级分别布设测速垂线。

（3）测速垂线的位置宜固定，当发生下列情况之一时，应随时调整或补充测速垂线：①水位涨落或渠道冲淤，使靠岸边的垂线离岸边太远或太近时；②断面上出现死水、回流，需确定死水、回流边界或回流量时；③渠底地形或测点流速沿渠宽分布有较明显的变化时。

二、流速测量

流速是水质点在单位时间内沿某一特定方向移动的距离。应根据布设好的垂线，选择适用的起点距和水深测量方法，分别对各垂线测点进行流速测量。

（一）测速历时

为了克服流速脉动对测速成果精度的影响，渠道站在每个测点上测速的历时一般不超过100 s。但在有下列情况之一时，测点的测速历时可以适当缩短：

（1）在作常测法、简测法的垂线及测点精简分析时，可以考虑同时作缩短测速历时的分析。

（2）渠道水位涨落较快时，为避免测流过程中水位涨落差太大，测速历时可缩短至60 s。

当测点上流速脉动现象严重，而又没有用分组记录的办法时，为了尽可能消除脉动的影响，提高测速成果的精度，可在脉动强度较大的测点上适当延长测速历时。

（二）测速记数仪器

测速记数仪器有以下几种：

（1）电铃或灯光讯号器。用声音或闪光显示流速仪讯号，是最简单的仪器，要同停表配合使用。

（2）数字计数器：用数字显示流速仪讯号数目。

（3）流速显示仪器：这类仪器的特点是能用数码管或数字显示屏直接显示流速仪实测的平均流速。

（三）测速的记录方法

除为了研究流速脉动变化规律时，需要分组记录外，一般只记录总转数及总历时。用流速计算和显示仪器的，可直接记录总历时内的平均流速。

（四）测速时需要注意的问题

（1）在测速时，应注意在流速超出流速仪适用范围时，及时更换仪器或测流方法。

（2）测速前，应检查测速仪器是否工作正常。测速时也应注意讯号是否正常，若讯号周期突然加长，往往是水草、漂浮物缠绕仪器，应及时排除。

三、流速仪测流的操作要点

（一）流速测点的分布要求

（1）一条垂线上相邻两测点的最小间距不宜小于流速仪旋桨或旋杯的直径。

（2）测水面流速时，流速仪转子旋转部分不得露出水面。

（3）测渠底时，应将流速仪下放至水深的90%以下，并应使仪器旋转部分的边缘离开河底2~5 cm。

（二）流速仪测点的定位要求

（1）流速仪可采用悬杆悬吊或悬索悬吊。悬吊方式应使流速仪在水下呈水平状态。当多数垂线的水深或流速较小时，宜采用悬杆悬吊。

（2）采用悬杆悬吊时，流速仪应平行于测点上当时的流向，并应使仪器装在悬杆上能在水平面的一定范围内自由转动。当采用固定悬杆时，悬杆一端应装有底盘，盘下应有尖头。

（3）采用悬索悬吊时，应使流速仪平行于测点上当时的流向。悬挂铅鱼的方法，可采用单点悬吊或可调重心的"八字形"悬吊。

（三）垂线流速测点的分布要求

垂线的流速测点分布的位置应符合表8-4的要求。

表8-4　垂线的流速测点分布位置

测点数	相对水深位置	测点数	相对水深位置
一点	0.6 或 0.5、0.0、0.2	三点	0.2、0.6、0.8
二点	0.2、0.8	五点	0.0、0.2、0.6、0.8、1.0

注：相对水深为仪器入水深度与垂线水深之比。

（四）测定死水边界或回流界要求

当测流断面出现死水区或回流区时，应测定死水边界或回流界。

（1）死水区的断面面积不超过断面总面积的3%时，死水区可作流水处理；死水区的断面面积超过断面总面积的3%时，应根据以往的测验资料分析确定或目测决定死水边界。死水区较大时，应用低流速仪或深水浮标测定死水边界。

（2）断面回流量未超过断面顺流量的1%，且在不同时间内顺逆不定时，可只在顺逆流交界两侧布置测速垂线测定其边界，回流可作死水处理。当回流量超过断面顺流量的1%时，除测定其边界外，还应在回流区内布设适当的测速垂线，并测出回流量。

（五）流向偏角测量

水流流动的方向称为流向。测验断面上各点水流运动的方向与垂直于断面线的方向线的夹角称为流向偏角。流向偏角对流速的测量成果影响很大，有流向偏角而不改正，将会造成很大的误差。偏角为10°时，误差为1.5%；偏角为25°时，误差可达10%。因此，当流向偏角超过10°时，应测量流向偏角。流向偏角测量可采用流向器或系线浮标等。

（1）采用流向器施测低水面附近的流向时，应先使流向器转轴上端的度盘与转轴垂直，当罗盘读数为零时，应使其指针对准流向器度盘的0°或90°。流向器尾翼的尺寸应保证在低流速时能使其随流自由旋转。

（2）采用系线浮标测量时，宜将浮标系在20～30 m长的柔软细线上，自垂线处放出，待细线拉紧后，采用六分仪或量角器测算其流向偏角。

（六）其他项目的观测

（1）测站每次测流时，应观测或摘录基本水尺自记水位。

（2）设有比降水尺的测站，应根据设站目的观测比降水尺水位。

（3）在每次测流的同时，应在岸边观测和记录风向、风速以及测验断面附近发生的顶托、回水等影响水位流量关系的有关情况。

（七）测速主要仪器的检查和养护

1. 流速仪用前检查

在每次使用流速仪之前，必须检查仪器有无污损、变形、仪器旋转是否灵活及接触丝与信号是否正常等情况。

2. 测站流速仪的比测

（1）常用流速仪在使用时期，应定期与备用流速仪进行比测。其比测次数，可根据流速仪的性能、使用历时的长短及使用期间流速的大小和含沙量的大小情况而定。当流速仪使用50～80 h时应比测一次。

（2）比测宜在水情平稳的时期和流速脉动较小、流向一致的地点进行。

（3）常用与备用流速仪应在同一测点深度上同时测速，并可采用特制的U形比测架，两端分别安装常用与备用流速仪，两架仪器间的净距应小于0.5 m。在比测过程中，应变换仪器的位置。

（4）比测点不宜靠近河底、岸边或水流紊动强度较大的地点。

（5）不宜将旋桨式流速仪与旋杯式流速仪进行比测。

（6）每次比测应包括较大、较小流速且分配均匀的30个以上测点，当比测结果偏差不超过3%，比测条件差的不超过5%，且系统偏差能控制在1%范围内时，常用流速仪可继续使用。超过上述限差者应停止使用，并查明原因，分析其对已测资料的影响。

没有条件比测的站，仪器使用1～2年后必须重新检定。当发现流速仪运转不正常或有其他问题时，应停止使用。超过检定日期2～3年以上的流速仪，虽未使用，亦应送检。

3. 流速仪的保养

（1）流速仪在每次使用后，应立即按仪器说明书规定的方法拆洗干净，并加仪器润滑油。

（2）流速仪装入箱内时，转子部分应悬空搁置。

（3）长期储藏备用的流速仪，易锈部件必须涂黄油保护。

（4）仪器箱应放于干燥通风处，并远离高温和有腐蚀性的物质。仪器箱上不应堆放重物。

（5）仪器所有的零附件及工具，应随用随放还原处。

（6）仪器说明书和检定图表、公式等应妥善保存。

4. 停表的检查

停表在正常情况下应每年灌前检查一次。当停表受过雨淋、碰撞、剧烈震动或发现走时异常时，应及时进行检查。检查时，应以每日误差小于 0.5 min 带秒针的钟表为标准计时，与停表同时走动 10 min，当读数差不超过 3 s 时，可认为停表合格。使用其他计时器时，应按照上述要求执行。

第四节　断面流量的计算

断面流量测验应边测验、边记载、边计算，其流量测验记载和计算表格可根据实测的记录要求设计。

一、垂线起点距和水深的计算

垂线起点距和水深，可采用与测量方法相应的公式计算。

二、测点流速的计算

测点流速一般用转数、历时算出（每部流速仪出厂或重检后均附有相应计算公式），或从流速仪简数表上查读及从流速测算仪上直接读数。

实测流向偏角大于 10°而各测点均有记录时，在计算垂线平均流速之前，应作偏角改正。计算公式为

$$v_N = v\cos\theta \tag{8-4}$$

式中　v_N——垂直于测流断面的测点流速，m/s；

　　　v——实测的有流向偏角的测点流速，m/s；

　　　θ——流向偏角，即流向与垂直于断面方向的夹角，(°)。

流向偏角较大，但仅在水面或其他个别测点施测流向，则可先用各测点的实测流速算出实测的垂线平均流速，再比照式（8-4）换算为垂直于断面的垂线平均流速。

三、垂线平均流速的计算

（一）垂线上没有回流时的计算公式

五点法：
$$v_M = \frac{1}{10}\left(v_{0.0} + 3v_{0.2} + 3v_{0.6} + 2v_{0.8} + v_{1.0}\right) \tag{8-5}$$

三点法：
$$v_M = \frac{1}{3}\left(v_{0.2} + v_{0.6} + v_{0.8}\right) \tag{8-6}$$

二点法：
$$v_M = \frac{1}{2}\left(v_{0.2} + v_{0.8}\right) \tag{8-7}$$

一点法：
$$v_M = v_{0.6} \tag{8-8}$$

$$v_M = Kv_{0.5} \tag{8-9}$$

式中　v_M——垂线平均流速，m/s；

　　　　$v_{0.0}$、$v_{0.2}$、$v_{0.5}$、$v_{0.6}$、$v_{0.8}$、$v_{1.0}$——相对单位水深水面、0.2、0.5、0.6、0.8、1.0 水深深度及渠底的流速，m/s；

　　　　K——半深流速系数。

（二）垂线上有回流的计算方法

垂线上有回流时，回流流速为负值。若只在个别垂线上有回流，可直接用分析法近似计算垂线平均流速。

（三）只测水面附近一点流速时的计算公式

只测水面附近一点流速时的计算公式为

$$v_M = K_1 v_{0.0} \tag{8-10}$$

或
$$v_M = K_2 v_{0.2} \tag{8-11}$$

式中　K_1、K_2——水面流速系数及相对单位水深 0.2 水深深度的流速系数。

四、部分面积的计算

以测速垂线为分界将过水断面划分为若干部分，部分面积的计算可按下式计算

$$A_i = \frac{d_{i-1} + d_i}{2} b_i \tag{8-12}$$

式中　A_i——第 i 部分面积，m^2；

　　　　i——测速垂线或测深垂线的序号，$i = 1, 2, \cdots, n$；

　　　　d_i——第 i 条垂线的实际水深，当测深、测速没有同时进行时，应采用河底高程与测速时的水位算出应用水深，m；

　　　　b_i——第 i 部分断面宽，m。

五、部分平均流速的计算

两测速垂线中间部分的平均流速，可按下式计算

$$\bar{v}_i = \frac{v_{M(i-1)} + v_{Mi}}{2} \tag{8-13}$$

式中　$\bar{v}_i$——第 i 部分断面平均流速，m/s；

　　　　v_{Mi}——第 i 条垂线平均流速，m/s，$i = 2, 3, \cdots, n-1$。

靠近岸边或死水边的部分平均流速，等于自岸边或死水边起第一条测速垂线的平均流速乘以流速系数 α，按下式计算

$$v_1 = \alpha v_{M1} \tag{8-14}$$
$$v_n = \alpha v_{M(n-1)}$$

式中　α——岸边流速系数；

　　　　n——部分分区的编号，$n = 1, 2, \cdots$。

六、部分流量计算

部分流量等于部分平均流速与部分面积的乘积，其计算公式为

$$q_i = v_i A_i \tag{8-15}$$

七、断面流量的计算

断面流量为断面上所有部分流量的代数和，其计算公式为

$$Q = A_1 f_1 + A_2 f_2 + \cdots + A_n f_n$$

$$Q = q_1 + q_2 + \cdots + q_n$$

$$Q = \sum_{i=1}^{n} q_i \tag{8-16}$$

八、岸边流速系数

在实际测流中，岸边流速系数有条件的以实测为主，无条件的推荐在表8-5中选择适当数值。

表 8-5　岸边流速系数 α 值

岸边情况		α 值
水深均匀的变浅至零的斜坡岸边		0.67 ~ 0.75
陡岸边	不平整	0.8
	光滑	0.9
死水与流水交界处的死水边		0.6

在计算任何一个部分的平均流速时，对于用深水浮标或浮杆配合流速仪在个别垂线上所测的垂线平均流速，该表同样适用。

九、流量测验记载及计算实例

下面以湖北省漳河水库三干渠渠首流量测验为例，对明渠缆道流速仪法测流的步骤及计算方法进行简要介绍。

三干渠渠首测流断面是一个混凝土衬砌过的规则梯形断面，渠中水位较稳定，渠底宽22.3 m，内坡比1:2，渠底高程108.36 m。

流量测验计算一般为边施测边记载边计算，并填入表8-6中。首先，观测渠道水位，计算出水深和垂线起点距，然后根据布设好的垂线，逐线展开垂线测点流速测验，计算垂线平均流速、部分平均流速、部分面积及部分平均流量，各垂线测点流速测验结束后计算出断面流量。

（一）第一号垂线流量测验

1. 水深和垂线起点距计算

2010年6月30日，观测三干渠渠首测流断面2号水尺读数为0.32 m，水尺桩零点高程为110.39 m，则渠道水位高程为110.71 m，渠中水深为110.71 - 108.36 = 2.35（m），填入表8-6(2)栏中。根据渠道边坡比，计算得出右岸边坡水面宽为3.88 m，我们在左右岸边坡上各增设一条测流垂线，则第一号垂线起点距计算为 $D_1 = 3.88/2 = $

1.94（m）。

因过水断面为直角三角形，故垂线水深为渠道水深的1/2，即1.18 m，将起点距和水深分别填入表8-6（1）和（2）栏中。

2. 测点流速计算

测点水深取相对0.6倍水深，即$1.18 \times 0.6 = 0.71$（m），将流速仪放至水面以下0.71 m处，开始测量测得总转数为40，填入表8-6（5）栏中。按式$v = 0.251\,6R/S + 0.003\,4$计算出测点流速为0.072 m/s，填入表8-6（7）栏中（若采用流速测算仪，则直接将垂线测点流速值填入）。

3. 部分面积的计算

该断面是一三角形断面，断面面积为$A_1 = 1.94 \times 1.18/2 = 1.14$（m^2），填入表8-6（13）栏中。

4. 部分平均流速

该测流右岸断面较规则，为混凝土斜坡，故岸边流速系数取0.7，则部分平均流速为$v_1 = 0.072 \times 0.7 = 0.050$（m/s），填入表8-6（9）栏中。

5. 部分流量计算

部分流量q_1为$q_1 = A_1 \times v_1 = 1.15 \times 0.05 = 0.06$（m^3/s），填入表8-6（14）栏中。

（二）第二号垂线流量测验

1. 水深和垂线起点距计算

根据已观测和计算的渠道水位和右岸边坡水面宽，则第二号垂线水深为2.35 m，第二号垂线起点距D_2为3.88 m，填入表8-6（1）、（2）栏中。

2. 测点流速计算

该垂线采用三点法测流，测点水深分别取相对0.2、0.6、0.8倍水深，经计算分别为$2.35 \times 0.2 = 0.47$（m）、$2.35 \times 0.6 = 1.41$（m）、$2.35 \times 0.8 = 1.88$（m），填入表8-6（4）栏中。将流速仪放至水面以下0.47（m）、1.41（m）、1.88（m）处，开始测量测得总转数分别为60、40、40，填入表8-7（5）栏中。按公式$v = 0.251\,6R/S + 0.003\,4$计算出三测点流速分别为0.138 m/s、0.101 m/s、0.085 m/s，填入表8-6（7）栏中。

3. 垂线平均流速计算

垂线平均流速为$v_2 = (v_{0.2} + v_{0.6} + v_{0.8})/3 = (0.138 + 0.101 + 0.085)/3 = 0.108$（m/s），填入表8-6（8）栏中。

4. 部分面积的计算

该断面是梯形断面，断面面积为$A_2 = (1.18 + 2.35) \times 1.94/2 = 3.42$（m^2），填入表8-6（13）栏中。

5. 部分平均流速计算

该部分平均流速为第一、二号垂线流速的平均值，计算为$v_2 = (v_1 + v_2)/2 = (0.072 + 0.108)/2 = 0.090$（m/s），填入表8-6（9）栏中。

6. 部分流量计算

部分流量q_2为$q_2 = A_2 \cdot v_2 = 3.42 \times 0.09 = 0.31$（m^3/s），填入表8-6（14）栏中。

表 8-6　漳河三干渠渠首流量测验记载及计算表

流速仪器号:050300　　公式:$v=0.2516R/S+0.0034$　　停表牌号:　　　　　　　　　　　天气:晴　风向风力:　　　2010 年 6 月 30 日 8 时 30 分至 10 时 0 分

垂线号数 测深	垂线号数 测速	起点距(m)(1)	水深(m)(2)	仪器位置 相对(3)	仪器位置 测点深(m)(4)	测速记录 总转数(5)	测速记录 总历时(s)(6)	流速(m/s) 测点(7)	流速(m/s) 垂线平均(8)	流速(m/s) 部分平均(9)	测深垂线间 平均水深(m)(10)	测深垂线间 间距(m)(11)	水道断面面积 测线垂线(m²)(12)	水道断面面积 部分(m²)(13)	部分流量(m³/s)(14)	说明(15)
右岸		0							0.7							
1	1	1.94	1.18	0.6	0.71	40	147	0.072	0.072	0.050	0.59	1.94		1.14	0.06	
2	2	3.88	2.35	0.2	0.47	60	112	0.138	0.108	0.090	1.77	1.94		3.42	0.31	
				0.6	1.41	40	103	0.101								
				0.8	1.88	40	124	0.085								
3	3	5.88	2.35	0.2	0.47	100	99	0.258	0.211	0.160	2.35	2.0		4.70	0.75	
				0.6	1.41	100	114	0.224								
				0.8	1.88	60	102	0.151								
4	4	7.88	2.35	0.2	0.47	140	103	0.345	0.332	0.272	2.35	2.0		4.70	1.28	
				0.6	1.41	140	103	0.345								
				0.8	1.88	120	100	0.305								
5	5	9.88	2.35	0.2	0.47	160	105	0.387	0.363	0.348	2.35	2.0		4.70	1.64	
				0.6	1.41	140	97	0.367								
				0.8	1.88	140	106	0.336								

续表 8-6

流速仪牌号:050300　公式:$v=0.251\,6R/S+0.003\,4$　停表牌号:　　　天气:晴　　风向风力:

垂线号数 测深	垂线号数 测速	起点距 (m) (1)	水深 (m) (2)	仪器位置 相对 (3)	仪器位置 测点深(m) (4)	测速记录 总转数 (5)	测速记录 总历时(s) (6)	流速(m/s) 测点 (7)	流速(m/s) 垂线平均 (8)	流速(m/s) 部分平均 (9)	测深垂线间 平均水深(m) (10)	测深垂线间 间距(m) (11)	水道断面面积 测线垂线(m²) (12)	水道断面面积 部分(m²) (13)	部分流量 (m³/s) (14)	说明 (15)
6	6	11.88	2.35	0.2	0.47	180	105	0.435								
				0.6	1.41	160	96	0.423	0.408	0.386	2.35	2.0		4.70	1.81	
				0.8	1.88	140	97	0.367								
7	7	13.88	2.35	0.2	0.47	160	94	0.432								
				0.6	1.41	160	102	0.398	0.400	0.404	2.35	2.0		4.70	1.90	
				0.8	1.88	140	96	0.37								
8	8	15.88	2.35	0.2	0.47	180	105	0.435								
				0.6	1.41	160	99	0.41	0.397	0.399	2.35	2.0		4.70	1.88	
				0.8	1.88	140	103	0.345								
9	9	17.88	2.35	0.2	0.47	180	103	0.443								
				0.6	1.41	160	97	0.418	0.409	0.403	2.35	2.0		4.70	1.89	
				0.8	1.88	140	97	0.367								
10	10	19.88	2.35	0.2	0.47	160	96	0.423								
				0.6	1.41	160	103	0.394	0.395	0.402	2.35	2.0		4.70	1.89	
				0.8	1.88	140	97	0.367								

续表 8-6

流速仪牌号:050300　公式:$v = 0.251\ 6R/S + 0.003\ 4$　停表牌号:　　风向风力:　　天气:晴

垂线号数 测深	垂线号数 测速	起点距 (m) (1)	水深 (m) (2)	仪器位置 相对 (3)	仪器位置 测点深 (m) (4)	测速记录 总转数 (5)	测速记录 总历时 (s) (6)	流速 测点 (7)	流速 垂线平均 (8)	流速 部分平均 (9)	测深垂线间 平均水深 (m) (10)	测深垂线间 间距 (m) (11)	水道断面面积 垂线 (m²) (12)	水道断面面积 部分 (m²) (13)	部分流量 (m³/s) (14)	说明 (15)
11	11	21.88	2.35	0.2	0.47	120	101	0.302								
				0.6	1.41	120	103	0.297	0.291		2.35					
				0.8	1.88	120	112	0.273		0.343		2.0		4.70	1.61	
12	12	23.88	2.35	0.2	0.47	100	105	0.243								
				0.6	1.41	120	104	0.294	0.262		2.35					
				0.8	1.88	100	102	0.25		0.277		2.0		4.70	1.30	
13	13	26.18	2.35	0.2	0.47	80	116	0.177								
				0.6	1.41	60	108	0.143	0.149		2.35					
				0.8	1.88	60	121	0.128		0.206		2.3		5.41	1.11	
14	14	27.94	1.18	0.6	0.71	80	125	0.164	0.164	0.157	1.77	1.76		3.12	0.49	
	左岸	29.7	0						0.7	0.115	0.59	1.76		1.04	0.12	
															ΣQ=18.04	

断面流量	19.04 m³/s	水面宽	29.7 m	水尺名称	编号	读数(m)	零点高程(m)	水位(m)
断面面积	61.04 m²	平均水深	2.06 m	上游水尺				
平均流速	0.267 m/s	最大水深	2.35 m	下游水尺	2			
最大测流速	0.443 m/s	相应水深	2.35 m	测流水尺		0.32	110.39	110.71

施测:×××　记录计算:×××　校核:×××　(三)干渠代表:×××　施测号数:4

（三）第三号垂线流量测验

1. 水深和垂线起点距计算

根据已观测的渠道水位和布设好的垂线，第三号垂线水深为 2.35 m，起点距为 5.88 m，填入表8-6（1）和（2）栏中。

2. 测点流速计算

该垂线采用三点法测流，测点水深分别取相对 0.2、0.6、0.8 倍水深，经计算分别为 $2.35 \times 0.2 = 0.47$（m）、$2.35 \times 0.6 = 1.41$（m）、$2.35 \times 0.8 = 1.88$（m），填入表8-6（4）栏中。将流速仪放至水面以下 0.47 m、1.41 m、1.88 m 处，开始测量测得总转数分别为 100、100、60，填入表8-6（5）栏中。按式 $v = 0.2516R/S + 0.0034$ 计算出三测点流速分别为 0.258 m/s、0.224 m/s、0.151 m/s，填入表8-6（7）栏中。

3. 垂线平均流速计算

垂线平均流速为 $v_3 = (v_{0.2} + v_{0.6} + v_{0.8})/3 = (0.258 + 0.224 + 0.151)/3 = 0.211$（m/s），填入表8-6（8）栏中。

4. 部分面积的计算

该断面为矩形断面，断面面积为 $A_3 = 2 \times 2.35 = 4.7$（$m^2$），填入表8-6（13）栏中。

5. 部分平均流速计算

该部分平均流速为第二、三号垂线流速的平均值，计算为 $v_3 = (v_2 + v_3)/2 = (0.108 + 0.211)/2 = 0.16$（m/s），填入表8-6（9）栏中。

6. 部分流量计算

部分流量 q_3 为 $q_3 = A_3 \cdot v_3 = 4.7 \times 0.16 = 0.75$（$m^3/s$），填入表8-6（14）栏中。

以此类推，逐线完成余下各垂线的流速测验，最后将各垂线部分流量相加，即为该测流断面实测总流量。

第五节　U 形渠道断面测流方法

U 形渠道以其占地少、工程量小、耐冻胀及其优越的水力条件已在灌区广泛应用，但由于其断面测流技术至今尚未解决，影响了灌区测流工作。有些灌区对 U 形渠道测流时不得不延用梯形或矩形渠道的测流方法，导致测流精度很低，对灌区用水调度管理影响很大，也无法给出测流断面上正确的水位流量关系。因此，U 形渠道测流技术是广大灌区亟待解决的生产实际问题。作者通过水力试验和理论分析，根据紊流流速指数分布律推导出了按实测 U 形渠道过水断面中垂线流速计算流量的公式，并提出了相应的测流方法，可供生产单位应用。

一、U 形渠道过水断面水力要素

U 形渠道过水断面为曲线形，灌溉渠道一般采用图 8-3 所示的侧墙直线段外倾的非标准 U 形断面，断面形式分别由底部圆弧段弓形和上部直线段梯形两种几何形状构成，水力要素公式为随水深变化的分段函数，其过水断面面积 A 及湿周 χ 可表示如下

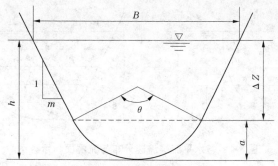

图 8-3　U 形渠道过水断面

$$A = \begin{cases} \Delta Z \left(\dfrac{2r}{\sqrt{1+m^2}} + \Delta Zm \right) + r^2 \left(\theta - \dfrac{m}{1+m^2} \right) & (h \geqslant a) \\ r^2 \left(\beta - \dfrac{1}{2}\sin 2\beta \right) & (h < a) \end{cases} \qquad (8\text{-}17)$$

$$\chi = \begin{cases} 2(r\theta + \Delta Z \sqrt{1+m^2}) & (h \geqslant a) \\ 2r\beta & (h < a) \end{cases} \qquad (8\text{-}18)$$

式中　A——过水断面面积，m^2；

　　　ΔZ——过水断面梯形高，m；

　　　r——底弧半径，m；

　　　m——侧墙边坡系数；

　　　θ——过水断面底弧圆心角，rad；

　　　h——水深，m；

　　　a——底弧弓形高，m；

　　　β——$h < a$ 时过水断面底弧圆心角的 1/2，rad；

　　　χ——湿周，m。

二、U 形渠道断面测流公式的推导

　　根据紊流流速的指数分布律，假设 U 形渠道过水断面上沿任一水平方向的流速亦为指数分布，以渠底为坐标原点，取 y 轴与过水断面中垂线重合，则距渠底为 y_i 流层沿 x 方向的流速分布函数为

$$u_i = u_{0i} \left[\frac{2x}{B_i} \right]^z \qquad (8\text{-}19)$$

式中　u_{0i}——图 8-4 所示第 i 水平流层上最大流速，即该流层中心点流速；

　　　x——过水断面上该流层水平方向坐标；

　　　B_i——过水断面上第 i 水平流层宽度；

　　　z——与雷诺数 Re 有关的指数。

　　U 形渠道过水断面上流速分布具有对称性，取第 i 水平流层一半的流速分布与流层面积分析，设该流层厚度为 $\Delta h = y_i - y_{i+1}$（各流层取为等厚度），第 i 水平流层渠道宽为 B_i，则该流层过水断面面积近似为 $\Delta A_i = \Delta h B_i$。沿流层过水断面关于 u_i 积分可得通

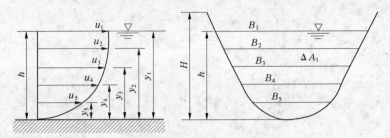

图 8-4　各水平流层流速分布与流层面积示意图

过该流层的流量 ΔQ_i 表示

$$\Delta Q_i = 2 \int_0^{\frac{B_i}{2}} u_i \Delta h \mathrm{d}x = \frac{1}{z+1} u_{0i} \Delta A_i$$

对各流层流量求和得通过过水断面流量的计算公式为

$$Q = \frac{1}{z+1} \sum_{i=1}^n u_{0i} \Delta A_i \tag{8-20}$$

其中各流层面积计算公式为

$$\Delta A_i = \begin{cases} B_i \Delta h & (i = 1,2,3,\cdots,n-1) \\ A - \sum_{j=1}^{n-1} \Delta A_j \end{cases} \tag{8-21}$$

式中　n——对过水断面划分的水平流层数；这里取 $n = 5$，流层序号从水面向下递增；

u_{01}，u_{02}，u_{03}，u_{04}，u_{05}——取过水断面中垂线上距水面 $0.1h$、$0.3h$、$0.5h$、$0.7h$、$0.9h$ 水深处的流速；

其余符号意义同前。

流层高度计算公式（等高度）$_e$ 为

$$\Delta h = \frac{h}{n} \tag{8-22}$$

各流层相应渠道宽度计算公式为

$$B_i = \begin{cases} 2\left[\dfrac{r}{\sqrt{1 + m^2}} + m(y_i - a) \right] & (h \geqslant y_i > a) \\ 2r\sin\beta & (y_i < a) \end{cases} \tag{8-23}$$

$$a = r(1 - \cos\theta) ; m = \frac{1}{\tan\theta} ; \beta = \arccos\left(1 - \frac{y_i}{r}\right)$$

式中　y_i——渠底到测点的距离。

【例 8-1】　某 U 形渠道底弧半径 $r = 0.1$ m，底弧圆心角 $2\theta = 152°$，水槽底坡 $I = 1/400$，由三角形量水堰测得流量 $Q = 29.95$ L/s，水槽水深 $h = 18.77$ cm。用毕托管测得 $y/h = 0.1$，0.3，0.5，0.7，0.9 处流速分别为 $u_{05} = 0.829$ m/s，$u_{04} = 0.903$ m/s，$u_{03} = 0.947$ m/s，$u_{02} = 0.977$ m/s，$u_{01} = 1.006$ m/s。

计算得过水断面面积：$A = 0.035\ 75$ m^2。

过水断面侧墙边坡系数：$m = \dfrac{1}{\tan\theta} = 0.249\ 3$。

底弧弓高 $a = 0.075\ 8$ m。

将过水断面面积沿水深分为等高度的 5 条流层，每流层高度为 $\Delta h = h/5 = 18.77/5 = 3.754$（cm）

将按式（8-19）～ 式（8-23）计算结果列表 8-7。

表 8-7　U 形渠道断面测流计算结果

序号	y_i（cm）	B_i（m）	ΔA_i（$\times 10^{-2}$ m²）	u_{0i}（m/s）	ΔQ_i（L/s）	$\sum \Delta Q_i$（L/s）
1	18.77	0.249 6	0.938 0	1.006	8.217 7	8.217 7
2	15.016	0.231 2	0.867 7	0.977	7.417 6	15.635 3
3	11.262	0.212 4	0.797 4	0.947	6.604 7	22.240 0
4	7.508	0.193 7	0.727 1	0.903	5.746 4	27.986 4
5	3.754	0.156 1	0.245 1	0.829	1.777 8	29.764 2

注：表中面积 ΔA_5 应按过水断面面积减去前 4 项 ΔA_i 之和。

表中第 5 项累积流量即为测流计算流量，$Q = 29.764\ 2$ L/s。与三角量水堰实测流量 $Q_实 = 29.95$ L/s 比较，误差为

$$\frac{\Delta Q}{Q_实} = \frac{Q_实 - Q}{Q_实} = 0.6\%$$

三、U 形渠道断面测流说明

本书介绍的测流方法为应用测速仪器施测过水断面中垂线上等间隔点的流速值计算流量，具体操作应注意以下几点：

（1）应在 U 形渠道的顺直渠段选择一过水断面作为测流断面，测流断面应避开渠道接缝，且上、下游 8 m 内无干扰水流的渠底淤积物和渠系建筑物。

（2）流层划分的疏密可视渠道大小灵活掌握，渠道断面较大时也可加密测点，以提高测流精度。

（3）实际应用中仅量测 U 形渠道中垂线上各点流速，每一流层选一个流速测点。

（4）鉴于目前尚无可用的 U 形渠道流速仪断面测流方法，本书方法限于条件仅对小型 U 形渠道（D20）进行了试验研究，且适用于渠道水流雷诺数 $Re = 4 \times 10^3 \sim 3.2 \times 10^6$ 的 U 形渠道测流计算。

第六节　利用标准断面水位流量关系量水

渠道中水流由于受渠段控制或某个断面控制，水位与流量会形成相对稳定的对应关系。为了方便流量观测，人们一般将渠道的某一段进行整修，使之断面形状规则，水流形态稳定。该渠段上的测流断面，称之为标准断面。

标准断面的水位流量关系，是指测流断面的水位与通过该断面的流量之间的关系。标准断面量水就是利用稳定的断面水位流量关系进行推流的方法，是灌区量水中常用的

方法之一，具有观测简便、精度适用、省工省时等优点。测流断面上稳定的水位流量关系及其推流方法是灌区信息化建设中实现水情遥测的基础条件。

一、渠道断面水位流量关系的分析

（一）水位流量关系稳定的条件

渠道断面水位流量关系是否稳定，主要取决于影响流量的渠道水力要素，可用曼宁公式来说明。

$$\bar{v} = \frac{1}{n}R^{2/3}I^{1/2} \tag{8-24}$$

则

$$Q = A\bar{v} = \frac{1}{n}R^{2/3}I^{1/2}A$$

式中　Q——流量，m^3/s；

　　　A——断面面积，m^2；

　　　$\bar{v}$——断面平均流速，m/s；

　　　n——渠床糙率；

　　　R——水力半径，m；

　　　I——水面比降。

要使渠道水位流量关系保持稳定，必须在同一水位下，断面面积（A）、水力半径（R）、渠床糙率（n）、水面比降（I）等因素均保持不变，或者各因素虽有变化，但对水位流量关系的影响能相互补偿。这样，同一个水位（H），就只有一个相应的流量（Q），$H \sim Q$关系就成为一条单一的曲线。在天然河道中，能够长期地维持稳定的情况是很少的，只是变动程度有大有小而已。在人工渠道中，可以通过工程措施实现水位流量关系的稳定，这就是所谓的标准断面。

渠道的水位流量关系往往受一个断面或一个渠段的水力因素的控制，前者称为断面控制，后者称为渠段控制。为了得到良好的水位流量关系，提高推流精度，测站标准断面的重要选择条件就是要求控制良好。

（1）断面控制。弯道、跌水、卡口、人工堰等都是典型的控制断面，其构造愈坚固稳定，则控制愈好。在这些控制断面的上游设置标准断面，一般可以得到单一的稳定的水位流量关系。

（2）渠段控制。渠床稳定坚固、水流平直、无冲刷和淤积现象的渠段，也是形成良好控制的地形条件。

（二）水位流量关系的几种情况

（1）稳定的水位流量关系。渠道水位和流量的关系不随时间的变化而发生变化，如果将观测的资料按照水位与过水断面面积、水位与流量的相关关系分别点绘成散点图，则点分布密集，呈一带状，带状宽度不超过测验允许误差的两倍，且点不是依时间次序成系统偏离。此种情况即属于稳定的水位流量关系。

（2）受冲淤影响的水位流量关系。测站的控制渠段或控制断面发生冲刷或淤积时，由于同水位的过水面积增大或减小，使水位流量关系受到相应的影响。在多泥沙渠系中，这种现象尤其显著。

冲淤的现象比较复杂，不同的冲淤现象，水位流量关系的变化也不同。

①经常性冲淤。若测站控制易于变动，冲淤变化频繁，虽有程度的不同，但显现不出相对稳定的时段，则称为经常性冲淤。这种情况的水位与过水断面面积、水位与流量关系的散点图上的点分布非常散乱。

②不经常性冲淤。若测站控制比较稳定，冲淤变化只发生在几次较短的时段里，在两次冲淤变化之间，有较长的时间，水位与过水断面面积、水位与流量的关系是稳定的，则称为不经常性冲淤。水位与流量、水位与过水断面面积关系散点图上的点随时间分布成几个带组，而且在某一时段从一个带组过渡向另一个带组。

③普遍冲淤。若由于测流断面和控制断面（或渠段）都受到冲淤，冲淤前后的比降基本一致，横断面形状也相似，则属于普遍冲淤。冲淤前后的水位与流量、水位与过水断面面积关系散点图上的点呈纵向平移，两者平移的程度也大体一致。

④局部冲淤。若由于冲淤前后横断面形状剧烈改变，或纵断面冲淤掺杂，比降发生变化，则属局部冲淤。水位流量关系曲线在冲淤前后的趋势改变在散点图上的反映，与水位面积关系曲线的变化不一定相应。

（3）受变动回水影响的水位流量关系。形成变动回水的原因，主要来自下游渠道、堰闸运用的改变，如下游大幅调水、下级渠道灌溉运行组合变动等情况。

受回水影响的测站，在回水影响期间，由于下游水位抬高，使水面比降减小，与不受回水影响期间比较，相同水位下的流速减慢，流量减小。这种情况下的水位流量关系、水位流速关系点的分布都很散乱，而水位面积关系点密集在一条带上。

显然，受变动回水影响的测站，同一水位下的流量变化，主要是由于水面比降变化的缘故。相同水位下，水面比降愈小，流量也愈小。

（4）受水生植物影响的水位流量关系。渠床内由于水生植物的逐渐生长，减小过水断面面积，糙率加大，从而使水位流量关系发生变化。

二、利用水位流量关系曲线量水

（一）适用条件

利用水位流量关系曲线量水，要求有良好的控制条件，因此该方法适用于以下条件的测站：

（1）测流断面下游有弯道、跌水、卡口、人工堰等足以形成稳定的断面控制。

（2）测流断面上、下游渠道平直，渠床坚固、水流平稳并具有足够长度以形成渠段控制。

在灌溉渠道上，一般为了满足测流条件，通常采取工程措施改善测段条件，防止渠床冲刷和水生植物滋生，如对渠道进行护底、衬砌等。

（二）水位流量关系曲线的建立

在测流断面设立固定水尺，水尺以渠底的平均高程为零点，最小刻度为 0.01 m。

利用流速仪施测断面不同水位时相应的流量，率定断面的水位流量关系，建立水位流量关系曲线或关系式。方法如下：

以水位为纵坐标，以流量为横坐标，将率定的资料点绘在方格纸上，通过分析，若属于稳定的水位流量关系，可通过点带重心，描绘一条平滑连续的曲线，使点均匀地分布在曲线的两侧，这样即得到了量水断面的水位流量关系曲线。若曲线误差分析满足表8-8中的精度要求，则可用于推流量水。

表8-8   标准断面水位流量关系曲线率定误差限值

累积频率95%的误差（f_{95}）	累积频率75%的误差（f_{75}）	系统误差（f_x）
±5%	±3%	±0.5%

在资料充足的情况下，可用回归分析法分析出水位流量关系式，若精度合格，可直接用于推流。图8-5为石津灌区开发的"测流数据分析系统"分析水位流量关系曲线的界面。

水位流量关系式宜采用幂函数表示

$$Q = KH^n \tag{8-25}$$

式中 Q——断面流量，m^3/s；

H——水深，m；

K——系数；

n——指数。

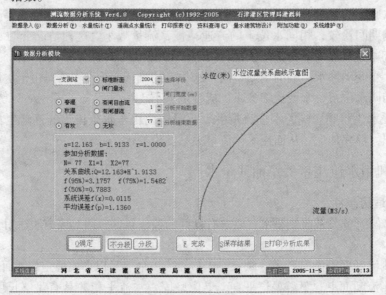

图8-5   水位流量关系曲线的界面

绘制水位流量关系曲线时应注意以下几点：

（1）选取适当的纵横比例尺，使曲线与横坐标轴约成45°角。

（2）在流量可能变动的范围内，水位流量关系曲线在横轴上的投影长度不小于10 cm。

（3）点绘散点图时，若有不同的测流方法，应以不同的符号表示，若用连续几年的资料，不同年份的点据也要以不同的符号表示，以便区别分析。

（4）不同灌季的测流资料应分别分析。

（5）水位流量关系曲线的低水部分，读数误差较大的，要选取合适的比例尺，另做曲线放大图，使得最大读数误差不超过±2.5%。

三、水位流量关系曲线的校核与修正

建立了水位流量关系曲线之后，在使用中应经常校核，发现问题，及时修正，以保证推流精度。

校核方法一般采用流速仪测流。校核时可根据曲线的适用范围，有目的地施测高、中、低水位时的流量，一般不少于5~7次。若校核中发现误差较大，应增加测次。

将校核资料点绘在水位流量关系图上，进行误差分析，若发现下列情况之一，则说明水位流量关系已发生变化，原曲线需要修正：

（1）校核点位于曲线同一侧，且平均误差超过2.5%。

（2）校核点虽位于曲线两侧，但每个点的误差均超过3%或平均误差超过5%。

当工程维修、改建等工程条件改变时，使测流段或附近的水力要素或水流形态发生变化，会严重影响原来的水位流量关系，应重新率定。

第七节　浮标测流法

浮标测流在灌区量水中一般应用于支、斗渠。其特点是简单易行，便于掌握。但因影响因素较多，所以测流成果精度较差。浮标的类型有水面浮标、深水浮标、浮杆等。在小型渠道上测流一般采用水面浮标，即中泓浮标法。

一、浮标测流的基本条件

浮标测流要求设立量测渠段，测段应平直，渠床比较规则完整，无显著变形现象，水流要均匀平稳，无旋涡及回流，渠段内应没有阻水的杂草、杂物或其他能引起斜流及阻碍浮标行进的障碍物。有条件时可做成标准断面。

在选定的测段设置上、下两辅助断面，辅助断面处两岸边钉木桩或做其他永久性标志。测流断面设在两辅助断面中间，水尺一般设在测流断面（中断面）上，测段长度一般为20~50 m，即浮标移动持续时间不少于20 s。

二、浮标测流的工作内容

（一）浮标测流的一般操作程序

（1）观测水尺水位。

（2）投放浮标，观测浮标流经上、下断面的历时。

（3）观测浮标运行期间的风向、风速及其他有关附属项目。

（4）实测渠道过水断面面积。

（5）计算流量及其他有关数据。

（6）检查分析测流成果。

（二）流速测量

中泓浮标法测流在水面中间投放浮标，测出主流部分的最大水面流速，凭以计算流量。

1. 对浮标的要求

浮标的式样、大小，一般根据要测的水流大小，水的深浅而不同。水面浮标应满足以下基本要求：露出水面部分的受风面积尽可能小些；入水深度不宜大于水深的 1/10。浮标外表不宜过于光滑，不要做成流线型。浮标露出水面的部分应有明显标志，以便于观察。浮标漂浮要稳定，不致被波浪卷入水下。同一渠道每次测流应该使用同种浮标。

2. 测速方法

施测流速时在上辅助断面的上游 5～10 m 处投放浮标（尽量投在中泓主流区），然后用秒表测计浮标流经上、下辅助断面的历时。计时时应站在上、下断面处，视线与水流垂直，当浮标流经断面时立即开表。一次测流一般应投放浮标 2～3 次，取其平均值。若浮标中途受阻或投偏位置，应重测。

3. 水面流速计算

水面流速等于上、下断面间距除以浮标流经历时的平均值，即

$$v_0 = \frac{S}{t} \tag{8-26}$$

式中　v_0——水面流速，m/s；

　　　S——上、下断面间距，m；

　　　t——浮标流经上、下断面的历时，s，若重复施测，取其平均值。

（三）渠道过水断面面积测量

过水断面面积是计算流量的一个重要因素，正确地测定面积对流量的精度有很大影响。对于矩形、梯形断面渠道，在中断面测量水面宽、水深、渠底宽即可。若渠道断面不规则，则应按照流速仪测流那样，把整个断面分为若干小部分，由部分面积求全面积。

将测段整修成标准断面，可以提高断面面积的测量精度。为了简化测量工作，可以编制出水深—面积关系表（或曲线），测量时只须读取水尺的水深值，即可查得过水断面面积。

（四）流量计算

中泓浮标法所测得的流速是水面最大流速，该流速大于断面平均流速，一般称之为虚流速。用虚流速求得的流量叫做虚流量。

为求实际流量，将虚流量乘以一个小于 1 的系数，这个系数叫做浮标系数。即

$$Q_0 = v_0 \omega \tag{8-27}$$

$$Q = KQ_0 \tag{8-28}$$

式中　Q_0——虚流量，m³/s；

　　　v_0——虚流速，m/s；

　　　ω——过水断面面积，m²；

Q——实际流量，m^3/s；

K——浮标系数。

浮标测流的记录表格形式如表 8-9 所示。

表 8-9　水面浮标测流记载表

年　月　日

渠道名称				施测时间			时分			
天气				风向		风力		流向		
点次	水深 （m）	渠底宽 （m）	水面宽 （m）	断面面积 （m^2）	测段长度 （m）	经历时间 （s）	水面流速 （m/s）	浮标 系数	实际流量 （m^3/s）	备注

计算：　　　　　　　　　施测：

三、浮标系数的确定

浮标系数的确定，是直接关系到计算实际流量精度的问题。浮标测流的精度高低，关键就在于浮标系数的准确程度。影响浮标系数的因素很多，它不仅与浮标固有的特性（尺寸、形状）有关，而且与水流的水力特性、断面糙率及水流的黏滞系数、风向风力、含沙量等因素有关。在复杂的因素中确定浮标系数，只能取其主要因素。用水力学法可得出经验或半经验的浮标系数公式。最好的方法是用实测资料率定浮标系数。

（一）由实测资料求浮标系数

浮标系数的率定方法是，用流速仪和浮标同时测流，以流速仪所测结果为实际流量，它与浮标所测虚流量的比值即为浮标系数

$$K = \frac{Q}{Q_0} \tag{8-29}$$

式中　Q——某断面用流速仪法测得的实测流量；

Q_0——用浮标法测得的虚流量。

实测浮标系数，应取多次平均值，对误差较大的数据予以剔除，最好能够区别不同

风向风力、不同水位等情况，分别确定不同情况的浮标系数。

（二）水力学法确定浮标系数

（1）用弗劳德数计算

$$K = 1 - 1.85\sqrt{\frac{I}{Fr}} \tag{8-30}$$

式中　Fr——弗劳德数；

　　　I——水面比降。

（2）用糙率计算

$$K = \frac{C}{C + 6}$$

$$C = \frac{1}{n}R^{y} \tag{8-31}$$

$$y = 2.5\sqrt{n} - 0.13 - 0.75\sqrt{R}(\sqrt{n} - 10)$$

式中　n——渠床糙率；

　　　R——水力半径；

（三）浮标系数的经验值

若无试验分析资料，则浮标系数可临时参考选用下列数值。

混凝土衬砌渠道：K 值为 0.8 ~ 0.9；土渠水深在 0.3 ~ 1.0 m 时，K 值为 0.75 ~ 0.8；长满杂草的土渠，K 值为 0.55 ~ 0.65。

第九章　信息技术在灌区水量调配与量测中的应用

第一节　灌区信息化概述

一、灌区信息化建设的必要性

（一）信息化时代的发展要求

21世纪后，人类已经从工业化社会进入信息化社会，信息技术已经在各个领域发挥了无法替代的作用。随着信息技术的发展与应用，人们对信息应用效果的认识也愈来愈高。根据时代发展的需要和我国信息化技术的现状，党的十五届五中全会提出：要在全社会广泛应用信息技术，提高计算机和网络的普及应用程度，加强信息资源的开发和利用。政府行政管理、社会公共服务、企业生产经营要运用数字化、网络化技术，加快信息化步伐。

作为国民经济和社会发展重要基础的水利设施，其建设质量和运行管理水平，对确保国民经济的持续、稳定发展将起着至关重要的作用。科学家预测，21世纪的中国，随着经济和社会的发展，洪涝灾害、干旱缺水、水污染造成的环境恶化问题将日益突出，会严重制约着经济和社会的发展。在从传统水利向现代水利、可持续发展水利转变过程中，信息应用技术应用实现水资源统一管理、优化配置以及提高水的利用效率、实现水利现代化的基础和前提。

（二）信息化是提高灌区建设与管理效能的必要手段

我国多年平均降水总量为6.2万亿 m^3，除通过土壤水直接利用于天然生态系统与人工生态系统外，可通过水循环更新的地表水和地下水的多年平均水资源总量为2.8万亿 m^3，水资源总量居世界第6位。但是，按1997年人口统计，我国人均水资源总量为2 200 m^3，人均占有量仅有世界平均数的1/4。在这种水资源匮乏的状况下，用于灌溉的农业用水占了70%。灌溉工程，尤其是大型灌溉工程，是重要的水利设施，是国民经济和社会发展的重要基础产业。从我国的实际情况来看，全国拥有8.7亿亩灌溉面积，占耕地总面积的46%，生产了占总产量3/4的粮食和90%以上的蔬菜等作物，灌溉工程在现代农业和农村经济发展中的地位和作用是显而易见的。然而，由于灌区所具有的工程分散性、水资源的有限性、水情雨情的变化性、农作物需水的时效性、灌溉供水的动态性、提高水资源利用效益的系统性等方面的特点，导致其水管理工作的复杂性。如果不采用现代化管理方法和技术，将难以实现水资源优化配置，达到节水增效的目的。

　　由于大型灌区续建配套与节水改造项目的实施，灌区的工程设施得到了极大的改善，在此基础上，进一步应用现代信息技术，充分开发和利用灌区信息资源，拓展水管理信息化的深度和广度，就成为实现灌区现代化的关键措施之一。通过信息化建设，可以大幅度提高雨情、水情、工情、墒情、旱情和灾情信息采集及传输的时效性和准确性，为制订合理的水资源配置和调度方案提供科学依据，以充分发挥已建水利工程设施的效能，从管理层面上强化续建配套与节水改造的作用。信息化建设中创建的信息平台可以及时发布灌区的供用水信息，加强灌区与广大公众之间的联系，减少用水纠纷，促进社会各界对灌区工作的有效监督。利用灌区信息化建设的成果，可以及时、全面地掌握水雨情、农作物、工程、供用水人员、管理机构等信息，因此对用水安全、生态环境、社会和谐等宏观的社会发展也将具有重要的现实意义。

二、灌区信息化建设的指导思想与原则

（一）明确为水资源合理调配服务的指导思想

　　大型灌区信息化试点建设要以科学发展观为指导，立足灌区发展的实际需要，把信息化建设作为实现从传统水利向现代水利、可持续发展水利转变的重大举措，积极而稳妥地推进这项工作。

　　灌区信息化是一个新事物，既不能墨守陈规，把信息化建设与工程改造对立起来，也不能急于求成，不顾灌区实际的需要和投入的可能，把摊子铺得过大。灌区信息化建设决不是搞"形象工程"，必须以优化灌区水资源调配、促进节水增效、保证工程安全运行、提高管理效率的实际需要为出发点，合理确定建设内容，切实发挥作用并产生效益。灌区信息化建设不是单纯的工程建设，而是一项复杂的系统工程，需要从思想认识、技术措施、资金保障、人才培养、制度建设等各个方面努力，才能顺利实现试点建设的目标。

（二）坚持总体规划分步实施的建设原则

　　灌区信息化是一个长期的建设过程，需要总体规划，分步实施。信息化建设是大型灌区续建配套与节水改造项目的组成部分，因此信息化建设规划的总体目标、总体布局以及总概算应与大型灌区续建配套与节水改造的总体目标、总体布局以及总概算相适应，信息化建设规划的阶段目标和建设内容应该与大型灌区续建配套与节水改造的阶段目标和建设内容相适应，不能贪大求全，更不能盲目攀比。由于在信息化建设方面缺乏经验，大型灌区信息化建设是通过试点的方式稳步推进的，因此信息化建设的分步实施计划要与试点工作部署衔接，条件成熟的灌区可率先实现信息化建设目标；信息化基础较弱的灌区应根据实际需要，分清轻重缓急，先解决急需问题，然后逐步完善。总之，要在有限时间和有限投入的情况下，通过信息化建设切实解决灌区业务面临的实际问题，发挥出作用。

（三）全面理解和有效执行信息化建设的任务

　　首先要理解信息化不是自动化，也不是数字化。灌区信息化的任务就是采用信息技

术手段（可以是自动的，也可以是人工的，以较全面、完整、系统地获取信息为前提）来替代、改造、升级传统的方法，实现水资源调配、水利工程建设管理、行政办公等的信息化。后续则根据需求和 IT 的发展，进一步提高管理的效率和效能。

灌区信息化包括 3 个方面的建设任务，它们是信息基础设施建设、信息应用系统建设、信息化保障环境建设。信息基础设施指信息采集、传输和存储管理的设备及设施，如雨量、水位等信息的采集系统、通信系统、计算机网络等；信息应用系统的作用是将灌区业务和政务管理过程计算机化，籍此提高管理的效率和效能；而保障环境则涉及人才培养、运行维护费用筹措、制度建设等方面。尽管灌区信息化建设的具体内容因灌区条件不同存在差异，需要针对实际情况在认真进行需求分析的基础上确定。但上述三个方面的建设任务是缺一不可的，只有全面完成这三个方面的建设任务，灌区信息化才能长期、有效地发挥作用。

三、灌区信息化建设的目标

（一）全面地获取信息是信息化的基础

信息采集是信息基础设施的重要部分，应作为灌区信息化建设优先考虑的建设内容。灌区信息化涉及的信息种类多，信息量大，在短期内实现全部信息的自动采集是不现实的，应重点实现水情、工情信息的采集，其他信息应尽量利用公共信息或共享其他行业和部门提供的信息。应坚持自动采集与人工采集相结合的原则规划设计信息采集系统，要具体分析信息的实时性和重要性，实时性和重要性强的信息应优先考虑进行自动采集，实时性和重要性一般的信息仍可继续沿用以往的人工观测方式，但人工观测数据必须及时录入计算机，满足信息化管理对数据的要求。自动采集信息站点的数量要合理，布局要科学，为此应进行技术论证和方案比较。

（二）以管理为目标充分运用信息资源和设施

资源和设施共享是信息化的重要特点，也是效益所在。灌区的建设和改造应该在灌区管理局和下属的处、所等领导及执行下进行，信息化建设就是要打破以往靠电话通信、人工决策和拍板的做法，充分运用所获取的信息，通过自建通信链路或租用公网进行信息传递，借助计算机网络实现信息的共享和互操作，从而达到高效管理的目的。

由于运用了计算机软硬件与通信网络，原分布于各处的各级管理机构均可以面对面地、透明地传递、接收管理信息，统一实现日常工作的有序进行，并具有很高的时效性，特别是出现事故等异常情况时，更能及时响应，采取措施，降低危害。

（三）以作用与效果为检验手段促进信息化发展

信息化建设不是形象工程，应该确确实实地发挥作用。作用与效果包括管理效率（如节省人力，以及节省的人力的重组调配，实时、移动、异地业务管理的实现等）、节水增效（由于信息的精准应用，能节省多少水资源，扩大多少灌溉面积或供水户等）、生态环境等方面。

由于我国水资源严重短缺与用水严重浪费现象的普遍共存，节水就成为灌区续建配套节水改造能否充分发挥作用的重要目标。信息化能够更精准地了解水资源情况，给出更合理的调配方案。因此，更容易建立以灌区为核心的节水型社会。

节水型社会是水资源集约高效利用、经济社会快速发展、人与自然和谐相处的社会，包含三重相互联系的特征：微观上资源利用的高效率，中观上资源配置的高效益，宏观上资源利用的可持续。节水型社会体现了人类发展的现代理念，代表着高度的社会文明，也是现代化的重要标志。我国现状用水效率普遍不高，用水效益更为低下，部分地区已经超过水资源承载能力，建设节水型社会的任务有很强的紧迫性和艰巨性。

四、灌区信息化建设的主要任务

(一) 基础设施建设

信息化的基础设施指信息采集、传输和存储管理的设备及设施，如雨量、水位等信息的采集系统、通信系统、计算机网络等。基础设施建设是信息化的基本保证，但不是最终目的，最终目的是实现灌区业务的信息化管理。

要根据灌区的地理分布状况与机构设置特点，选择最适合本灌区的通信组网方案，形成合理的网络拓扑结构，实现数据的快捷传输和高度共享。建设灌区通信系统主要有两种方式，一是自建，二是租用。自建的建设费用要高于租用，而且在信道和设备的管理、维护及升级上也会有费用支出；租用则需按期支付租用费。由于当前信息化建设经费受到限制，建议可优先考虑租用公共通信网作为灌区信息传输链路，只在公共通信网覆盖不到的地区才根据需要自建部分通信线路，将节省的建设费集中用于其他方面，尽快形成一定的信息服务能力。另外，有的灌区采用与电信部门合作建设通信线路的方式，既可免费长期使用部分线路，也免除了线路维护工作，有条件的灌区可以考虑这种建设方式。利用微波扩频等先进技术改造原有微波通信系统，既可充分利用已有资源减少建设费用，同时也能得到一定带宽的信道，值得考虑。总之，构筑通信网络一定要结合灌区需要和当地实际情况，一方面要具体分析各级信道的信息流量并确定带宽要求，另一方面要详细分析测算建设成本和运行维护费用，通过方案比较合理确定建设方案。现代通信网络支持数据、语音、图像等多种业务，因此建设新的通信网络时往往会同时考虑整合原有通信资源，此时应充分考虑设置备用信道，以保证灌区基本业务不致因通信故障而中断。

灌区实行分级管理，计算机网络建设应该符合分级管理的要求。计算机网络往往依托信息中心和信息分中心搭建，但不应将二者等同起来。信息中心和信息分中心是信息的集散地，同时还承担信息系统的管理维护工作，但并不是信息的最终使用部门；计算机网络应该延伸到灌区各职能部门，这是保证采集、传输、存储的信息能最终得到应用的基本条件。较小的灌区可以只设信息中心，较大的灌区除设置信息中心外，还可以设置若干个信息分中心，实现信息的分级、分层管理，以均衡负载，减轻通信链路负担和设备配置开销。计算机网络应该根据信息流量和节点数来配置服务器、交换机等设备，特别要注意提高网络的利用率，要有有效的安全防范措施，内网与外网要实施有效的隔离，要建立相应的管理规章制度，切实保证网络安全运行。

（二）应用系统建设

应用系统就是业务管理系统。主要是针对灌区业务管理的软件开发，作用是将灌区业务和政务管理过程计算机化，籍此提高管理的效率和效能。

应用系统是灌区信息化系统面向灌区业务的窗口，如果没有这个窗口，或这个窗口的服务功能不强，灌区信息化建设将失去意义。应用系统是当前灌区信息化建设中的薄弱环节，应该引起足够的重视。应用系统建设要根据灌区实际业务的需求，在总体规划的基础上突出重点。在项目选择上，应优先考虑效益明显的应用领域；在技术路线上，应首先利用信息技术代替以往的手工作业，再逐步提高，先实现单项应用，再进行综合集成。要做到开发一个、应用一个，及时发挥作用。

地理信息系统具有地理属性突出、数据关联性强、界面直观等特点，适合作为灌区运行管理、工程管理等应用系统的开发平台，但制作电子地图的工作量大，费用较高，应用上受到限制。灌区应用地理信息系统应该有明确的目的，决不能仅仅追求"可视化"，同时应对建立和维护地理信息应用系统的工作量有充分的估计，避免半途而废。建议有条件基于地理信息系统构建应用系统的灌区，在统一规划的基础上尽早考虑集中制作电子地图，避免应用系统的重复开发；其他灌区则可根据实际需要，选择个别应用项目（如工程管理等），采用商用控件等开发低成本的地理信息应用系统并有针对性地制作电子地图。

第二节　灌区信息化管理系统

一、灌区信息分类

与灌区有关的信息基本上可分为数字、文字、图形、图像、视频和音频六种。

按照信息在灌区灌溉用水管理、工程建设维护管理、日常行政事务管理中的作用，灌区的信息可以进一步具体地分为五类，如图 9-1 所示。

（一）灌区基本数据

灌区基本数据指那些用来描述灌区基本情况，信息更新周期比较长的资料，又可以分为灌排信息、用水单元信息和灌区管理信息三方面的数据。

（二）灌区实时数据

灌区实时数据指那些在灌区运行过程中，为了用水管理和设施管理的需要而监测得到的实时数据，包括灌区气象、实时水雨情（包括雨情、水源水情、渠道水情、闸坝水情、田间水情等）、土壤墒情及地下水位监测数据、水质、作物生长状况、实时工险情等数据。

（三）灌区多媒体数据

灌区多媒体数据包括灌区管理所需要的不同种类的数字视频、数字音频等数据。

（四）灌区超文本数据

灌区超文本数据为表现、展示灌区管理运行现状的各种超文本数据，包括与灌区管

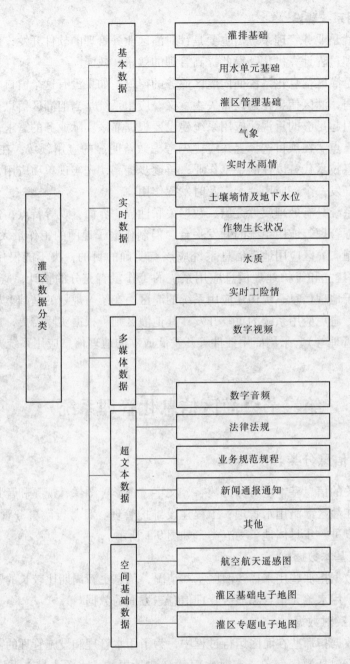

图 9-1　灌区基础信息分类

理有关的法律法规、业务规范规程、灌区主要工程的调度规则和调度方案、灌区通报简报等新闻发布内容以及有关的经验总结等数据。

（五）灌区空间基础数据

灌区空间基础数据指与灌区空间数据有关的基础地图类数据。灌区所有的数据几乎都具有空间信息的属性，但不是所有的这些数据都是空间基础数据，只有当有较多其他的空间信息需要依赖某一空间数据定义时，该空间数据才被称为空间基础数据。这些数据包括航空航天遥感图、灌区基础电子地图和各种专题地图等。

灌区涉及的信息很多，在灌区信息化建设过程中，这些信息都需要以适当的方式进行采集并数字化。例如，用水户的社会经济资料需要通过相应的统计部门收集并以表格的形式录入计算机的数据库中完成数字化；灌区工程的竣工图需要拍照或扫描制成数字图形或图像；渠道实时水情的采集需要建设一套水情自动遥测系统，通过水位传感器、遥测终端和通信系统将它传输到水情监测中心；灌区植被覆盖信息的采集除传统的实地调查方法外，还可以采用遥感技术实现。

二、系统组成及结构

灌区信息系统的组成和体系结构是各个子系统技术方案的基本依据和基础，因此必须根据灌区的业务内容，转换成系统组成，并从信息技术的角度给出设计与实现的架构。

现代信息技术随着标准化、模块化、市场化等的成熟，系统越来越趋于平台化。无论是灌区信息化，还是广义的水利信息化，其系统均建立于平台化模型之上。平台化的模型一般由数据、通信、计算机网络和应用四个平台构成，在其上搭建基础设施、应用服务、应用系统和保障环境四个模块（框架），如图 9-2 所示，从而实现信息化系统的集成，据此完成灌区建设和管理的业务工作。

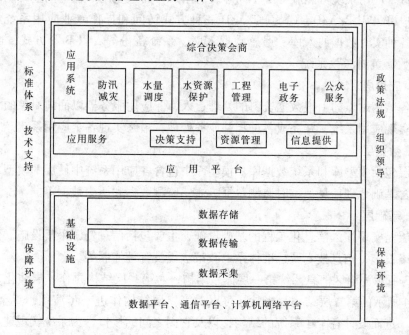

图 9-2　信息系统基本模型

三、系统组成及层次结构

根据图 9-2，灌区信息化工程由基础设施、应用服务、应用系统和保障环境四个方面组成。它们架构于数据平台、通信平台、计算机网络平台和应用平台之上，是一个有机整体，而不是一个个信息"孤岛"。整个工程是基于宽带高速互联的计算机网络，通过 GPRS、RS 等方式采集各类数据，并存入灌区的数据库系统（包括基础数据库、专业数据库及政务数据库），形成以数据中心为核心的数据存储管理体系。在数据库系统的基础上，一方面，按不同的主题构建数据仓库，在模型和规则的指导下通过数据挖掘，对知识库进行补充，另一方面，通过以数据共享服务为特征的数据存取接口（存取中间件），为应用服务和决策会商提供支持，同时，还为业务模型提供管理服务（模型库）。应用服务平台中的应用服务中间件、数据仓库、模型库、服务管理等各部分之间没有固定的层次关系，而是通过标准的互操作协议，相互关联，协同工作，共同支撑业务应用的实现。因此，应用系统可以根据业务处理的需要，在标准服务协议的支持下，以数据库、模型库、知识库为基础，请求各种中间件服务，从而完成业务处理的功能，实现应用系统的集成。综合决策支持是灌区建设与管理业务的最高层次的应用，它以各专业应用系统为主体，通过应用虚拟仿真技术为各应用集成提供模拟分析的软硬件环境和虚拟现实、业务仿真的可视化环境，完成对业务工作的监测、分析、研究、预测、决策、执行和反馈的全过程。

（一）用户层

由于每个应用系统可能服务于不同等级的用户，而这些用户在空间上可能有较大的距离，用户可采用 B/A/D、C/S、C/A/D 三种方式访问和操作专业应用系统。以 C/S 方式完成各种实时数据的入库、遥感数据入库、系统备份等。以 B/S 方式，通过浏览器访问"数字黄浦江"系统。

（二）应用层

完成各监测站点的上报数据资料的处理、入库。应用服务器以面向对象的方法和组件方式来实现应用系统，并完成各种相关业务处理，最终实现各个应用系统。

（三）数据层

数据层包括模型库和系统数据库。模型库中包含各应用系统中使用的模型，系统数据库中包含基础地理信息、实时监测数据、遥感监测数据和历史数据等。

（四）基础层

基础层是实现灌区信息化工程的基础设施，主要包括信息资源采集设施、信息资源传输及网络设施、信息技术及标准体系、政策法规及管理体制等。

图 9-3 所示为灌区信息系统第一层体系结构，对第一层结构再作一层演化，即可得到如图 9-4 所示的第二层结构。当然，可以对第二层结构作进一步演化，直至第三层、第四层等，进而设计各个子系统的结构，以及它们之间的接口，为系统实现建立基础。

四、灌区信息的获取、传输、存储与管理

（一）灌区信息获取的不同方式

1. 灌区信息的获取方式

（1）在线监测：即固定测点，实时采集、实时传输。常用于闸门的自动控制。

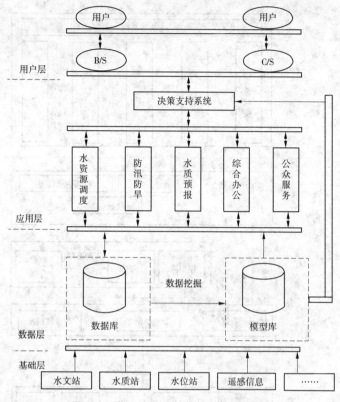

图9-3　灌区信息系统第一层体系结构

（2）自报监测：即固定测点，按照定时或规定变幅自动上报。常用于水位、雨量参数的测量。

（3）自记监测：即固定测点，将测量数据当地保存，隔一段时间通过人工取回，常用于一些非重要的水位流量监测。

（4）便携循检：即动态测点，配备一定数量的便携式仪器定期循检，通过数据接口上报，常用于取水口的水质监测。

（5）人工监测：即在传统人工监测的基础上通过计算机将信息数字化以后上报。

2. 人工观测方式及特点

人工观测方式是通过特定的测量设备，以现场实际测量的方式记录所采集的信息。人工观测方式可通过现场实际测量有效地消除测量设备所带来的观测误差，测量值准确；缺点是观测工作量大，信息的获取不够实时，在恶劣天气情况下工作危险性大。

3. 自动采集方式及特点

自动采集方式是使用特定的传感器采集信息，通过遥测设备对传感器所采集的信息进行现场存储，并使用特定的编码方式，通过特定的通信设备将信息远程传输到中心站，在中心站使用软件对信息进行解码、分析、处理、入库的过程。自动采集方式采集观测信息及时，采集频次高，减轻了人员工作量，提高了工作效率，缺点是前期资金投入大，部分测点不适合自动采集，对使用维护人员有较高要求。

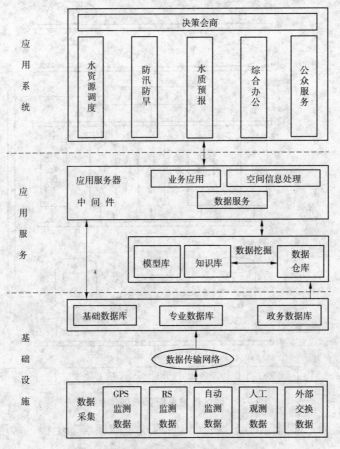

图 9-4　灌区信息系统第二层体系结构

水位、闸位、流量、降水量、土壤含水量、蒸发量、水质等信息，可采用人工观测方式或自动采集方式。

泥沙及冰情信息的采集目前主要采用人工观测方式。

（二）信息采集技术

灌区信息采集系统主要完成水情、工况、墒情、旱情、灾情、水文地质、土地、种植、气象等信息采集和报送，为灌区的水资源合理配置及监控调度提供准确及时、可靠的基础信息服务。根据灌区具体情况可分自动及手动两种方式。有条件的灌区可搞一些遥测、遥控，实时监测主要分水口水情信息，包括对主要闸门、泵站、量水设施等工程的运行状况进行自动监视、测量和远程控制。对于不同类型的数据，其信息采集的手段、方式是不同的。实时数据靠人工采集已不能适应灌区现代化的需要，必须采用现代化技术进行自动、实时的采集，建立信息采集系统。一般，灌区的信息采集系统主要是灌区渠道水情、建筑物工情、气象（包括雨情）、田间水情（墒情）、作物长势等信息的采集系统。自动测报系统方案有自报式、应答式、混合式，具体工作方式应视信息采集对象不同而不同。对于变化频繁和重要的信息单元采用混合工作体制，监测参数超过指定变化范围主动上报监测信息同时要响应监测中心的指令要求反馈最新的监测信息。

对于变化稳定的监测参数（如水工建筑物的安全信息等）可考虑采用定时报送结合人工指令响应的工作方式。

1. 自报式

监测参数变化超过或等于阈值时或达到设定的时间间隔时信息采集设备自动采集、存储并发送数据。比如灌区的水位、雨量、流量等参数的监测。在监测参数变化小于阈值时，测报终端按指定间隔发送监测参数。

自报式工作体制具有以下特点：

（1）信息采集设备功耗低、值守电流小。不需要交流电，可避免雷电从交流电网窜入采集设备。

（2）实时性强。能反映采集参数的变化过程。

（3）可靠性高、抗干扰能力强。除值守电路外其他电路只有在数据发送时才上电工作，发送完毕又回到守候状态。

（4）自报式测站由于数据发送是随机的，对于部分通信信道就存在数据碰撞的可能性。

2. 应答式

测报终端相应中心的指令要求反馈相应的监测信息。应答式工作体制要求信息采集终端要随时响应中心站的指令，要求时刻处于等待状态，接收中心站的查询。相对自报式而言应答式的终端值守功耗要大得多。

应答式工作体制具有以下特点：

（1）人工控制性能好。中心站可以设定巡测时间也可以随时选测任何一个测点或几个测点。

（2）应答式测站是逐个回答中心站的查询命令的，数据不会发生碰撞，还可以采用反馈重发的差错控制方式来召测遥测站的数据。

3. 自报/应答兼容式

混合式结合自报和应答两种工作体制的特点，也是目前灌区自动测报系统中较多采用的工作体制。

混合式工作体制具有以下特点：①兼有自报式测站实时性好的特点也同时具备应答式测站人工控制性能好的优点；②工作方式灵活，可根据时间、季节等其他因素随时调整工作体制。

目前，国际、国内的自动测报系统遥测站通常采用自报式、应答式，自报/应答兼容式三种工作体制。

（1）自报式。这类遥测站在测量参数发生一个计量单位变化时，能实时把被测值采集、发送出去，其遥测终端结构相对简单，值守功耗极低，对遥测站附属设施（如供电和发射设备）要求较低，适合采用太阳能浮充蓄电池的供电方式。一方面，这种方式较采用交流供电等方式降低了从电源线引入的雷电等干扰的可能性，从而提高了遥测站设备运行的可靠性；另一方面，由于设备配置简单，提高了系统的可维护性，降低了系统造价。

（2）应答式。这类遥测站在测量参数发生变化时（有的应答式遥测站自身能对测量参数发生的变化自动采集和存储），不主动将被测值传送给中心站，只有当中心站发出查询命令时，才将当时的参数值采集、发送出去。这种工作方式具有可控性，但接收机长期处于守候状态，因此值守功耗很大，对供电设施的要求提高，增加了设备配置的复杂性，可靠性相对较低。

（3）自报/应答兼容式。这类遥测站综合了自报和应答两种方式的特点，既能实时自报，又具有受控功能，功能相对较强，其主要缺点是值守功耗很大，可靠性相对较低。

（三）通信组网技术

灌区通信网络可分为干线（一级）通信网和支线（二级）通信网。干线通信网主要承担灌区管理局（一般建有信息中心）与各管理处（可能建有信息分中心）之间的连接。干线通信网的通信方式可采用微波（扩频微波）、光纤、数据专网（ADSL、DDN）、3G 等；支线通信网主要是承担量水、闸控等测控终端站的数据传输任务。支线通信网的通信方式可采用有线（近距离）、超短波、GPRS/GSM/CDMA、卫星（VSAT卫星、北斗卫星、海事卫星）等。通信方式和组网方案的选择应根据灌区业务管理工作的要求、通信技术特点、所在地区地形条件、运行维护条件、建设运行费用等综合分析后，进行技术经济比较，择优选定。

通信方式的选择应根据通信方式的技术特点，针对灌区的业务工作要求、所在地区自然地理状况、运行维护条件，以及建设管理费用等，分析确定。通信组网应进行不同方案的技术经济比较，择优选定。

（四）信息存储与管理

数据管理是一个综合性的技术，具体地说有如下内容：灾难恢复（BRP）与业务连续（BC）、数据库技术（数据备份、数据安全、数据仓库）、存储管理（SAN/NAS）、信息生命周期管理（Information Lifecycle Management）、网格计算（Grid Computing）。

数据管理技术的发展可以大体归为三个阶段：人工管理、文件系统和数据库管理系统。

在目前的 IT 领域中，数据库占有极其重要的地位，无论什么业务均需要使用数据库存放管理数据。Oracle/DB2/MS SQL Server/Sybase/MYSQL 是最为流行的大型关系数据库。

从数据管理的角度讲，数据备份、数据安全、数据分析则具有重要意义。

1. 数据组织方式

灌区建设与管理的业务内容主要涉及的信息类型有数值类型、文字类型、图像类型、语音类型、视频类型，其中数字和文字类型应用范围比较大。灌区数据几乎涉及了数据库存储的所有类型，所以数据的组织方式好坏与否关系到整个系统建设的成败，对日后系统的扩展升级有着至关重要的影响。

数据库组织方式主要包括数据库概念设计、逻辑设计、物理设计三个方面。

1）数据库概念设计

概念设计的目标是产生反映灌区建议与管理信息需求的数据库概念结构，即概念模式，使数据库设计更加符合灌区的需求，达到规范的要求。概念模式是独立于数据库逻辑结构，独立于支持数据库的 DBMS，不依赖于计算机系统，可以理解成是现实世界到机器世界（物理设计）的一个过渡的中间层次。在设计数据库系统时，要把现实世界的事物通过认识和抽象转换为信息世界的概念模型，再把概念模型转换为机器世界的数据模型。

2）数据库逻辑设计

数据库逻辑设计，主要反映业务逻辑，通过对用户业务的分析，实施数据库逻辑设计，根据在数据库概念设计中给出的数据库实体 $E \sim R$ 图，进行数据表结构的设计。数据库逻辑设计决定了数据库及其应用的整体性能、调优位置。如果数据库逻辑设计不好，则所有调优方法对于提高数据库性能的效果都是有限的。为了使数据库设计的方法走向完备，数据库的规范化理论必须遵守。规范化理论为数据库逻辑设计提供了理论指导和工具，在减少了数据冗余的同时节约了存储空间，同时加快了增、删、改的速度。

另外，在规范的数据库逻辑设计时，还应考虑适当地破坏规范规则，即反规范化设计，来降低索引、表的数目，降低连接操作的数目，从而加快查询速度。常用的反规范技术有增加冗余列、增加派生列、重新组表等。

增加冗余列：有时要进行查询的列分布在不同的表中，如果这个连接查询的频率比较高，那就可以根据需要，把其他表中的这一列加进来，从而使得多个表中具有相同的列，它常用来在查询时避免连接操作。但它的缺点就是需要更多的磁盘空间，同时因为完整性问题需要增加维护表的工作量。

总之，在进行数据库逻辑设计时，一定要结合应用环境和现实世界的具体情况合理地选择数据库模式。

3）数据库物理设计

数据库最终是要存储在物理设备上的。为一个给定的逻辑数据模型选取一个最适合应用环境的物理结构（存储结构与存取方法）的过程，就是数据库的物理设计。物理结构设计依赖于给定的 DBMS 和硬件系统，因此设计人员必须充分了解所用 DBMS 的内部特征，特别是存储结构和存取方法，充分了解应用环境，特别是应用的处理频率和响应时间要求，以及充分了解外存设备的特性。

数据库物理设计通常分为两步：确定数据库的物理结构和对物理结构进行评价，评价的重点是时间和空间效率。

2. 数据管理的内容与策略

灌区信息化系统投入运行后，系统的核心数据库的运行管理是非常重要的。数据库一旦出现故障，轻则系统运行瘫痪，重则数据丢失，损失惨重，所以数据库的日常管理尤为重要。

1）数据库日常管理内容

（1）对数据库的运行状态监控，启动是否正常，连接是否正常，是否有死锁等。

（2）对数据库日志文件和数据库备份，自动备份是否正常，备份文件是否可用。异地备份是否正常，备份文件是否可用。

（3）对数据的增长情况进行监控，对数据库的空间使用情况、系统资源使用情况进行检查，发现并解决问题。由于数据的不断增长，数据文件占用的空间不断增大，以及系统资源的使用情况也会不断变化，所以要经常跟踪检查，并根据情况进行调整。

（4）对数据库做健康检查，对数据库对象的状态做检查。

（5）对数据库表和索引等对象进行分析优化。

（6）寻找数据库性能调整的机会，进行数据库性能调整，提出下一步空间管理计划。

MS SQL Server、Sybase、DB2、INFORMIX、Oracle 等不同于 DBMS，都有自己的数据库管理工具，使用命令和方法都有所区别。

2）一般监视

（1）监控数据库的警告日志。Alert < sid >. log，定期做备份删除。

（2）Linstener. log 的监控，/network/admin/linstener. ora。

（3）重做日志状态监视，留意视图 v $ log，v $ logfile，该两个视图存储重做日志的信息。

（4）监控数据库的日常会话情况。

（5）碎片、剩余表空间监控，及时了解表空间的扩展情况以及剩余空间分布情况，如果有连续的自由空间，手工合并。

（6）监控回滚段的使用情况。生产系统中，要做比较大的维护和数据库结构更改时，用 rbs_ big01 来做。

（7）监控扩展段是否存在不满足扩展的表。

（8）监控临时表空间。

（9）监视对象的修改。定期列出所有变化的对象。

（10）跟踪文件，有初始化参数文件、用户后台文件、系统后台文件。

3）对数据库的备份监控和管理

数据库的备份至关重要，对数据库的备份策略要根据实际要求进行更改，对数据的日常备份情况进行监控。

4）规范数据库用户的管理

定期对管理员等重要用户密码进行修改。对于每一个项目，应该建立一个用户。DBA 应该和相应的项目管理人员或者是程序员沟通，确定怎样建立相应的数据库底层模型，最后由 DBA 统一管理，建立和维护。任何数据库对象的更改，应该由 DBA 根据需求来操作。

5）对 SQL 语句的书写规范的要求

一个 SQL 语句，如果写得不理想，对数据库的影响是很大的。所以，每一个程序员或相应的工作人员在写相应的 SQL 语句时，应该严格按照《SQL 书写规范》。最后要通过 DBA 检查才可以正式运行。

6）DBA 深层次要求

一个数据库能否健康有效的运行，仅靠这些日常的维护还是不够的，还应该致力于数据库的更深一层次的管理和研究：数据库本身的优化，开发上的性能优化；项目的合理化；安全化审计方面的工作；数据库的底层建模研究、规划设计；各种数据类型的处理；内部机制的研究；SQL 语句错误的研究与故障排除等很多值得探讨的问题。

五、应用软件系统

（一）应用系统分类与功能

作为直接面对用水户的水利管理部门，灌区业务管理的内容主要包括工程管理、水资源管理、办公事物管理三大类，因此灌区信息化应用系统建设也应围绕这三类内容展开。

灌区工程管理的应用系统建设应包括项目建设管理、工情管理等。

灌区水资源管理的应用系统建设应包括信息采集、量测水、配水调度、防汛预警、水费计收等。

灌区办公事务管理的应用系统建设应包括综合信息管理、档案管理、网站管理、办公自动化、财务管理等。

1. 灌区项目建设管理系统

灌区项目建设管理系统是为灌区拟建或在建的水利工程项目管理而设计的应用系统，系统建设的目标是为项目管理人员提供方便、快捷的管理方式，为上级管理单位提供准确、及时的各种项目数据，系统还应该利用地理信息技术的强大功能，将实施过改造的灌区水利工程直观清晰地展现出来，方便各类改造信息的查询和统计，同时可为各级管理者提供各种需要的专题地图，为水利部农村水利司、中国灌溉排水发展中心、省级水利主管部门及灌区管理单位对灌区项目建设实施科学高效的管理提供有力的工具。

2. 灌区工情管理系统

灌区工情管理系统是针对灌区已建水利工程设施的管理工作而设计的应用系统，为灌区工程管理人员方便地完成水利工程设施的管理工作，为维护工程设施、水资源调度、防汛抗旱提供有力的支持。系统可将灌区工程台账、工程照片、工程图纸、媒体资料等与地理信息技术有机地融合在一起，从而提高灌区工程档案管理和工程图纸维护的标准化水平。

3. 灌区信息采集处理系统

灌区信息采集处理系统主要接收与处理量测水数据、工程监测数据、防汛水位数据、气象数据、雨量数据、墒情数据、含沙量数据，这些数据都是灌区的基础数据，为灌区其他的应用系统提供有力的数据支撑。本系统同时要求可以通过手动录入的方式补录各种数据。

4. 灌区量测水管理系统

灌区量测水管理系统根据目前灌区的量测水现状，结合明渠量水规范，将各种量水方法固化到系统中，对遥测信息自动输入系统以及对人工观测信息通过观测人员手机短信或手工输入方式传输到系统中，系统根据预先设定的各量水站点的量水方式和参数，选用相应的计算公式，对传输过来的信息进行处理，快速生成相对准确的水量数据。

5. 灌区配水调度管理系统

灌区配水调度管理系统以灌区量测水管理系统的数据源作为配水计算、水量调度的基础，利用计算机软件系统进行分析计算，合理调配灌区用水，提高灌区用水信息管理水平。

灌区配水调度管理系统主要包括灌区来水分析、需水分析、配水调度、辅助决策支持、量测水等方面的内容，个别灌区还要涉及防洪调度问题。灌区配水调度管理信息系统的目标是解决灌区在用水管理工作中存在信息化程度不高、时效性不强、信息管理分散、处理手段落后和信息共享机制不健全、使用效率较低等突出问题，更好地为灌区配水调度工作服务。

灌区配水调度管理系统不是一个闭环系统，通过需水分析和来水分析产生的调度方案，是实际配水调度的一个参考，不能直接应用于生产，它只是为科学用水调度提供决策支持。

6. 灌区防汛预警系统

灌区防汛预警系统主要包括灌区防汛预案、防汛工程、防汛预警等内容。该系统能够根据灌区的防汛现状，采用现代信息技术，以加强防汛指挥的科学性，提高信息采集、传输、处理和防汛调度决策的时效性及准确性为主要目的，进一步促进防汛工作逐步从被动向主动转变，充分发挥水利工程防洪减灾的作用，增强在抗洪抢险救灾中的快速反应能力，提高防汛指挥决策水平。

7. 灌区水费计收管理系统

灌区水费计收管理系统利用局域网、广域网及数据库等先进的技术，根据灌区的具体业务特点，对灌区水费结算和统计的整个业务流程进行信息化管理。根据具体的收费业务流程和结算管理对象的不同，本系统分为管理局子系统、管理分局子系统以及管理所子系统（包括农民用水户协会、乡村代收机构）三部分。

8. 灌区综合信息管理系统

综合信息管理系统是集灌区基本信息、气象、视频监控、水雨情监测、工情 GIS 及其他各类信息与服务为一体的综合系统，涵盖内容多，信息量大。它聚合了灌区各业务子系统的数据及管理内容，可以方便地完成灌区的日常工作，为提高管理灌区工作提供了有力的支持。

9. 灌区档案管理系统

灌区档案管理系统将灌区办公流程中的文件、材料、资料处理过程的中间环节，相关信息及处理结果管理起来，确保档案和文件材料收集、积累的完整，利于档案的整理、编研工作的开展，便于日后档案、资料的查询利用。另外，灌区档案管理系统提供详细的用户权限设置，以及安全的数据备份方案。

10. 灌区网站管理系统

灌区网站管理系统的开发应用能实现灌区网站运行管理和维护的非专业化、专职化和专用设备化的要求；网站的运行除为公众提供信息服务外，还应具有为管理单位内部管理工作提供信息服务的功能。

11. 灌区办公自动化系统

办公自动化系统的建设，目前市场上技术及产品非常成熟，根据灌区的实际需求，购买相应的成熟软件即可。

12. 灌区财务管理系统

灌区财务管理系统的建设，目前市场上技术及产品非常成熟，根据灌区的实际需求，购买相应的成熟软件即可。

（二）应用系统架构

应用系统的架构分为四层，即表示层、业务层、业务数据访问层与数据访问层，其具体的架构如图 9-5 所示。

图 9-5　应用系统架构

1. 表示层

表示层由 UI（User Interface）和 UI 控制逻辑层组成。

UI 是客户端的用户界面，负责从用户方接收命令、请求、数据，传递给业务层处理，然后将结果呈现出来。

UI 控制逻辑层负责处理 UI 和业务层之间的数据交互，UI 之间状态流程的控制，同时负责简单的数据验证和格式化等功能。

2. 业务层

业务层封装了实际业务逻辑，包含数据验证、事物处理、权限处理等业务相关操作，是整个应用系统的核心。

3. 业务数据访问层

业务数据访问层是一个针对具体应用系统的专属层，它为业务层提供与数据源交互的最小操作方式，仅仅是业务层需要的数据访问接口，业务层完全依赖业务数据访问层所提供的服务。

4. 数据访问层

数据访问层为数据源提供一个可供外界访问的接口，提供的接口是抽象的接口与数据源无关，这样做便于移植到不同的数据源上。

（三）应用系统模块划分

应用系统模块划分直接影响到系统的开发效率与应用效果，关系到应用系统的成败。因此，规划好各应用系统的功能模块非常重要。下面是各应用系统的功能模块划分案例，以供参考。

（1）灌区信息采集处理系统，见图9-6。

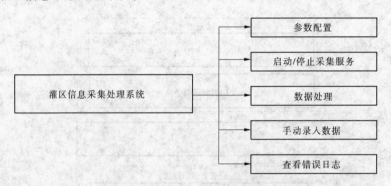

图9-6　灌区信息采集处理系统

（2）灌区配水调度管理系统，见图9-7。

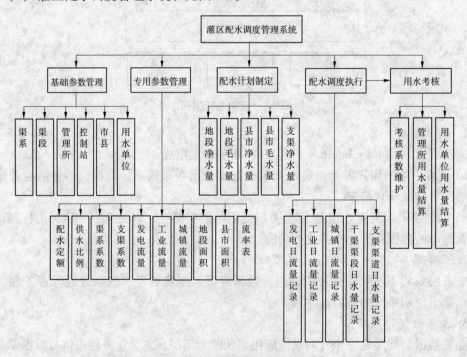

图9-7　灌区配水调度管理系统

（3）灌区量测水管理系统，见图9-8。

（4）灌区防汛预警系统，见图9-9。

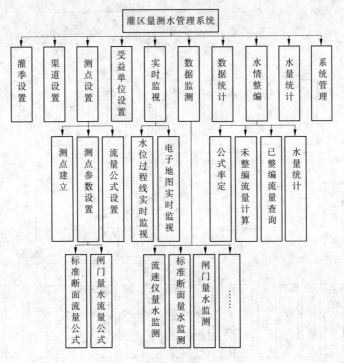

图 9-8　灌区量测水管理系统

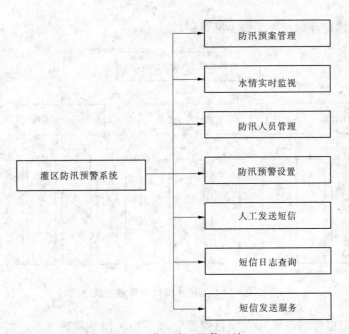

图 9-9　灌区防汛预警系统

（5）灌区工情管理系统，见图 9-10。

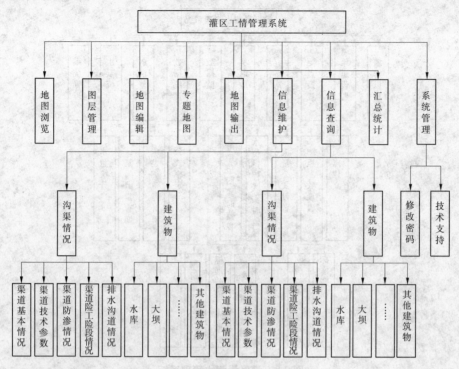

图 9-10　灌区工情管理系统

（6）灌区水费计收管理系统，见图 9-11。

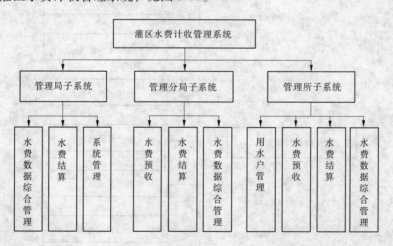

图 9-11　灌区水费计收管理系统

此外，还可以根据需要建立项目建设管理系统、档案管理系统、综合信息管理系统、灌区网站网络管理系统等。

第三节　灌区自动化量水技术

一、目前灌区自动化量水的现状

对量水技术和设备的研究最早始于 19 世纪 20 年代，经过 Parshall 等的努力，量水堰和量水槽在灌区量水中得到了初步的应用。20 世纪 50 年代以后，由于量水要求日趋迫切，对量水技术和设备的研究有了更多进展，与早期灌区所用较为单调的量水设备相比，现在的量水设备无论在种类上和规模上都得到了很大发展。1987 年国际灌溉排水委员会把"水量量测与调节"这一课题纳入其工作计划之中，其后由于单板机及计算机的普及和推广，一大批用于灌区自动化量水的观测仪表相继问世。但由于我国灌区众多，工程类型、管理水平、经济状况千差万别，对于量水设备的要求差异较大，现有的量水设备和技术与灌区实际需求仍有较大的差距，突出表现在对利用水工建筑物量水的研究不够、量水设施消耗的水头较大、数据存储记录传输手段落后等。同时，由于基础设施建设和资金投入等方面的限制，截至目前，我国除少数设有研究项目的灌区外，绝大多数灌区只在骨干渠道上有一些简陋的量水设施，水量计量仍采用传统的人工模式，不仅量水精度低，量水设施不配套，而且信息处理更新不及时，使得有限的水量量测信息也不能发挥其应有的作用。

二、灌区量水仪表

（一）灌区量水仪表原理

灌区量水设备和量水技术是实现计划用水和控制灌水质量的基本措施，是实行按方收费、促进节约用水的必要工具和手段。概括来讲，现有的量水仪表的工作原理主要分为两大类：一是利用量水建筑物或者量水堰槽，建立经过标准断面的流量与水位、压力等数据的关系函数。这样，通过测量水位、水压等数据，就可自动获得流量数据；二是利用激光、超声波、电磁波、红外线等声、光、电物质在不同体积或不同流速的水体中要素（传播速度、压强、频率等）的变化，建立关系函数，从而自动获取流量数据。

（二）设备分类

灌区量水方法从测量要素上主要分为 3 类：水位法、流速法和体积法。

水位法是目前灌区使用最多的测流方法，通过测量量水建筑物的上、下游水位以及闸门开度等水情信息，再根据水位流量关系算出建筑物过流量。水位计按传感器工作原理可分为水尺、浮子式、压力式、超声波式、激光式等类型。

流速法基本原理是利用某种仪器测量或推算出过流流速，再乘以断面面积即得断面过流量。灌区中使用的主要设备有：超声波流量计、数字式流量计、CST 型切向插入式系列水表、GWS – 200 型灌溉量水表、田间渠道量水计等。

体积法是最原始的一种测流方法，通过测定流过水量的体积，再除以时间就得到过流量。因其测量不太方便，在当前灌区中的应用不多。其主要设备有：农用分流式量水计、文氏短板量水计、澳大利亚德思里克发明的转轮式量水计等。

（三）主要信息化量水仪表

1. 电磁流量计

电磁流量计由传感器和转换器组成。其是根据法拉第电磁感应定律制成的，当水流流过该磁场时，切割磁力线，安装在该管段管壁上一个特定位置的电极将产生电动势，其电动势的大小与水流流过的速度成正比。电磁流量计具有压力损失小、测流范围广、没有转动部件、没有阻水（插入式除外）物体、对流体的适应性很强等一系列优点。电磁流量计主要在泵站、水电站等有压管道的流量测量中使用。

2. 超声波流量计

超声波流量计主要由超声波发射换能器、电子线路板及流量显示和累积系统3部分组成。超声波发射换能器使电能转换为超声波能量，并将其发射到被测的流体中，被换能器接收后转换为代表流量并易于检测的信号，这样就可以实现流量的检测和显示。根据对信号检测的原理，目前的超声波大致可分为传播速度差法（直接时差法、相关差法、频差法）、波束偏移法、多普勒法、相关法、空间过滤波法、噪声法等类型。其相对传统堰槽量水价格较高，因此主要用于重点水利枢纽、重点工业或生活供水渠道等。

3. 涡轮流量计

涡轮流量计由传感器和能记录脉冲信号的流量积算仪配套组成，用于测量流体的瞬时流量和总水量。传感器主要由壳体、前导向架、叶轮、后导向架、紧圈和带放大器的磁电感应转换器等组成。当被测介质流经传感器时，推动叶轮旋转，叶轮即周期性地改变磁电感应系统中的磁阻值，使通过线圈的磁通量发生变化而产生电流脉冲信号，经放大器放大后，传送至二次仪表，实现流量测量。涡轮流量计是一种速度式仪表，它具有精度高、重复性好、结构简单、运动部件少、耐高压、测量范围宽、体积小、重量轻、压力损失小、维修方便等优点，但只能在管道测流中使用。

4. 红外线流量计

红外线流量计是近年才出现的较先进的一种流量计。其原理为介质通过管道进入流量计整流室，再进入单孔与多孔管道，单孔或多孔的中间孔是采样孔，其他为介质直通孔。通过采样孔的介质进入翼轮工作室推动翼轮转动，翼片对红外光进行切割产生信号，通过信号自动分析计算流量。红外线流量计对水质要求不高，含沙量大的渠（管）道中也能使用。同时，新一代红外线流量计配置了微动装置，因此测量范围广，从微小流量至大流量均能测量。

5. 电子水位流量计

电子水位流量计为由一次传感器和二次仪表组成的自动测水装置，以量水建筑物水位流量关系为依据，即通过测量水位高度，间接测量出流量大小。电子水位流量计的工作原理是：利用水位轮、压力膜片、超声波、激光、开关等感应水位或水压的变化，再通过一定的信息处理与转换技术，触发计数器，存储、记录和显示测量数据。当需要测定流量时，这类仪表一般都需要与定型的量水堰槽配套使用。同时，随着电子技术的发展和通信手段的提高，这类仪表一般可提供多种有线或无线数据提取方式。考虑灌区水情测点的能源状况，这类仪表一般均采用微功耗技术，以利于设备的长期野外工作。

水位测量方法可以划分为接触式和非接触式两种。

1）接触式测量

接触式测量有浮子编码水位计、投入式压力水位计、电子水尺、气泡式水位计、磁致伸缩水位计等。

（1）浮子编码水位计。

浮子编码水位计的工作原理是利用浮子感应水位的变化。浮子编码水位计结构简单、易于维护。浮子编码水位计按编码信号产生方式分为机械编码浮子水位计和光电编码浮子水位计。代表产品有 WFH－2 型机械编码浮子水位计。其量程为 40 m，分辨率为 1 cm，准确度：10 m 量程时，不超过 ±0.2% FS（FS 表示满量程），大于 10 m 量程时，不超过 ±0.3% FS。输出格式：格雷码。优点是量程大、稳定性好、价格便宜、使用寿命长；缺点是测量精度不高，需要建设稳定的水位观测井。目前部分光电编码浮子水位计的测量精度已达到毫米级。

（2）投入式压力水位计。

投入式压力水位计就是将压力传感器经过严格密封后置于水下测点，将其静水压力转化为电信号，用防水电缆传至岸上，再用采集终端将电信号转换为水位值。影响压力水位计测量精度的因素多，设计面也很广。大气压力变化、波浪、流速、含沙量的变化、水体密度的变化、压力变送器的品质、恒流源的质量以及测量电路的品质等都将影响压力水位计的测量精度。

（3）电子水尺。

电子水尺安装方便，测量精度高；缺点是对污染水体和泥沙含量较高的水体适应性差，量程小。

（4）气泡式水位计。

气泡式水位计的工作原理与投入式压力水位计的工作原理相同，由于它采用的是吹气引压，所以它除继承了投入式压力水位计的整机综合误差外，还增加了吹气引压系统带来的系统误差。

（5）磁致伸缩水位计。

传感器工作时，传感器的电路部分将在波导丝上激励出脉冲电流，该电流沿波导丝传播时会在波导丝的周围产生脉冲电流磁场。在磁致伸缩水位计的传感器测杆外配有一浮子，此浮子可以沿测杆随液位的变化而上下移动。在浮子内部有一组永久磁环。当脉冲电流磁场与浮子产生的磁环磁场相遇时，浮子周围的磁场发生改变从而使得由磁致伸缩材料做成的波导丝在浮子所在的位置产生一个扭转波脉冲，这个脉冲以固定的速度沿波导丝传回并由检出机构检出。通过测量脉冲电流与扭转波的时间差，可以精确地确定浮子所在的位置，即液面的位置。

磁致伸缩水位计的技术优势：磁致伸缩水位计适用于高精度要求的较清洁的水位测量，精度达到 1 mm，唯一可动部件为浮子，维护量极低。

2）非接触式测量

（1）超声波水位计。

超声波水位计是把声学技术和电子技术相结合的水位测量仪器。为确保测量精度，超声波水位计的测量范围上限一般设置为 10 m，其下限取决于仪器的盲区指标。影响仪器测量范围的主要因素包括超声换能器及其收发部分的工作频率、发射功率和接收灵敏度。其主要误差来源于温度与声速的自动校正措施的完善程度，超声波水位计的显著优点是无须建造水位测井，但随之带来了浪涌对测量精度的影响。

（2）雷达水位计。

雷达水位计与超声波水位计一样使用的是非接触式测量方法。但相比超声波水位计，雷达水位计采用的是发射电磁波形式，电磁波在空气中传播速度基本不受温度影响，所以通过测量电磁波从发射到反射被接收之间的时间，就可以测出水位计离液面的高度，进而得到液位值。雷达水位计的测量精度要高于超声波水位计，但其设备价格昂贵。

三、自动化量水技术的发展趋势

（一）记录数字化

随着科技高速发展，传统的指针式、纸介质等仪器仪表逐渐被数字化仪表所取代，测量记录的数字化和便利的数字通信及传输技术是灌区量水设备发展的必然趋势。同时，在灌区用水管理中，水情实时监测和实时传送并不总是需要同步完成，实时记录定期采集带有时间标志的水情数据可以满足现阶段大部分的管理要求。随着经济水平的提高和技术的发展，数字化的自记式仪表应可以十分方便地与多种通信方式连接，实现水情数据的实时监测和实时传送。考虑灌区测流点能源使用一般比较困难，因此在自记状态下，应实现存储记录设备的微功耗化，以利于设备的长期野外工作。

（二）测控一体化

现有的量水设备大多水头损失较大，或在高淹没度时量水精度较差，对于地形平坦的自流灌区，如何维持有效水头，扩大自流灌溉面积，减少因为量水设备而引起的水头损失，将是人们在选择和开发研究量水设备时比较关注的问题。因此，研制测控合一的量水设备，避免因量水所产生的水头附加损失，采用对水流无阻碍影响的量水技术将是未来的主要发展方向。

（三）信息共享化

随着单片机和计算机技术的发展，遥测设备的不断完善，数据传输方式的多样化及其可靠性的提高，水量计量自动化技术在世界范围内得到广泛的应用。过去独立成为一个封闭单元的灌区水情监测系统，将逐步走向开放，与其他的水资源调配系统和管理信息系统联网，进行信息交换，实现资源共享。

（四）田间配水系统量水设施的装配式和标准化

对各级渠系全面配置量水设施，进行水量计量，所需的费用很大，因此目前灌区量水工作的重点主要在骨干系统的水量计量上。但面广量大的田间配水渠系水量计量同样重要，它直接影响着先进灌水技术的推广应用，是节水灌溉的重要环节。随着农田基础设施的改善、农业生产集约化程度的提高，农田灌溉用水管理条件将日趋成熟。配水渠系量水设施技术将越来越具有研究和推广应用价值。国内开发研制的配水器，日本研制的专门用于管道系统的可调节定流量阀，法国于20世纪80年代研制的恒压、恒量取水栓等均属于这类量水设备。恒压、恒量取水栓还可根据灌区各配水点处的地形、高程及离水源位置等情况，调节好有效水头不同所引起的配水量差异，提高灌溉的均匀程度。因此，田间量水设备与田间装配式建筑物结合，走工厂化生产、装配式发展道路，实现定型化、标准化将是田间量水设施发展的方向。

四、GIS 系统在灌区自动化与信息化中的应用

网格 GIS 是数字灌区的核心部分，是灌区信息存储、管理和分析的强有力的工具。这是因为大型灌区信息化建设中所涉及的数据量非常巨大，既有实时数据，又有环境数据、历史数据；既有栅格数据，又有矢量数据、属性数据。组织和存储这些数据非常复杂，而且灌区信息中 70% 以上与空间地理位置有关。网格 GIS 不仅可以用于存储和管理各类海量灌区信息，还可以用于灌区信息的可视化查询与网上发布，而且利用其空间分析能力可以直接为灌区灌溉决策提供辅助支持。下面主要从灌区网格 GIS 概念，灌区 GIS 中数据标准、规范与共享，空间数据库群和业务数据库的集成，灌区网格 GIS 的系统框架，灌区网格 GIS 的功能等方面阐述灌区网格 GIS 的建设和应用。

（一）灌区网格 GIS

网格 GIS 在灌区的应用就是把灌区内各种与水相关信息通过各种技术手段，按照统一的数据规则，集成到统一的地理信息平台上，从而实现灌区内与水相关的各种信息的统一管理。通过数字灌区的建设，可以把灌区上所有业务和研究问题通过网格 GIS 集成到一起，便于对各类业务进行综合分析，从而全面提升灌区信息化管理的水平。网格 GIS 在灌区的应用将大大提高灌区管理水平，实现灌区水资源的优化配置、高效利用。

网格 GIS 是实现广域网络环境中空间信息共享和协同服务的分布式 GIS 软件平台和技术体系。将地理上分布、系统异构的各种计算机、空间数据服务器、大型检索存储系统、地理信息系统、虚拟现实系统等，通过高速互连网络连接并集成起来，形成对用户透明的虚拟的空间信息资源的超级处理环境就是网格地理信息系统。灌区网格 GIS 的建设目的是消除灌区间的信息孤岛，屏蔽系统异构，实现灌区信息的共享和协同服务。

网格 GIS 是一个跨平台支持的 GIS 平台软件，能在多种软硬件平台上运行，如 Windows2000、SUN-Solaris、Linux RedHat 等。具备完善合理的服务控制机制，在客户端软件中按照访问权限、服务类型将系统划分为多个层次。在服务器端通过移动计算实现服务器间的多对多映射，从而提供协同服务，支持多用户并发访问、支持长事务处理和数据版本管理，保证了数据一致性、安全性及访问数据的高效性。

灌区网格 GIS 的建设将为灌区水管理、信息监察提供一个先进的、多方位的信息平台，基于此可以结合行业应用的新技术对灌区可能出现的各种问题进行科学有效的管理。它是一项庞大的信息化工程，具有信息共享、系统性强、集成度高的特点。

（二）灌区数据标准、规范与共享

灌区数据具有多类型、多格式（13 种矢量格式和 9 种常用栅格格式）、多来源（实时数据和静态数据）、多时相（不同时间跨度）、数据量大的特点，而且随着技术的发展和业务需求的提高，灌区数据不断增加，所以数据规范标准的研究与制订必须结合实际需要，以创新的思维，在水利部主管部门的组织领导之下，打破数据封闭、数据壁垒和数据垄断，有步骤、有计划地营造空间信息共享的环境。

　　信息化法规和技术标准体系的建立是在遵循国家信息化、标准体系的基础上，根据灌区信息化建设的实际需求（包括现有的、应有的和预期发展的），按其内在的联系运用系统科学的理论和方法加以研究和建立。灌区网格 GIS 数据标准建设的内容是建立一套包括数据标准、数据共享管理办法、信息安全保密规定，以及相应的政策法规等，以确保灌区信息的互联互通和共享。其主要内容包括：

　　（1）建立灌区信息化技术标准体系。跟踪有关国际、国家标准，使"数字灌区"的数据标准和技术系统与国家信息标准规范体系相一致，以保证系统的兼容与互通。建立规范化的数据分类和编码标准、元数据标准及管理标准、术语和数据字典标准、数据质量控制标准、数据格式转换标准、空间数据定位标准、信息系统安全和保密标准、信息采集与交换标准等。

　　（2）建立健全信息化政策，加强信息化法制建设和综合管理。其主要包括：灌区信息共享政策的基本原则、灌区管理的相关政策、灌区信息管理体系和信息共享的管理办法、信息共享的基本规定和处理细则。

　　（三）数据库群的集成

　　灌区数据库群包括灌区空间数据库和灌区业务数据库两部分。

　　1. 灌区空间数据库

　　我国已建成了全国 1∶400 万地形数据库，1∶100 万地形数据库、地名数据库、数字高程模型，1∶25 万地形数据库、数字高程模型和地名数据库建设，七大江河重点防范区 1∶1 万 DEM 和 DOM。部分地区 1∶5 万地形数据库、数字高程模型、正射影像数据库、数字栅格图形数据库和土地覆盖数据库等。目前，各省开始建立 1∶1 万地形数据库，并正在进行省、市级基础地理信息系统及其数据库的设计和试验研究。

　　灌区空间数据库建设将结合国家建设的已有成果，遵循 GIS 规范，形成行业内地理信息数据库群。其主要包括六种类型数据库，各数据库的内容现介绍如下。

　　1）地形数据库（DLG）

　　地形数据库是将灌区基本比例尺地形图上各类要素包括水系、境界、交通、居民地、地形、植被等按照一定的规则分层、分类编码、采集、编辑、处理建成的数据库。根据灌区基础地理信息系统总体设计，地形数据库的比例尺分 1∶100 万、1∶5 万、1∶1 万和 1∶2 000 四级。

　　2）地名数据库

　　地名数据库是地形图上的各类地名注记，包括居民地、河流、湖泊、山脉、盆地、自然保护区等的名称，属性特征如类别、政区代码、归属、网格号、交通代码、高程、图幅号、图名、图版年度、更新日期、X 坐标、Y 坐标、经度、纬度等。地名数据库的比例尺系列与地形数据库相同。

　　3）数字栅格地图数据库（DRG）

　　数字栅格地图数据库是将已经出版的地形图进行扫描，经过几何校正、色彩校正和编辑处理，建立的栅格数据库。

　　4）数字正射影像数据库（DOM）

　　数字正射影像数据库是将航空影像扫描数据或航天遥感数据，经过辐射校正、几何校正，并利用数字高程模型进行投影差改正，有时附之以主要居民地、地名、境界等矢量数据建成的数据库。影像可以是全色、假彩色或真彩色。其比例尺系列与地形数据库相一致。

5）数字高程模型（DEM）

数字高程模型是按照一定的格网间隔采集地面高程而建立的规则格网高程数据库，简称 DEM。可利用已采集的矢量地貌要素（等高线、高程点）和部分水系要素作为原始数据，进行数学内插获得，也可以利用数字摄影测量方法，直接从航空摄影影像中采集。

6）土地利用分类数据库

土地利用分类数据库是利用最新航空或航天影像数据，按照标准的分类和编码，自动或半自动进行解译形成的多边形图形数据库。利用土地覆盖数据库可以为配水调度提供基础数据。

2. 灌区业务数据库

灌区业务数据库主要保存灌区业务运行数据。包括以下十类数据库。

1）气象数据库

气象数据库除存储国家、地方气象台的短、中、长期预报外，还存储灌区灌溉试验站的实时天气预报，这些数据是制订配水计划的依据之一。气象数据库划分成长期气象数据表、中期气象数据表和短期气象数据表。

2）水文数据库

水文数据库主要存储水位、流量和雨量数据。

雨量数据划分成实时降雨量数据表、日降雨量数据表、旬降雨量数据表、年降雨量数据表、灌区逐年水资源流入流量/流出流量数据表、年配水计划和实施结果数据表。

水位数据划分成实时水位数据表、日平均水位数据表、旬平均水位数据表、月平均水位数据表。流量数据划分成实时流量数据表、日水量数据表、旬水量数据表、月水量数据表。

3）水环境数据库

水环境数据库划分成地下水位数据表、含盐量数据表、氨氮含量数据表、含沙量数据表、重金属含量数据表和大肠杆菌含量数据表。

4）运行数据库

运行数据库分为闸门运行数据表、闸门运行事故记录数据表、水泵运行数据表、水泵运行事故记录数据表、电站运行数据表、电站运行事故记录数据表。

5）工情数据库

工情数据库划分为渠首枢纽（闸、坝）情况数据表、渠道情况数据表、水闸情况数据表、倒吸虹情况数据表、渡槽情况数据表、隧洞情况数据表、其他建筑物情况数据表。

6）工程特征数据库

工程特征数据库划分为渠道特征数据表、水闸特征数据表、倒虹吸特征数据表、渡槽特征数据表、隧洞特征数据表、其他建筑物特征数据表。

7）农作物生长数据库

农作物生长数据库划分成土壤数据表、作物生长数据表、田间工程设施数据表。

8）管理数据库

管理数据库划分成灌区资源情况数据表、经济情况数据表、人事档案数据表、财务情况数据表、调度情况数据表、水费收缴情况数据表、渠系绿化情况数据表、工程建设情况数据表。

9）源信息及其属性数据库

源信息采用多媒体表现形式记录并展现灌区的地理、建筑物的历史及现状，有助于灌区水管理调度的决策支持。

源信息属性数据库划分成地理信息数据表、渠系建筑物数据表、工程状况数据表。源信息除其属性外，以文件为单位进行存储，容量比较大。

10）灌区模型数据库

灌区模型数据库主要用于存储各种水利调度模型等方面的信息。

3. 虚拟数据库与联邦数据库群

为了将多源异构的灌区数据库群管理起来，形成对用户而言透明单一的数据库，必须提供对多源异构数据库的管理和访问机制。其主要包括对不同类型空间数据库的管理和空间数据库与非空间数据库的管理，对前者可以通过网格 GIS 系统中虚拟数据库来实现，后者可以借助于网格 GIS 的数据中间件来构筑联邦数据库群。

（四）系统框架

由于大型灌区的信息化程度不同，灌区数据存在异构性，使得数据无法共享。另外，由于系统建设标准不同，系统异构性普遍存在，因此在系统框架上要遵循统一规范，以实现所有灌区的互联互通。

将全国 1∶100 万数据库群放在全国灌区信息中心（中国灌溉排水发展中心），1∶5万数据放在省（或流域）灌区信息分中心，1∶1万或 1∶2 000 数据放在各个灌区。

（五）系统主要功能

1. 信息的查询

1）基础地理信息的双向查询

基础地理信息包括行政区划、水系、地形、土地利用等。查询其空间位置、长度、面积、编码、名称、等级、性质等方面的信息。其具备图形和属性间的双向查询，即可从图形上选择地物来查询其属性信息，也可以根据属性信息构造表达式，查询对象的空间位置。

2）灌区水利工程信息查询

灌区水利工程信息查询内容：渠首枢纽（闸、坝）、渠道（灌、排）、闸（节制闸、分洪闸、排涝闸）、涵洞、渡槽、倒虹吸、隧洞、跌水、船闸等灌区水利工程的基本情况、历史资料与现状信息、工程运行信息等。其具备图形和属性间的双向查询。

3）雨情、水情等信息查询与分析

雨情、水情等信息查询与分析包括灌区信息采集站（雨量、闸位、渠道流量、水质等）的基础信息查询、实时水情查询（实时降雨量、实时流量、水位、闸位），并与历史数据进行比较与分析。其具备图形和属性间的双向查询。

4）图层分层管理与显示

图层分层管理与显示主要实现对地图和图层的管理、维护及显示。地图是指图类，如地形图、水利工程分布图等，每一类地图又包括一些图层，如地形图又包括公路、铁路、等高线等图层。考虑到系统的扩展性，系统留有一些与未来图层的接口。系统该部分功能包括地图的创建、删除、属性修改以及图层的添加、删除、属性修改。

5）基本 GIS 功能

基本 GIS 功能包括图形缩放功能（放大、缩小、漫游、自由缩放）以及图版制作与打印输出（制作与编辑图版，打印输出）。

6）三维实时游览

本系统可实现超大规模场景的实时地形游览，可实时游览灌区水利工程项目情况和查询由于水情、雨情变化而引起的水库、渠道的水位情况，并可以对所制作的三位地形地貌进行飞行游览和鹰眼观察，并能回放飞行路线，能对地物进行动态注记。

2. 统计功能

1）水情、雨情统计

水情、雨情统计是按指定范围或渠道等级等方式对该范围渠道水情点指定时间的实时水情（流量）进行统计，以及对某一时段的灌区雨量进行统计。

2）工情统计

工情统计是按指定范围或渠道等级等方式对灌区各类基础工程相关信息进行统计。统计内容主要包括：各级渠道数量、长度，各级渠道相应建筑物情况，某一渠道相应耕地面积、灌溉面积、用水户数量等信息。

3）灾情统计

灾情统计是按指定范围或任意区域等方式对灌区干旱和洪涝灾害情况进行统计。

3. 空间分析

网格 GIS 的空间分析功能主要有空间插值、图形叠加、最佳路径选取、缓冲区分析、最佳空间分布方案等。在灌区网格 GIS 系统中，采用 GIS 空间叠加方法可以方便地构造水资源分析单元，将各个要素在空间上联系起来。同时，可以进行灌区内各类供用水对象的空间关系分析；建立在灌区地形信息、遥感影像数据支持下的灌区三维虚拟系统，配置各类基础背景信息、水资源实时监控信息，实现灌区的可视化管理，为灌区的用水决策创造条件。此外，与 RS 和 GPS 结合使 GIS 具有大量快速的空间和属性数据源，能保证遥感图像得到快速有效的解译和分析，可提供农业自然资源的调查、分析和评价，农业灾害的监测、预测和评估，作物长势的监测和产量预测等。

4. 用于制订灌区发展规划

灌区网格 GIS 另一个主要的功能是用于制订灌区发展规划。将影响灌区发展规划的各种因素做成 GIS 系统的各个层面，把各种因素逐一相加以定量化描述，然后根据逻辑分析规则，将灌区发展规划制订出来。GIS 技术提供了一种全新的灌区规划和管理的综合分析手段，它可以在多种复杂因素共同作用条件下，随意假设或更改部分边界条件，对可能出现的结果进行数字模拟和仿真，通过生产实践经验积累与反馈，实现灌区规划和管理的优化。

（六）灌区网格 GIS 建设试点

为推动网格 GIS 在大型灌区信息化建设中的应用，中国灌溉排水发展中心与中国科学院计算技术研究所、中国科学院地理科学与资源研究所、河海大学等单位组成联合课题组，利用国家"863"项目成果（面向网络海量空间的大型 GIS）组织开发面向大型灌区应用的网格 GIS 平台。初期拟在江西赣抚平原灌区、甘肃洪水河灌区及安徽淠史杭灌区开展示范。

附　录

附录一　河北省石津灌区组织机构情况及框图

石津灌区位于河北省中南部（见附图 1），骨干工程控制土地面积为 4 144 km²，耕地面积为 435 万亩，设计灌溉面积为 244 万亩，受益范围包括石家庄、邢台、衡水 3 个市 14 个县（市、区）114 个乡（镇）968 个村，共有农业人口 108 万人。

附图 1　河北省石津灌区位置图

石津灌区属温带半干旱季风气候。灌区年平均降雨量为 488 mm，年平均水面蒸发量为 1 100 mm，年平均气温为 12.5 ℃，年平均无霜期为 190 d，适于小麦、玉米、棉花等农作物及苹果、梨、桃等林果的生长。

石津灌区地理位置优越，交通便利，通信发达。京广、京九、石德铁路横贯其中；京珠、石太、石黄高速公路，307 国道、308 国道及四通八达的县、乡公路网连接东南西北；灌域内经济繁荣，社会稳定，工农业生产发展迅速，受益县（市）都已成为国家重点粮、棉、林果基地县，跨入了小康县行列。

石津灌区的水源工程为建于滹沱河上中游的岗南、黄壁庄两座联合运用的大型水库。两库的设计总库容为 27.8 亿 m³，兴利库容为 12.4 亿 m³。

石津灌区的灌溉工程是在早期开挖的石津运河的基础上逐步改建、扩建形成的。现有总干渠、干渠、分干渠、支渠、斗渠、农渠 6 级固定渠道，共计 1.4 万条，总长 1.1 万 km，各级各类建筑物 1.4 万座。总干渠与石青公路和 307 国道并行，全长 134.7 km，渠首设计流量为 114 m³/s；灌区内地形平坦，坡降均匀，渠系布局合理，骨干渠道为网络状分布，渠线顺直，管理方便。

石津灌区实行以专业管理为主，专业管理与群众管理、民主管理相结合的管理体制。管理局为灌区的专管机构，隶属河北省水利厅，负责灌区的日常运行管理工作，为财政性资金定项或定额补助事业单位。管理局设有 8 个职能处室和 12 个直属单位。直属单位包括 3 个总干渠管理处，负责总干渠的管理，灌溉期间按管理局的调度指令为管理所输配水，主要履行"保水位、保流量、保平稳、保安全"的岗位职责，5 个干渠管理处，全面负责干渠、分干渠的管理工作，在水有效利用系数、用水量和水费计收等方面对管理局负责；田庄水电站、杜童水电站、水电工程处和水电科技中心则为 4 个综合经营单位。灌区目前有在职职工 372 人。

河北省石津灌区组织机构分布图、机构设置框图、职能处室分工框图如附图 2 ~ 附图 4 所示。

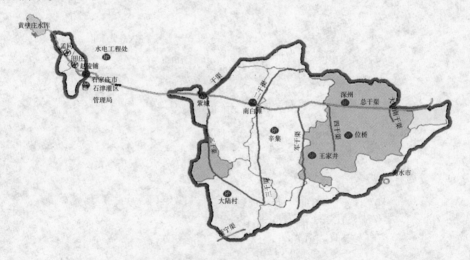

附图 2   河北省石津灌区组织机构分布图

1997 年以来，国家投入节水改造和续建配套项目资金 1.6 亿元，有效改善了石津灌区工程条件和农业生产条件，提高了渠道安全运行能力、灌溉水的有效利用率和灌溉保证率，并逐步形成了中央、省、水管单位和受益村共同投入的多主体、多渠道投资体系。

石津灌区实行"以亩配水，按量征费；三级配水，落实到村；包干使用，浪费不补；超计划用水，加倍征费"的配水原则。

灌溉站或农民用水户协会为灌区的群众管理组织，按渠系分片设立，负责支渠及其以下渠道工程管护和用水管理，业务工作由管理所领导，财务独立核算，自负盈亏。灌区目前共有 30 个灌溉站，99 名水管员。

灌区管理委员会为灌区的民主管理组织，由水利厅领导、受益县（市）主管水利

附图3 石津灌区机构设置框图

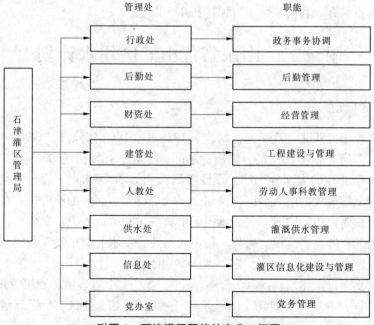

附图4 石津灌区职能处室分工框图

工作的领导、灌区管理局领导组成，定期召开会议，审议、决定灌区的重大事宜。

灌区量水设施齐全、配套，构成了灌区的三级测站体系。其中，一级测站 7 处，共 11 个测流断面；二级测站 26 处，共 48 个测流断面；三级测站 2 249 处。一级测站分布在总干渠的各配水枢纽，负责各干渠的水量调度与平衡，是干渠管理处的分水点，其任务是适时对总干渠、干渠进口的过水量进行观测，及时向管理局反馈信息，并根据管理局的调度指令及时调闸配水；二级测站主要分布在干渠、分干渠上，负责管理处内部各灌溉站间的水量调度与平衡，是灌溉站（农民用水户协会）的分水点，其任务是适时对干渠、分干渠和支渠进水口的过水量进行观测，及时向管理所反馈信息，并根据管理处的调度指令及时调闸配水；三级测站设在支、斗渠口，负责向支、斗渠配水，是用水村（用水小组）的分水点，其任务是适时对斗渠进口的过水量进行观测，及时向灌溉站反馈信息，根据灌溉站的调度指令及时调闸配水，并为按水量征费提供依据。

为适应目标管理责任制的要求，对测站实行了统一管理与分级管理相结合的制度。管理局负责全灌区的测站统一管理工作，并直接负责一级测站的技术管理。二级测站和三级测站根据行政隶属关系，由管理处和灌溉站实行分级管理。确定一级测站为各单位的配水点，其水量是考核各单位用水管理的基本依据。

测站人员实行岗位定员制度，一级测站配备管理工 2 名，二级测站配备管理工 1 ~ 2 名，三级测站由水管员负责，根据工作量大小，实行一人一站或一人多站的管理办法。测站人员保持相对稳定，不允许频繁调动。

自 2002 年开始实施灌区信息化建设以来，累计投资 1 350 万元，建成了灌区水情监测系统、灌区计算机网络通信系统、灌区财务管理系统、灌区水费计收管理与水务公开系统、灌区自动化办公系统等信息化项目，大大提高了灌区管理水平。从总干渠渠首至斗渠口，渠系水有效利用系数一直保持在 0.5 以上。

附录二　山东省位山灌区用水计划

一、灌区概况

位山灌区位于鲁西北黄泛平原，始建于 1958 年，1962 年停灌，1970 年复灌，现控制聊城市的东昌府、临清、荏平、高唐、东阿、冠县、开发区等 8 个县（市、区）90 个乡（镇、办事处）的大部分土地，设计灌溉面积为 36 万 hm²、设计引水流量为 240 m³/s，是黄河下游最大的引黄灌区，位居全国六个特大型灌区的第五位。在当地国民经济发展中起着重要作用。同时，先后承担了引黄济津和引黄入卫济冀任务，有力地支援了天津市和河北省的经济建设。另外，位山灌区还是南水北调东线工程的必经之地。

目前，灌区主要渠系工程有：东、西 2 条引水渠，2 个沉沙区，3 条干渠及 878 条分干、支渠，支渠以上建筑物 5 700 余座。灌区下设 11 个管理所，直接管理跨县（市、区）的干渠工程，负责配水到县（市、区）。1984 年开始，灌区实行了计量供水、按量收费到县（市、区）；1986 年开始推行；2004 年实现了计量供水、按量收费到乡（镇），并进行了部分计量供水到村的试点工作，使计量收费工作迈出了新的步伐。

二、用水计划的编制

编制用水计划坚持"兴利避害、多水并用"的原则，贯彻"按亩配水，流量包段，责任到所，计量供水到县"的用水管理办法，并综合考虑黄河来水与灌区需水等因素，制订不同条件下的引配水的方案，为领导决策及科学配水提供参考。

根据黄河水源多变、灌区作物较多、供需水量矛盾比较突出的特点，编制用水计划一般可按下列程序进行：第一步，编制水源取水计划；第二步，编制用水单位的需水计划；第三步，进行供需水量平衡计算；第四步，编制渠系配水计划。

（一）水源取水计划的编制

编制水源取水计划的目的，是弄清各个时期可能引入灌区的水量，为计划用水提供依据。

1. 水源供水流量的分析

水源供水流量的分析主要是确定计划年内的径流总量及其季、月、旬（或五日）的分配，即水源供水水量或流量的过程。目前，采用的确定方法主要有成因分析法、平均流量法和经验频率分析法等几种。对于经验频率分析法，根据概率理论，分别有假设年法、真实年法、分段假设年法和分段真实年法。其中，后面两种应用较多。其阶段的划分，一般根据作物生长期、气候变化情况以及水源年内变化规律，将全年划分为若干个阶段（如春灌、夏灌、秋灌等），或只分析全年中某一个阶段。

本书用水计划采用分段假设年法，即将该阶段内多年（几年）实测流量，按月、旬或五日平均后依递减顺序排列，用下述经验频率公式计算

$$P = \frac{m}{n+1} \times 100\% \qquad\qquad 附（1）$$

分别求得设计保证率 P 的项次 m，按皮尔逊Ⅲ型曲线进行配线，取相应于所选频率的月、旬或五日流量，作为该阶段内各月（或旬、五日）的水源供水流量。附表 1 为山东位山灌区分析黄河孙口站月平均流量频率成果。

附表1　黄河孙口站月平均流量频率分析成果　　（单位：流量，m^3/s）

月份	保证率				统计特征值						
	20%	50%	75%	90%	均值	C_v	C_s	最大		最小	
								流量	年份	流量	年份
2	662	431	314	240	490	0.50	1.50	881	1972	255	1988
3	1 085	789	584	427	822	0.40	0.60	1 299	1990	330	1988
4	959	742	603	502	773	0.30	0.75	1 240	1970	179	1978
5	952	692	512	375	721	0.40	0.60	1 213	1990	333	1978
6	825	514	316	175	565	0.60	0.90	1 269	1983	82	1981
9	3 175	1 923	1 252	872	2 236	0.60	1.50	5 480	1976	851	1987
10	2 916	1 726	1 032	615	1 984	0.65	1.30	4 750	1975	353	1987

注：资料系列为 1970～1990 年。

真实年法系将历年该阶段的平均流量依递减顺序排列，由式附（1）求得设计保证率的项次，按皮尔逊Ⅲ型曲线进行配线，取相应于所选频率的年份，以该年内各月（或旬、五日）平均流量作为水源供水流量。

2. 水源含沙量的分析

黄河是一条多泥沙河流，且含沙量在时间上的分布很不均匀。因此，为防止渠系淤积或淤积过快，在超过允许限度的高含沙量时，往往要停止引水或进行其他安排（如引黄淤灌），以利用水沙资源、改善土壤，故要分析不同含沙量的出现次数、日期及延续时间。其分析方法可以采用分段真实年法，也可采用与水源流量相同年份的含沙量资料。根据有关资料分析，位山闸前大河多年平均含沙量：1～6月为6～13 kg/m³，7～8月为31～46 kg/m³，9～10月为22～36 kg/m³。根据以上特点，可以合理确定引水时间，减少泥沙进入。

3. 水源水质分析

根据黄河水资源保护办公室1986年《黄河干流水质现状分析与评价》资料，黄河干流河段水质良好，年均pH值为7.9，矿化度为400 mg/L，污染物含量极低，属Ⅰ级水，满足工农业用水对水质的要求。

4. 推求孙口流量与黄庄水位和位山闸前水位相关关系

鉴于黄河在不同季节的冲淤不尽一致，即相同孙口流量下的黄庄水位可能不同，故采用最近资料，对灌溉期不同月份分别进行相关分析，得出不同保证率下的孙口流量对应的黄庄水位及位山闸前水位。

5. 推求位山闸可引水流量

根据实测资料及位山闸前水位与位山闸可引水流量相关关系，得出黄河孙口水文站不同保证率下的流量对应的位山闸可引水流量。

6. 渠首可能引入流量的确定

当水源供水流量大于渠首引水能力时，即以渠首引水能力为可能引入流量；当水源供水流量小于渠首引水能力时，即以水源供水流量为可能引入流量。另外，还要根据水源水位与引入流量的关系（可由实测资料推得）来考虑各阶段可能引入的流量。

（二）用水单位需水计划的编制

编制用水单位的需水计划是为了弄清各用水单位对灌溉水的需求情况（包括需水量及需水时间），为灌区水量平衡与渠系配水提供依据。

1. 收集分析有关资料

在制订用水计划前，广泛收集黄河来水、灌区降雨、灌溉面积（分县（市）及渠段）、渠道水利用系数、农业生产安排等资料，为编制用水计划提供依据；同时，对历年用水计划与实际用水情况进行比较分析，以调整有关参数，使制订的计划尽量符合实际。

2. 分析灌区需水

1）确定灌水次数和时间

从多年统计资料分析，位山灌区的自然特点是：春旱接夏旱、夏旱连秋旱，涝灾大部分出现在夏末秋初。从历年灌区统计资料分析，3～6月与9月是灌水概率最高的两个时期。一般情况下，全年进行四次灌溉，即两次春灌、一次夏灌及一次秋灌，基本上能满足灌区农作物规律性的干旱用水。下面对各灌溉期的引水时间作一分析：

（1）春灌。第一次春灌主要是小麦返青、拔节及棉田和春播作物造墒用水。这次灌溉用水量大、时间长，是很关键的一次引水。根据多年经验，立春后，气温开始回升，下游县（市、区）陆续开始用水；惊蛰后，上中游县（市、区）也陆续进入用水高潮。据此，第一次春灌时间拟定为2月下旬至4月下旬，其中，2月下旬至3月上旬为蓄灌期，主要为下游县（市、区）供水；3月中旬后灌区开始全面用水。第二次春灌主要为小麦灌浆用水，开始时间与第一次春灌相隔15 d左右，拟定为5月上旬至5月下旬。

（2）夏灌。本计划只考虑6月份的初夏灌。该次引水主要是夏播作物造墒、春作拔节保苗用水。同时，要处理好引水与麦收、引水与抢种保苗的关系，切实做到以需定引。因此，该计划拟订6月上旬开始引水，实行速灌速停，6月下旬停水。

（3）秋灌。主要为冬小麦播种造墒用水。此时，经春、夏灌引水，渠道淤积比较严重，且黄河水含沙量较大，秋灌后还要进行清淤施工。因此，在基本满足小麦播种造墒用水的前提下，应尽量缩短灌溉周期。据此，秋灌时间拟订为9月中旬至10月上旬。

2）制订灌水定额

根据灌区上、中、下游的不同特点，参照有关资料，制订各灌溉期、各渠段的灌水定额。

3）分析灌区降水量

通过对灌区历年的降雨资料进行频率分析，按皮尔逊Ⅲ型曲线进行配线，求得各种保证率下的降雨量（见附表2）。

附表2　位山灌区降雨量频率分析成果　　　　　　（单位：mm）

保证率				特征值						
20%	50%	75%	90%	均值	C_v	C_s	最大雨量	年份	最小雨量	年份
661	539	451	385	551	0.25	0.50	808	1971	383	1979

注：因位山灌区包括聊城市的大部分土地，故降雨量采用聊城市资料。

4）推求灌区降雨量、引水量与灌溉面积的关系

经过对位山灌区复灌以来的降雨量、引水量及灌溉资料进行相关分析，求得各种降雨保证率下的灌溉面积。

5）确定各灌溉期及各渠段的灌溉面积

根据往年实际情况及规划设计资料，将各项降雨保证率下的年灌溉面积按比例分配到每个灌溉期，然后分配到各渠段。

6）确定渠首需、引水流量

在上述制定的灌溉制度和灌溉面积的基础上。采用下式计算输入损失

$$S = 10AQ_{净}^{1-m} \qquad\qquad 附(2)$$

对于已衬砌渠段，其输水损失将显著降低，采用下式计算

$$S_防 = \alpha S \qquad\qquad 附(3)$$

式中　　S——未防渗渠道单位渠长输水损失流量，L/(s·km)；

　　　　$S_防$——防渗渠道单位渠长输水损失流量，L/(s·km)；

　　　　$Q_净$——渠道净流量，m^3/s；

　　　　A——土壤透水系数；

　　　　m——土壤透水指数；

　　　　α——减少系数。

然后，由下到上推求渠首需、引水流量。

(三) 供需水量平衡计算

将渠首可能引入的水量和灌区需供水量进行平衡分析（也可分别按不同频率进行遭遇组合分析），最后可确定计划引水量。

在对比平衡分析中，若某阶段可能的引入流量等于或大于灌溉需供流量，则以后者作为计划的引水流量；反之，就需通过各种措施进行用水调整，最后确定计划引水流量，使后者不大于前者。采取的措施如下：

(1) 调整灌水时间和灌水定额。在水源供水不足时，可将某种作物的部分面积提前或迟后灌水；或在水源充足时适当加大灌水定额，供水不足时适当减小灌水定额。

(2) 挖掘潜力。如实行轮灌以提高水的利用率及充分利用地下水等其他水源。

(3) 配合农业措施，合理安排作物种植。如推广省水、高产优良品种或安排不同品种的作物，以减少用水量或错开用水高峰，避开水源不足时的大量用水。

(四) 渠系配水计划的编制

渠系配水计划是在渠首引水计划、用水单位用水计划及供需水量平衡的基础上编制的，其目的是将各个轮灌期引入渠首的水量适时适量地分配到各用水单位，把引水和用水紧密地结合起来。它是灌区各级用水组织进行水量调配的依据。

具体编制计划有：××年位山灌区轮廓引水计划，××年位山灌区渠首（位山闸）逐月、旬引水计划，××年位山灌区测流站流量、水量指标计划，××年位山灌区各县（市、区）、各管理所灌溉面积及用水量计划，详见附表3～附表8。

(五) 井灌与地下水平衡

位山灌区实行井渠结合，地面水和地下水联合运用。井灌既可弥补引黄之不足，又可控制地下水位，防止土壤次生盐碱化。故编制年度用水计划时，必须统筹考虑，以保持地下水的平衡。目前，全灌区地下水资源总补给量为10.626亿 m^3。其中，适宜发展井灌区的补给量8.62亿 m^3，可利用量为6.582亿 m^3。

基于以上考虑，井灌时间的安排如下：当黄河来水不能满足要求时，边远和高亢地区宜用井灌；为降低地下水位，防止早春返盐，小麦冬灌宜用井灌；灌区汛前与汛期不宜引黄，用井灌解决，以腾空地下库容，防止引水与降雨遭遇，发生涝灾；灌区局部干旱宜用井灌；在黄河水含沙量大的其他时间，宜用井灌解决。

三、用水计划的实施

（一）水量调配原则与应急措施

水量调配是执行用水计划的中心内容。其原则是：水权集中，统筹兼顾，分级管理，均衡受益。在引黄灌溉期间，根据当时降雨、黄河来水等情况而实施本用水计划中的不同水量调度方案。若遇特殊情况，可分别采取以下应急措施：

（1）当干渠引水超过其输水能力、有险情发生时，应首先分段拦截，增加两岸分水，然后采取位山闸控制措施；必要时，二干渠可通过罗庄泄水闸、三干渠可通过王铺渡槽分别向徒骇河和马颊河泄水，以避免或减少损失。

（2）当灌区旱情严重、作物需水量剧增，而黄河来水又充足时，在保证安全的前提下，可加大位山闸引水流量或提前灌水。

（3）当遇降雨、降温或其他特殊气候条件时，可缩短灌水天数，停止引水或推迟引水时间。

（4）当黄河来水严重不足时，要积极利用井灌，以满足农作物的生长要求，夺取农业的全面丰收。

（二）用水计划的实施

为做好计划用水工作，促进灌区均衡受益，在引水过程中的不同阶段，根据当时的实际情况，而采取不同的配水实施措施。

1. 蓄水期配水

位山灌区控制范围较大，黄河来水往往不能满足要求，在灌溉季节，上下游用水矛盾比较突出。为了缓解这种矛盾，在配水调度中采取改变水量时空分配的方法，即在正式灌溉用水前，根据下游的蓄灌能力提前引水，上游口门全部关闭，集中一定时间向下游送水，促进灌区均衡受益。

2. 差额比例配水

在灌溉期间，由于各用水渠段的气温、墒情及管理水平等诸多因素的不同，其已配水差额（计划配水量与已配水量的差额，下同）也不尽相同。因此，为使灌区均衡受益，根据已配水情况，对完成计划少的渠段下步多配，反之下步少配，逐步使已配水差额差别减少。差额比例配水一半用于灌溉的前期和中期。

3. 均衡比例配水

鉴于灌区控制范围大，各地灌溉进度不尽一致，有时差别甚至很大。为使各用水单位都完成计划任务，在灌溉后期或结束时，使已配水比例（已配水量与计划配水量的比值，下同）小的渠段加大配水量，已配水比例大的渠段减少配水量或停止配水。这样，既可使各单位完成计划任务，又促进了灌区均衡受益。均衡比例配水适用于灌溉后期或结束时。

4. 上、下游顺序配水

当黄河水源严重不足，或因渠道淤积严重造成引水困难，而各单位的用水矛盾又十分突出，上述配水方式无法实现时，为减少输水损失，使少量的水发挥较大的经济效益，采取先上游、后下游的顺序配水方式。其配水原则是以各段的最大配水量为限制，由上到下逐段配水，直至将可引水量分配完毕。

5. 井灌

当黄河来水量过小，灌区引不出水；或可引流量过小，远远不能满足灌区需水时，应充分利用井灌，以解决引黄之不及，确保灌溉任务的完成。

关于几种引黄灌溉配水方式，已编制成模型，借助计算机于每周一进行配水调度模拟计算，并以简报的形式发送给有关领导。简报内容包括：上周及累计已配水情况，下周调度计划及调度意见。这为用水计划的科学实施提供了依据与保障。

四、用水计划的分析与总结

年度引水结束后，要对计划用水工作的成效进行检查总结，得出经验教训，以指导下一年度的计划用水工作；另外，通过总结，分析实施计划用水的有关资料，摸索科学用水规律，从而为今后编制用水计划提供科学依据。下面对计划用水中的有关指标作一分析。

需说明的是，因 7～8 月份夏灌不在计划范围内，故只对占全年引水 85% 以上的春、秋灌进行分析。

（一）渠首（位山闸）引水量

渠首计划引水量与实际引水量对照见附表 9。从表内指标可分析总的引水计划是否合理。

（二）干渠测流站过水量

该指标的检验能反映出用水计划中的干渠渠段间计划灌溉面积、计划灌水定额、渠道输水损失公式和系数的选择，以及计算方法的正确与否。以 1989 年为例，全年累计过水量实际与计划相差不大，尤其春灌计划数比较接近实际。而秋灌时东、西渠系统不一样。其原因是夏灌东渠偏于冲刷、西渠偏于淤积，使得东渠引水条件好于西渠，故东渠系统各测站过水量一般比计划大 30% 左右，西渠系统各测站则小 30% 左右。

五、结论

（1）计划用水是节约用水、促进灌区均衡受益的重要措施，而编制好用水计划则是搞好计划用水的先决条件之一，特别是在水资源日趋紧张的情况下，这项工作显得尤为迫切与重要。

（2）编制用水计划的基本依据来源于实践，又受实践的检验；同时，正确的用水计划对实践又有指导作用。即使气象、墒情、水源或社会因素影响甚多，但通过深入调查、科学分析、正确计算，灌区引用水量从宏观上是可以计算出来的。

（3）计划用水工作需要不断进行分析总结，发现问题，及时调整有关参数，使今后的用水计划尽量符合实际。

附表 3　　××年位山灌区渠首引水计划一览表

次序	名称		渠系	引水时间				天数	引水量（万 m³）	日均流量（m³/s）	灌溉面积	
				起		止					万亩	万亩次
				月	日	月	日					
1	第一次春灌	蓄灌期	东渠									
			西渠									
			小计									
		灌溉期	东渠									
			西渠									
			小计									
		合计	东渠									
			西渠									
			小计									
2	第二次春灌		东渠									
			西渠									
			小计									
3	夏灌		东渠									
			西渠									
			小计									
4	秋灌		东渠									
			西渠									
			小计									
总计			东渠									
			西渠									
			小计									

附表 4 ××年位山灌区各县（市）及各管理所用水计划一览表

用水单位		全年合计		第一次春灌		第二次春灌		初夏灌		秋灌	
		用水量（万 m³）	万亩次	用水量（万 m³）	万亩次	用水量（万 m³）	万亩次	用水量（万 m³）	万亩次	用水量（万 m³）	万亩次
各县（市）	东昌府区										
	临清市										
	茌平县										
	高唐县										
	阳谷县										
	东阿县										
	冠县										
	合计										
各管理所	关山										
	刘集										
	兴隆村										
	小冯										
	⋯										
	合计										

附表 5　××年位山灌区渠首(位山闸)逐月、旬引水计划表　　　　　　(单位:流量,m³/s;水量,万 m³)

项目		2月	3月			4月			5月			6月			9月	10月	全年
		下旬	上旬	中旬	下旬	上旬	中旬	下旬	上旬	中旬	下旬	上旬	中旬	下旬	下旬	下旬	
东渠	天数																
	流量																
	水量																
西渠	天数																
	流量																
	水量																
合计	天数																
	流量																
	水量																

附表 6　××年位山灌区干渠测流站流量、水量指标计划表　　　　　　(单位:流量,m³/s;水量,万 m³)

项目		第一次春灌					第二次春灌		夏灌		秋灌		全年合计
		蓄灌期		灌溉期		小计							
		流量	水量	流量	水量	水量	流量	水量	流量	水量	流量	水量	水量
东渠	位山												
	:												
	王小楼												
	:												
一干渠	:												
西渠													
二干渠													
三干渠	:												

附表7　××年位山灌区各县（市）灌溉面积及用水量计划表　　（单位：流量，m³/s；水量，万m³）

县（市）	渠系	用水渠段	全年合计			第一次春灌												第二次春灌			夏灌			秋灌		
						小计				蓄灌期			灌溉期													
			面积（万亩）	万亩次	用水量	面积（万亩）	万亩次	用水量	净流量	面积（万亩）	用水量	净流量	面积（万亩）	万亩次	用水量	净流量	万亩次	用水量	净流量	万亩次	用水量	净流量	万亩次	用水量	净流量
东阿县	东渠	位山—张广…																							
		…																							
		王小楼—兴隆村																							
	一干渠	小计																							
	西渠	…																							
		合计																							
阳谷县	…	…																							
东昌府区	…	…																							
在平县	…	…																							
冠县	…	…																							
高唐县	…	…																							
临清市	…	…																							
其他																									
合计																									

注：表中…代表省略的渠系或用水渠段。

附表 8 ××年位山灌区各管理所灌溉面积及用水量计划表

（单位：流量，m³/s；水量，万 m³）

县(市)	渠系	用水渠段	全年合计 面积(万亩)	全年合计 用水量 万亩次	灌溉期 第一次春灌 小计 面积(万亩)	小计 万亩次	小计 用水量 净流量	蓄灌期 面积(万亩)	蓄灌期 万亩次	蓄灌期 用水量 净流量	灌溉期 面积(万亩)	灌溉期 万亩次	灌溉期 用水量 净流量	第二次春灌 万亩次	第二次春灌 用水量 净流量	夏灌 万亩次	夏灌 用水量 净流量	秋灌 万亩次	秋灌 用水量 净流量
关山	东渠	位山—张广																	
	西渠	位山—高村																	
		合计																	
刘集	…	…																	
兴隆村	…	…																	
马明智	…	…																	
二刘																			
小冯																			
周店																			
陈口																			
高营																			
王堤口	…	…																	
王铺	…	…																	
其他																			
合计																			

注：表中…代表省略的渠系或用水渠段。

附表 9 位山灌区渠首计划引水量与实际引水量对照

（单位：万 m³）

年份	全年			春灌			秋灌		
	计划	实际	实际/计划	计划	实际	实际/计划	计划	实际	实际/计划
1987	113 995	113 532	99.6%	83 677	90 784	108%	30 318	22 748	75.0%
1988	119 936	138 878.7	116%	93 744	83 887.7	89.5%	24 192	54 991	227%
1989	139 544.6	135 402	97.0%	105 200.6	103 290.5	98.2%	34 344	32 111.5	93.5%
1990	125 703.4	105 491.1	83.9%	95 895.4	89 015.8	92.8%	29 808	16 475.3	55.3%
1991	68 701.9	57 165.3	83.2%	53 902.6	57 165.3	106%	14 799.3	—	
1992	104 912.6	122 265	116%	83 413.6	96 273	115%	21 499	25 992	121%
合计	672 793.5	672 734.1	100%	515 833.2	520 416.3	101%	154 960.3	152 317	98.3%

附录三　灌溉水质要求

一、灌溉水的水温

水温对农作物的生长影响颇大：水温偏低，对作物的生长起抑制作用；水温过高，会降低水中溶解氧的含量并提高水中有毒物质的毒性，妨碍或破坏作物、鱼类的正常生长和生活。因此，灌溉水要有适宜的水温。麦类根系生长的适宜温度一般为 15~20 ℃，最低允许温度为 2 ℃；水稻田灌溉水温为 15~35 ℃；一般井泉水及水库底层水温偏低，不宜直接灌溉水稻等作物，可通过水库分层取水、延长输水路程，实行迂回灌溉等措施，以提高灌溉水温。

二、水中的含沙量

灌溉对水中泥沙的要求主要指泥沙的数量和组成。粒径小的具有一定肥分，送入田间对作物生长有利，但过量输入，会影响土壤的通气性，不利于作物生长。粒径过大的泥沙，不宜入渠，以免淤积渠道，更不宜送入田间。一般认为，灌溉水中粒径小于 0.001~0.005 mm 的泥沙颗粒，含有较丰富的养分，可以随水入田；粒径为 0.005~0.1 mm 的泥沙，可少量输入田间；粒径大于 0.1~0.15 mm 的泥沙，一般不允许入渠。

三、水中的盐类

鉴于作物耐盐能力有一定限度，灌溉水的含盐量（或称矿化度），应不超过许可浓度。含盐浓度过高，使作物根系吸水困难，形成枯萎现象，还会抑制作物正常的生理过程，如光合作用等。此外，还会促进土壤盐碱化的发展。灌溉水的允许含盐量一般应小于 2 g/L。土壤透水性能和排水条件好的情况，可允许矿化度略高；反之应降低。含有钙盐的灌溉水，由于危害不大，其矿化度可较高；含有钠盐的，一般要求其允许含盐量是：Na_2CO_3 应小于 1 g/L，$NaCl$ 应小于 2 g/L，Na_2SO_4 应小于 3 g/L。如果灌溉水含盐量过高，可以采取咸淡水交替灌溉，或咸淡水混合后灌溉。

四、水中的有害物质

灌溉水中含有某些重金属（如汞、铬、铅）和非金属砷以及氰和氟等元素，是有毒性的。这些有毒物质，有的可直接使灌溉过的作物、饮用过的人畜或生活在其中的鱼类中毒，有的可在生物体摄取这种水分后经过食物链的放大作用，逐渐在较高级生物体内成千百倍地富集起来，造成慢性累积性中毒。因此，灌溉用水对有毒物质的含量需有严格的限制。

污水中含有各种有机化合物，若用于灌溉，有些是无毒的，如碳水化合物、蛋白质、脂肪等；有些则是有毒的，如酚、醛、农药等。这些有机化合物在微生物的作用下最终都分解成简单的无机物质，即二氧化碳和水等。这就是水中的生物化学过程，在这一过程中需要消耗大量的氧，这势必导致缺氧以致脱氧，从而对作物生长、鱼类的正常生活产生不良影响。因此，适宜的灌溉水质对生化需氧量要有一定限制。含有病原体的水不能直接灌入农田，尤其不能用于生食蔬菜的灌溉。

　　总之，对灌溉水源的水质，必须进行化验分析，要求符合我国的 GB 5084—2005《农田灌溉水质标准》，具体如附表 10 所示。不符合上述标准的，应设立沉淀池或氧化池等，经过沉淀、氧化和消毒处理后，才能用来灌溉。

附表 10　农田灌溉用水水质基本控制项目标准值

序号	项目类型	作物种类		
		水作	旱作	蔬菜
1	五日生化需氧量（mg/L）≤	60	100	40ᵃ，15ᵇ
2	化学需氧量（mg/L）≤	150	200	100ᵃ，60ᵇ
3	悬浮物（mg/L）≤	80	100	60ᵃ，16ᵇ
4	阴离子表面活性剂（mg/L）≤	5	8	5
5	水温（℃）	25		
6	pH 值	5.5~8.5		
7	全盐量（mg/L）≤	1000ᶜ（非盐咸土地区），2000ᶜ（盐咸土地区）		
8	氯化物（mg/L）≤	350		
9	硫化物（mg/L）≤	1		
10	总汞（mg/L）≤	0.001		
11	镉（mg/L）≤	0.01		
12	总砷（mg/L）≤	0.05	0.1	0.05
13	铬（六价）（mg/L）≤	0.1		
14	铅（mg/L）≤	0.2		
15	粪大肠菌群数（个/100 mL）≤	4 000	4 000	2 000ᵃ，1 000ᵇ
16	蛔虫卵数（个/L）≤	2		2ᵃ，1ᵇ

注：a 加工、烹调及去皮蔬菜。

　　b 生食类蔬菜、瓜类和草本水果。

　　c 具有一定的水利灌排设施，能保证一定的排水和地下水径流条件的地区，或有一定淡水资源能满足冲洗土体中盐分的地区，农田灌溉水质全盐量指标可以适当放宽。

附录四 地表水环境质量标准

附表 11 集中式生活饮用水地表水源地补充项目标准限值 （单位：mg/L）

序号	项目	标准值
1	硫酸盐（以 SO_4^{2-} 计）	250
2	氯化物（以 Cl^- 计）	250
3	硝酸盐（以 N 计）	10
4	铁	0.3
5	锰	0.1

注：本表摘自《地表水环境质量标准》（GB 3838—2002）。

附表 12 集中式生活饮用水地表水源地特定项目标准限值 （单位：mg/L）

序号	项目	标准值	序号	项目	标准值
1	三氯甲烷	0.06	21	乙苯	0.3
2	四氯化碳	0.002	22	二甲苯①	0.5
3	三溴甲烷	0.1	23	异丙苯	0.25
4	二氯甲烷	0.02	24	氯苯	0.3
5	1，2－二氯乙烷	0.03	25	1，2－二氯苯	1.0
6	环氧氯丙烷	0.02	26	1，4－二氯苯	0.3
7	氯乙烯	0.005	27	三氯苯②	0.02
8	1，1－二氯乙烯	0.03	28	四氯苯③	0.02
9	1，2－二氯乙烯	0.05	29	六氯苯	0.05
10	三氯乙烯	0.07	30	硝基苯	0.017
11	四氯乙烯	0.04	31	二硝基苯④	0.5
12	氯丁二烯	0.002	32	2，4－二硝基甲苯	0.000 3
13	六氯丁二烯	0.000 6	33	2，4，6－三硝基甲苯	0.5
14	苯乙烯	0.02	34	硝基氯苯⑤	0.05
15	甲醛	0.9	35	2，4－二硝基氯苯	0.5
16	乙醛	0.05	36	2，4－二氯苯酚	0.093
17	丙烯醛	0.1	37	2，4，6－三氯苯酚	0.2
18	三氯乙醛	0.01	38	五氯酚	0.009
19	苯	0.01	39	苯胺	0.1
20	甲苯	0.7	40	联苯胺	0.000 2

续附表 12

序号	项目	标准值	序号	项目	标准值
41	丙烯酰胺	0.000 5	61	内吸磷	0.03
42	丙烯腈	0.1	62	百菌清	0.01
43	邻苯二甲酸二丁酯	0.003	63	甲萘威	0.05
44	邻苯二甲酸二（2-乙基已基）酯	0.008	64	溴氰菊酯	0.02
45	水合肼	0.01	65	阿特拉津	0.003
46	四乙基铅	0.000 1	66	苯并（a）芘	2.8×10^{-6}
47	吡啶	0.2	67	甲基汞	1.0×10^{-6}
48	松节油	0.2	68	多氯联苯⑥	2.0×10^{-6}
49	苦味酸	0.5	69	微囊藻毒素-LR	0.001
50	丁基黄原酸	0.005	70	黄磷	0.003
51	活性氯	0.01	71	钼	0.07
52	滴滴涕	0.001	72	钴	1.0
53	林丹	0.002	73	铍	0.002
54	环氧七氯	0.000 2	74	硼	0.5
55	对硫磷	0.003	75	锑	0.005
56	甲基对硫磷	0.002	76	镍	0.02
57	马拉硫磷	0.05	77	钡	0.7
58	乐果	0.08	78	钒	0.05
59	敌敌畏	0.05	79	钛	0.1
60	敌百虫	0.05	80	铊	0.000 1

注：1. 二甲苯：指对-二甲苯、间-二门苯、邻-二甲苯。

2. 三氯苯：指1，2，3-三氯苯、1，2，4-三氯苯、1，3，5-三氯苯。

3. 四氯苯：指1，2，3，4-四氯苯、1，2，3，5-四氯苯、1，2，4，5-四氯苯。

4. 二硝基苯：指对-二硝基苯、间-二硝基苯、邻-二硝基苯。

5. 硝基氯苯：指对-硝基氯苯、间-硝基氯苯、邻-硝基氯苯。

6. 多氯联苯：指 PCB-1016、PCB-1221、PCB-1232、PCB-1242、PCB-1248、PCB-1254、PCB-1260。

7. 本表摘自《地表水环境质量标准》（GB 3838—2002）。

参 考 文 献

[1] 汪志农. 灌区管理体制改革与监测评价［M］. 郑州：黄河水利出版社，2006.

[2] 熊运章，朱树人. 灌溉管理手册［M］. 北京：水利出版社，1994.

[3] 陕西省水电局. 灌溉用水［M］. 北京：水利电力出版社，1977.

[4] 任三成. 陕西灌区管理［M］. 西安：陕西科学技术出版社，2002.

[5] 汪志农. 灌溉排水工程学［M］. 北京：中国农业出版社，2000.

[6] 魏永曜，林性粹. 农业供水工程［M］. 北京：水利电力出版社，1992.

[7] 冯保清，等. 引黄灌溉节水技术［M］. 北京：中国水利水电出版社，1998.

[8] 冯保清. 灌区引水计划的编制与实现［C］∥山东科学引黄供水的研究与实践. 北京：中国科学技术出版社，1994.

[9] 冯保清. 优化调度水资源　促进节约用水［J］. 中国农村水利水电，1999（4）：17-18.

[10] 马庆云. 水文勘测工［M］. 郑州：黄河水利出版社，1996.

[11] 水利电力部水利司. 水文测验手册［M］. 北京：水利电力出版社，1975.

[12] 迟道才，唐延芳，顾拓，等. 灌溉用水量的并联型灰色神经网络预测［J］. 农业工程学报，2009（5）：26-29.

[13] 黄修桥，康绍忠，王景雷. 灌溉用水需求预测方法初步研究［J］. 灌溉排水学报，2004（4）：11-15.

[14] 张雅君，刘全胜. 需水量预测方法的评析与择优［J］. 中国给水排水，2001（7）：27-29.

[15] 邱林，陈晓楠，段青春，等. 灌区水资源管理及应用［M］. 郑州：河南人民出版社，2006.

[16] 水利部. 全国灌溉用水有效利用系数测算分析技术指南［EB/OL］. ［2009-04-28］. http：∥www. jsgg. com. cn/Index/Display. asp？NewsID＝11639.

[17] 中华人民共和国水利部. SL13—2004　灌溉试验规范［S］. 北京：中国水利水电出版社，2004.

[18] 张喜英，等. 作物根系与土壤水利用［M］. 北京：气象出版社，1999.

[19] 山东农学院，西北农学院. 植物生理学试验指导书［M］. 济南：山东科学技术出版社，1980.

[20] 蔡焕杰. 用冠层温度诊断作物水分状况及估算农田蒸散量的研究［D］. 咸阳：西北农业大学，1992.

[21] 中央气象局. 地面气象观测规范［M］. 北京：气象出版社，1979.

[22] 南京农业大学. 田间试验和统计方法［M］. 2 版. 北京：农业出版社，1995.

[23] 迟道才. 节水灌溉理论与技术［M］. 北京：中国水利水电出版社，2009.

[24] 水利部科教司. 低压管道输水灌溉技术［M］. 北京：水利电力出版社，1991.

[25] 李龙昌，等. 管道输水工程技术［M］. 北京：中国水利水电出版社，1998.

[26] 沈荣开，张瑜芳，黄冠华. 作物水分生产函数与农田非充分灌溉研究述评［J］. 水科学进展，1995（3）：248-254.

[27] 康绍忠. 农业水土工程概论［M］. 北京：中国农业出版社，2004.

[28] 李安国，建功，曲强. 渠道防渗工程技术［M］. 北京：中国水利水电出版社，1997.

[29] 何武全. 我国渠道防渗工程技术的发展现状与研究方向［J］. 防渗技术，2002（1）：31-33.

[30] 何武全，邢义川，等. 渠道防渗抗冻新材料与新技术［J］. 节水灌溉，2003（1）：4-6.

[31] 蔡勇，周明耀. 灌区量水实用技术指南［M］. 北京：中国水利水电出版社，2001.

[32] 范家炎，史伏初，郑浩杰. 灌区量水设备［M］. 北京：水利电力出版社，1987.

[33] Hagger W H, Modifield venturi channel [J]. J. Irrig. Drain. Eng, 1985 (1): 19-35.

[34] Samani Z, Magallanez H. Simple flume for flow measurement in open channel [J]. J. Irrig. Drain. Eng, 2000 (2): 127-129.

[35] 吕宏兴, 朱晓群, 张春娟, 等, 抛物线形喉口式量水槽选型与设计 [J]. 灌溉排水, 2001 (2): 55-57.

[36] 王智, 朱凤书, 刘晓明. 平底抛物线形无喉段量水槽试验研究 [J]. 水利学报, 1994 (7): 12-23.

[37] 张志昌, 等, U形渠道直壁式量水槽研究与应用 [J]. 陕西水利, 1992 (1): 27-32.

[38] 尚民勇. U形渠道长喉道量水槽的试验研究及其应用 [J]. 陕西水利, 1991 (3): 41-44.

[39] Hagger W H. Venturi flume ofminimum space requirements [J]. J. Irrig. Drain. Eng. 1988 (2): 226-243.

[40] 吕宏兴, 余国安, 陈俊英, 等, 矩形渠道半圆柱形简易量水槽试验研究 [J]. 农业工程学报, 2004 (7): 81-84.

[41] 吕宏兴. U形渠道水力最佳断面及水力计算 [J]. 西北水资源与水工程, 1991 (4): 42-47.

[42] 吕宏兴, 冯家涛. 明渠水力最佳断面的比较 [J]. 人民长江, 1994 (11): 42-45.

[43] 吕宏兴, 裴国霞, 杨玲霞. 水力学 [M]. 北京: 中国农业出版社, 2002.

[44] 国家质量监督检验检疫总局. GB/T 21303—2007 灌溉渠道系统量水规范 [S]. 北京: 中国标准出版社, 2008.

[45] 陈炯新, 等, 灌区量水工作手册 [M]. 北京: 水利电力出版社, 1984.

[46] 中国水利学会水利量测技术研究. 水利量测技术论文选集 [C]. 北京: 北京兵器工业出版社, 1993.

[47] 郭宗信. 提高灌区量水精度的一些方法 [J]. 灌溉排水, 1989 (2): 49-53.

[48] 郭宗信. 渠系量水建筑物流量公式的逐步图解法 [C] //水利科技的世纪曙光论文集. 北京: 中国科学技术出版社, 1997.

[49] 郭宗信, 等, 水工建筑物量水流量系数的率定与分析 [C] //灌区信息技术与管理论文集. 北京: 中国水利水电出版社, 2003.

[50] 郭宗信, 等, 灌区测流数据分析系统简介 [J]. 中国水利, 2005 (23): 119.

[51] 刘伟, 郭宗信. 灌溉渠道标准断面水位流量关系推流法介绍 [J]. 北京水利, 2004 (5): 12-13.

[52] 徐正凡. 水力学 (上册) [M]. 北京: 高等教育出版社, 1987.

[53] 吕宏兴, 吕德生, 史菊兰. U形渠道断面测流方法 [J]. 中国农村水利水电, 2001 (7): 24-25.